环境工程实验

银玉容　马伟文　主编

科学出版社

北　京

内 容 简 介

　　本书是以教育部高等学校环境科学与工程类专业教学指导委员会制定的基本教学要求为指导编写而成。内容覆盖环境工程教学体系中的实践教学核心课程,包括环境监测实验、水污染控制工程实验、大气污染控制工程实验、固体废物处理与处置实验、物理污染控制实验、环境工程微生物实验、环境工程虚拟仿真实验、环境工程综合实验及环境工程开放探索实验等。在实验内容的编排上,以环境工程理论和技术为基础,结合环境工程发展的新技术、科研成果和实际生产,选编了62个实验项目,内容范围广、重点突出、层次分明,彰显工科特色。实验项目分为基础型实验、综合设计型实验、探索开放型实验三个层次,并合理设置三个层次实验之间的比例,既重视学生基本实验技能的训练,又注重学生实际应用能力和科技创新能力的提升。

　　本书可作为高等学校环境工程、环境科学及相关专业的本科生教材,也可供相关专业的研究生和工程技术人员参考。

图书在版编目(CIP)数据

环境工程实验 / 银玉容,马伟文主编. —北京:科学出版社,2021.7
ISBN 978-7-03-069387-7

Ⅰ. ①环… Ⅱ. ①银… ②马… Ⅲ. ①环境工程－实验 Ⅳ. ①X5-33

中国版本图书馆 CIP 数据核字(2021)第 139708 号

责任编辑:赵晓霞　李丽娇 / 责任校对:杨　赛
责任印制:张　伟 / 封面设计:陈　敬

斜 学 出 版 社 出版

北京东黄城根北街 16 号
邮政编码:100717
http://www.sciencep.com

北京厚诚则铭印刷科技有限公司 印刷
科学出版社发行　各地新华书店经销

*

2021 年 7 月第 一 版　　开本:787×1092　1/16
2022 年 9 月第二次印刷　　印张:17 1/2
字数:430000

定价:68.00 元
(如有印装质量问题,我社负责调换)

前　言

环境类专业是涉及理学和工学的多学科交叉的新兴专业,该类专业的实验教学环节在本科教学中占有十分重要的地位。随着新理论、新技术的不断涌现,实验教学内容也需要不断更新,以满足培养学生动手能力和创新能力的更高要求。本书以教育部高等学校环境科学与工程类专业教学指导委员会制定的基本教学要求为指导,根据学科发展和理论教学内容,保留经典的基础实验内容,摒弃陈旧落后的实验项目,增加学科前沿领域研究热点内容作为综合实验项目及开放探索实验项目,为满足环境科学、环境工程等专业的实验教学要求而编写。

全书分为十一章,第一章、第二章为样品的前处理、实验设计和数据记录与处理,第三章至第十一章为环境监测实验、水污染控制工程实验、大气污染控制工程实验、固体废物处理与处置实验、物理污染控制实验、环境工程微生物实验、环境工程虚拟仿真实验、环境工程综合实验及环境工程开放探索实验。

实验项目的设置以环境工程理论和技术为基础,结合环境工程发展的新技术及科研和实际生产,内容涵盖环境工程教学体系中的六大骨干课程。本书共选编了62个实验项目,内容大致包括实验目的、实验原理、实验仪器与试剂、实验步骤、实验数据处理及分析等。实验项目的编排由浅入深、由易到难,有演示型实验、验证型实验、综合型/设计型实验及开放探索型实验。通过实验教学,以达到强化学生的基本实践技能、培养学生的综合能力和自主创新能力的目的。

本书中各章的编写分工如下:第一章、第二章、第九章由银玉容、马伟文编写;第三章至第五章由银玉容、施召才、史伟编写;第六章由马伟文、朱能武、石林编写;第七章由银玉容、朱能武编写;第八章由银玉容、施召才、马伟文编写;第十章由银玉容、马伟文、石林编写;第十一章由银玉容、吴平霄、罗汉金编写;附录由银玉容、施召才、马伟文、史伟编写。

由于编者水平有限,书中不足之处在所难免,尤其是新编实验和开放探索实验还需不断完善,恳请读者批评指正。

编　者
2020 年 11 月
于华南理工大学

目　录

绪　　论

一、教学目的

在教师的指导下自主完成水污染控制工程、大气污染控制工程、固体废物处理与处置、环境工程微生物学、环境监测等课程的实验，将理论与实验相结合，加深对环境监测、水污染处理、大气污染处理、固体废物处理等基本原理的理解，培养组织实验、分工协作的能力，掌握仪器设备的操作使用方法和实验数据处理方法。

二、教学任务

（1）通过实验，加深对水污染控制工程、大气污染控制工程、固体废物处理与处置、环境工程微生物学、环境监测等基本概念、现象、规律及基本原理的理解。

（2）掌握水污染控制工程、大气污染控制工程、固体废物处理与处置、环境工程微生物学、环境监测等的实验方法；能够正确选取设备、监测仪器等，正确操作水、气、固净化装置，调整运行参数；能够对水、气、固净化装置运行过程出现的问题提出解决方案。

（3）能够独立设计实验，选取正确指标、采用正确的监测方法，对水、气、固净化装置效率进行正确表达，应用作图软件进行结果处理，分析实验结果，验证或拟合模型参数，获取有效结论，并能够针对实验异常现象分析原因，提出解决方案。

（4）能够在小组中承担相应的实验任务，具有团队合作精神和大局意识，与小组成员积极配合，安全顺利地完成实验任务。

（5）能够将实验预习、实验操作、数据处理及对实验结果的深入分析讨论等以较好的逻辑性呈现在实验报告中，通过撰写实验报告，巩固所学理论知识，培养科技论文的写作能力。

（6）在教师指导下完成各课程实验，完成环境噪声监测实验、活性污泥性质及污泥比阻测定实验、混凝实验、滤池/沉淀池实验、废水可生化性实验、曝气设备充氧能力的测定、固体废物化学性质测定实验、垃圾焚烧和有机固体废物堆肥虚拟仿真实验、粉煤灰中有效硅或有效钙/镁的测定实验、化学需氧量（COD）的测定、五日生化需氧量（BOD_5）的测定、氨氮测定、大气中氮氧化物的测定、模拟有机废气的催化净化实验、废气吸附处理实验、水中细菌菌落总数和大肠菌群数的测定、空气中悬浮颗粒物的测定等必修实验。在教师指导下完成膜法水处理实验、干法/半干法脱硫灰渣中的亚硫酸盐含量的测定方法、污染土壤中多环芳烃的测定等选做实验。

三、实验要求

（1）课前准备。课前预习实验内容，掌握实验目的、原理，了解实验材料、实验仪器及实验步骤，写好预习报告。并准备好实验服、护目镜等防护用品，以保证实验安全。

（2）实验前认真听教师讲解和演示，了解实验注意事项，对实验的试剂、仪器操作及实验步骤做到心中有数。实验操作时遵守实验守则，规范操作，认真观察实验现象，做好实验记录。实验结束后，要将仪器设备复位，清洗用过的玻璃仪器，清理实验台，保持实验室干净整齐。

（3）采用合适的方法对实验数据进行处理，绘制图表，对所得到的实验数据进行分析，得出合理的结论。

（4）完成实验后应独立撰写实验报告，实验报告的内容应包括实验目的、实验原理、实验仪器设备、实验材料、实验步骤、实验数据记录及处理、实验结果与误差分析、思考题或讨论题等。

第一章 样品的前处理

环境样品具有被测浓度低、组分复杂、干扰物质多、易受环境影响而变化等特点，特别是许多复杂样品以多相非均一态的形式存在，如大气中所含油气溶胶和浮尘，废水中含有的乳液、固体微粒与悬浮物，土壤中的水分、微生物、石块等，地表水中分析物浓度很低，在分析前必须富集分析物。所以，复杂的样品在分析测定之前，往往需要进行前处理，以得到待测组分适合于分析方法要求的形态和浓度，并与干扰性物质最大限度地分离。

第一节 样品前处理的目的

（1）浓缩痕量的被测组分，提高方法的灵敏度，降低检测限。因为样品中待测物质浓度往往很低，难以直接测定，经过前处理富集后，就很容易用于各种仪器分析测定，从而降低测定方法的检测限。

（2）去除样品中的基体与其他干扰物质，提高方法的灵敏度，否则基体产生的信号将部分或完全掩盖痕量被测物的信号，不但对选择分析方法最佳操作条件的要求有所提高，而且增加了测定的难度，容易带来较大的测量误差。

（3）衍生化反应使被测物转化成为检测灵敏度更高的物质，提高了方法的灵敏度和选择性。衍生化通常还用于改变被测物的性质，提高被测物与基体或其他干扰物的分离度，从而达到改善方法灵敏度与选择性的目的。

（4）减小样品的质量与体积，便于运输与保存，而且可以使被测组分保持相对的稳定，不容易发生变化。

（5）通过样品前处理可以除去对仪器或分析系统有害的物质，如强酸或强碱性物质、生物分子等，保护分析仪器及测试系统，从而延长仪器的使用寿命。

第二节 样品前处理的方法

样品前处理是一项极其耗时、烦琐且容易引入分析测定误差的过程。样品前处理占用相当多的时间，有的可以占全程时间的 70%，甚至更多。因此，近年来样品前处理方法和技术的研究引起了分析化学家的关注。快速、简便、自动化的前处理技术不仅省时、省力，而且可以减少由于不同人员操作及样品多次转移带来的误差，同时可以避免使用大量有机溶剂，减少对环境的污染，所以选择合适的前处理方法对样品的分析起着至关重要的作用。常用的样品前处理方法有消解、提取与富集、固相萃取、衍生化技术等。

一、消解

在进行环境样品（水样、土壤样品、固体废弃物和大气采样时截留下来的颗粒物等）中的无机元素的测定时，需要对环境样品进行消解处理，消解的作用就是破坏有机物、溶解颗粒物，并将各种价态的元素氧化成单一高价态，或转换成易于分解的无机化合物。常用的消解方法有湿式消解法、高压消解法、微波消解法和干灰化法。

（一）湿式消解法

湿式消解法是在氧化性酸和催化剂的存在下，在一定的温度和压力下，借助化学反应使样品分解，将待测成分转化为离子形式存在于消解液中以供测试的样品处理方法。

1. 硝酸消解法

对于较清洁的水样或经适当湿润的土壤等样品，可用硝酸消解。方法要点是：取混匀的水样 50～200mL 于锥形瓶中，加入 5～10mL 浓硝酸，在电热板上加热煮沸，缓慢蒸发至小体积，试液应清澈透明，呈浅色或无色，否则应补加少许硝酸继续消解。消解至近干时，取下锥形瓶，稍冷却后加 2% HNO_3（或 HCl）20mL，温热溶解可溶盐。若有沉淀，应过滤，滤液冷至室温后于 50mL 容量瓶中定容，待分析测定。

2. 硝酸-高氯酸消解法

此法因具有强氧化性，适用于消解含难氧化有机物的样品，如高浓度有机废水、植物样和污泥样品等。方法要点是：取适量水样或经适当润湿的处理好的土壤等样品于锥形瓶中，加 5～10mL 硝酸，在电热板上加热、消解至大部分有机物被分解。取下锥形瓶，稍冷却，再加 2～5mL 高氯酸，继续加热至开始冒白烟，如试液呈深色，再补加硝酸，继续加热至浓厚白烟将尽，取下锥形瓶，稍冷却后加 2% 硝酸溶解可溶盐。若有沉淀，应过滤，滤液冷至室温后定容，待分析测定。因为高氯酸能与含羟基有机物剧烈反应，有发生爆炸的危险，故应先加入硝酸氧化水样中的含羟基有机物，稍冷后再加高氯酸处理。

3. 硝酸-硫酸消解法

此体系为最常用的消解组合，两种酸都具有较强的氧化能力，且能提高溶液的沸点，增强消解效果。例如，高锰酸钾氧化光度法测定水样中的铬，对于悬浮物较多或色度较深的废水样，取 25.00mL 混匀样两份置于 100mL 烧杯中，加入 5mL 硝酸和 2mL 硫酸，加热消解直至冒白烟（若试液色深，还可补加硝酸继续消解），蒸发至近干（勿干涸），取下。稍冷，加少量水，微热溶解，定量移入 50mL 比色管中，用氨水（1＋9，体积比）调 pH 至 1～2，待测。

此外，还有有利于测定时消除 Fe^{3+} 等离子干扰的硫酸-磷酸消解法、用于测定汞的水溶液样品的硫酸-高锰酸钾消解法、硝酸-过氧化氢消解法和多元消解方法等。

4. 碱分解法

碱分解法适用于按上述酸消解法会造成某些组分的挥发或损失的环境样品。方法要点是：在各类环境样品中，加入氢氧化钠和过氧化氢溶液或氨水和过氧化氢溶液，加热至缓慢沸腾消解至近干，稍冷却后加入水或稀碱溶液，温热溶解可溶盐。若有沉淀，应过滤，滤液冷至室温后于 50mL 容量瓶中定容，待分析测定。

（二）高压消解法

高压消解法是将样品和酸放在密闭的消解容器中，在一定的压力和温度下使样品分解。此法适用于难溶的固体样品消解，能提高消解效率，减少因开放环境造成的挥发性组分的损失。

（三）微波消解法

微波消解法于 1975 年首次用于消解生物样品，但直到 1985 年才开始引起人们的重视。微波是一种波长范围在 1mm～1m、频率为 300MHz～300GHz 的电磁波。微波加热和传统加热有着本质的区别，微波加热的本质在于材料的介电位移或材料内部不同电荷的极化，以及这种极化不具备迅速跟上交变电场的能力。微波中的电磁场以每秒数亿次甚至数十亿次的频率转换方向，极性电介质分子中的偶极矩的转向运动来不及跟上如此快速的交变电场，引起极化滞后于电场并且极化产生的电流有一与电场相同的相位分量，导致材料内部摩擦而发热，试样温度急剧上升。微波消解通过分子极化和离子导电两个效应对物质直接加热，促使固体样品表层快速破裂，产生新的表面与溶剂作用，在数分钟内完全分解样品。微波消解技术具有样品分解快速、完全，挥发性组分损失小，试剂消耗少，操作简单，处理效率高，污染小，空白低等特点，深受分析工作者的欢迎，被誉为"绿色化学反应技术"。该法适于处理大批量样品及萃取极性与热不稳定的化合物。目前最常用的是密闭式微波消解法。

（四）干灰化法（高温分解法）

干灰化法又称干式消解法或高温分解法。多用于固态样品如沉积物、底泥等底质以及土壤样品的消解。操作过程是：取适量水样于白瓷或石英蒸发皿中，于水浴上先蒸干，固体样品可直接放入坩埚移入马弗炉内，于 450～550℃灼烧到残渣呈灰白色，使有机物完全分解去除。取出蒸发皿，稍冷却后，用适量 2% HNO_3（或 HCl）溶解样品灰分，过滤后滤液经定容后，待分析测定。干灰化法的特点：

（1）干灰化法分解样品不使用或使用少量化学试剂，并可处理较大称量的样品，故有利于提高测定微量元素的准确度。

（2）灰化温度一般为 450～550℃，不适用于处理测定易挥发组分的样品，灰化所用时间也较长。

（3）根据样品种类和待测组分的性质不同，选用不同材料的坩埚和灰化温度。常用的有石英、铂、银、镍、铁、瓷、聚四氟乙烯等材质的坩埚。原则是坩埚不与样品发生反应并在处理温度下稳定。

（4）通常灰化生物样品不加其他试剂，但为促进分解，抑制某些组分的挥发损失，常加适量辅助灰化剂。样品灰化完全后，经稀硝酸或盐酸溶解供分析测定。

二、提取与富集

（一）挥发和蒸发浓缩

挥发分离法是利用某些组分挥发度大或将欲测组分转变成易挥发物质，然后用惰性气体带出而达到分离的目的。蒸发浓缩是指在电热板上或水浴中加热水样，使水分缓慢蒸发，达到缩小水样体积、浓缩欲测组分的目的。

（二）蒸馏法

蒸馏是从混合液体样品中分离出挥发性和半挥发性的组分，是一种使用广泛的分离方法，根据液体混合物中液体和蒸气之间混合组分的分配差别进行分离。例如，测定水样中的挥发酚、氰化物、氟化物时均需先在酸性介质中进行预蒸馏分离。蒸馏技术也广泛用于色谱分析前样品的精制、清洗或混合样品的预分离。

（三）离子交换法

离子交换法是利用离子交换剂与溶液中的离子发生交换反应进行分离。离子交换剂可分为无机离子交换剂和有机离子交换剂（离子交换树脂）。

（四）共沉淀法

溶液中一种难溶化合物在形成沉淀的过程中,将共存的某些痕量组分一起带出来的现象称为共沉淀。共沉淀的原理基于表面吸附、形成混晶、异电荷胶态物质相互作用及包藏等。

（1）利用吸附作用的共沉淀分离，常用的有 $Fe(OH)_3$、$Al(OH)_3$、$Mn(OH)_2$ 及硫化物等。

（2）利用生成混晶的共沉淀分离。

（3）利用有机共沉淀剂进行共沉淀分离。

（五）过滤和膜分离

1. 过滤

通过过滤介质的表面或滤层截留水样中悬浮固体和其他杂质的过程称为过滤。影响过滤的因素包括溶液温度、黏度、过滤压力、过滤介质的孔隙和固体颗粒的状态。

1）常压过滤

常压过滤是指在常压情况下，利用普通漏斗的过滤方法。此法用于过滤胶体或细小晶体，多用于固液的定量分离，过滤速度较慢。例如，测量水样在 $103\sim105℃$ 烘干的可滤残渣实验中，需用孔径 $0.45\mu m$ 的滤膜过滤水样。

2）减压过滤（抽滤）

减压过滤是利用真空泵产生的负压带走瓶内的空气，使抽滤瓶内的压力减小，布氏漏斗的液面和瓶内产生压力差，加快过滤速度。此法不适合用于过滤粒径太小的固体或胶体颗粒物。若过滤溶液呈强酸性和氧化性，应采用玻璃砂芯漏斗过滤。

2. 膜分离

膜是具有选择性分离功能的材料。利用膜的选择性分离实现料液的不同组分的分离、纯化、浓缩的过程称为膜分离。膜分离与传统过滤的不同在于，膜可以在分子范围内进行分离，并且该过程是一种物理过程，不发生相的变化。添加助剂膜的孔径一般为微米级，依据其孔径的不同（或称为截留分子量），可将膜分为微滤（MF）膜、超滤（UF）膜、纳滤（NF）膜和反渗透（RO）膜等；根据材料的不同，可分为无机膜和有机膜：无机膜只有微滤级别的膜，主要是陶瓷膜和金属膜，有机膜是由高分子材料做成的，如醋酸纤维素、芳香族聚酰胺、聚醚砜、氟聚合物等。

（六）离心分离法

离心分离法是利用不同物质之间的密度等差异，用离心力场进行分离和提取的物理分离技术。此法适用于被分离的沉淀物很少或沉淀颗粒极小的小体积水样。实验室内常用电动离心机。例如，在测定水样"真实颜色"时，可用离心分离法去除水样中的悬浮物。

（七）吸附法

利用多孔性的固体吸附剂将水样中一种或数种组分吸附于表面，以达到分离的目的。常用的吸附剂有活性炭、氧化铝、分子筛、大网状树脂等。被吸附的污染组分富集于吸附剂表面，可用有机溶剂或加热脱附出来供测定。

（八）层析法

层析法分为柱层析法、薄层层析法、纸层析法等，吸附剂分为无机吸附剂和有机吸附剂。

（九）磺化法

磺化法是利用提取液中的脂肪、蜡质等干扰物质能与浓硫酸发生磺化反应，生成极性很强的磺酸基化合物，随着硫酸层分离，而达到与提取液中那些溶于有机溶剂的待测试成分分离的目的。磺化法利用油脂等能与强碱发生皂化反应，生成脂肪酸盐而将其分离。

（十）低温冷冻法

低温冷冻法是基于不同物质在同一溶剂中的溶解度随温度不同而不同的原理进行彼此分离。

（十一）萃取法

萃取是利用溶质在互不相溶的溶剂中溶解度的不同，用一种溶剂把溶质从它与另一溶剂所组成的溶液里提取出来的方法。由于物质在不同溶剂中有不同的溶解度，在一定温度下，某种物质在两种互不相溶的溶剂中的浓度比为常数，即分配比。分配比越大，萃取效果越好，也可多次重复萃取提高效率。萃取包括液-液萃取、液-固萃取和液-气萃取（溶液吸收）等。

液-液萃取常用于样品中被测物质与基质的分离，它基于被测组分在不相溶的两种溶剂中溶解度或分配比的不同，在两种不相溶液体或相之间通过分配对样品进行分离而达到被测物质纯化和消除干扰物质的目的。常规的液-液萃取方法使用分液漏斗，若分配系数过小，则采用连续液-液萃取、微萃取或萃取小柱等技术。

此法适用于从水溶液或制备的底质水溶液中分离金属或有机化合物，也可应用于水不溶和水微溶有机物的分离和浓缩。有机物萃取常用方法：量取一定体积的样品，在规定的 pH 下，在分液漏斗中用二氯甲烷进行逐次萃取,再浓缩至合适浓度。

液-固萃取是利用溶剂对固体混合物中所需成分的溶解度大,对杂质的溶解度小来达到分离的目的。一种方法是把固体物质放于溶剂中长期浸泡而达到萃取的目的,但是这种方法时间长,消耗溶剂,萃取效率也不高。另一种方法是采用索氏提取器,它是利用溶剂的回流和虹吸原理,对固体混合物中所需成分进行连续提取。当提取筒中回流下的溶剂的液面超过索氏提取器的虹吸管时,提取筒中的溶剂流回圆底烧瓶内,即发生虹吸。随温度升高,再次回流开始,每次虹吸前,固体物质都能被纯的热溶剂所萃取,溶剂反复利用,缩短了提取时间,所以萃取效率较高。但这种方法适用于提取溶解度较小的物质,当物质受热易分解和萃取剂沸点较高时,不宜用此种方法。

超声波提取是基于超声波的特殊物理性质,主要是通过压电换能器产生的快速机械振动波来减少目标萃取物与样品基体之间的作用力,从而实现液-固萃取分离。相对于索氏提取,超声波提取具有提取温度低、提取率高、提取时间短的优点。

液-气萃取也称溶液吸收,可以用来收集气体、蒸气和气溶胶等样品,被抽取气体样品通过吸收液时,在气泡和吸收液的界面上,欲测组分的分子由于溶解作用或化学反应很快地进入吸收液中,同时气泡中间的气体分子因存在浓度梯度和运动速度极快,能够迅速地扩散到气-液界面上。因此,整个气泡中欲测组分的分子很快地被溶解吸收。

（十二）热解吸

热解吸技术是一种二合一技术:集采样与浓缩于一体,然后将样品从采样管中转移出来进行检测。热解吸采用加热的方式将有机化合物从采样管中释放出来,而不是用溶剂洗脱的方法,避免了较长的溶剂洗脱时间,且在色谱图中无溶剂峰。

热解吸仪采用填充有吸附剂的玻璃管捕获感兴趣的有机化合物,然后将它们导入气相色谱仪中,通过气相色谱仪,这些有机化合物得到分离和测定。解吸过程中使用两种吸附管两级解吸:第一步,采用大体积采样将化合物保留在高容量的吸附管(采样管)中,然后加热解吸到下一级毛细聚焦管中(一级解吸);第二步,富集在毛细聚焦管中的样品再次加热解吸后导入气相色谱毛细管中(二级解吸)。采用毛细聚焦管二级富集解吸,只需较小的载气量就可以把富集在毛细聚焦管中的分析物导入气相色谱,提高了进样效率,并且可以得到尖锐的化合物峰形。毛细聚焦管技术避免了水的干扰,增强了对极性化合物的分析。

（十三）吹扫-捕集技术

吹扫-捕集是将一种惰性气体在环境温度下鼓泡通入溶液中,将挥发性组分从液相有效地转移至气相。蒸气通过一个吸收剂或吸附剂柱捕集,挥发性组分被吸收或吸附。在充分吸收后,加热吸附剂柱并用惰性气体反冲洗,可以解吸吸附的组分至气相色谱柱上,进行分析测定。

吹扫-捕集技术可用于沸点低于200℃、溶解度小于2%的挥发性或半挥发性有机化合物、有机金属化合物。

三、固相萃取

固相萃取(SPE)又称固液微处理小柱技术,它是利用选择性吸附与选择性洗脱的液相色谱分离原理,使液体样品通过吸附剂小柱,保留其中某些组分,再选用适当的溶剂冲洗杂质,然后用少量溶剂迅速洗脱,从而达到快速分离净化与浓缩的目的。与传统的液-液萃取法相比,SPE 具有分离速度快、操作简单、萃取效率高、无乳化等特点,在环境分析、药物分析、形态分析等方面有广泛应用,尤其适用于色谱分析样品前处理。

固相萃取法的萃取剂是固体,其工作原理基于:水样中欲测组分与共存干扰组分在固相萃取剂上作用力强弱不同,使它们彼此分离。固相萃取剂是含 C_{18} 或 C_8、氰基、氨基等基团的特殊填料,常用的填料有活性炭、硅藻土、氧化铝、硅胶等,颗粒大小 $40\mu m$,压缩于聚丙烯塑料管中做成小柱。

固相萃取的模式可分为正相(吸附剂极性大于洗脱液极性)萃取、反相(吸附剂极性小于洗脱液极性)萃取、离子交换萃取和吸附萃取。正相固相萃取所用的吸附剂都是极性的,用来萃取(保留)极性物质。在正相萃取时目标化合物如何保留在吸附剂上,取决于目标化合物的极性官能团与吸附剂表面的极性官能团之间的相互作用。正相固相萃取可以从非极性溶剂样品中吸附极性化合物。反相固相萃取所用的吸附剂通常是非极性的或极性较弱的,所萃取的目标化合物通常是中等极性到非极性化合物。目标化合物与吸附剂间的作用是疏水性相互作用,主要是非极性的相互作用,是范德华力或色散力。离子交换固相萃取所用吸附剂是带有电荷的离子交换树脂,所萃取的目标化合物是带有电荷的化合物,目标化合物与吸附剂之间的相互作用是静电吸引力。

固相萃取中吸附剂(固定相)的选择主要是根据目标化合物的性质和样品基体(样品的溶剂)性质。目标化合物的极性与吸附剂的极性非常相似时,可以得到目标化合物的最佳保留(最佳吸附)。两者极性越相似,保留越好(吸附越好),所以要尽量选择与目标化合物极性相似的吸附剂。例如,萃取碳氢化合物(非极性)时,要采用反相固相萃取(此时是非极性吸附剂)。当目标化合物极性适中时,正、反相固相萃取都可使用。吸附剂的选择还要受样品的溶剂强度(洗脱强度)的制约。

固相萃取的一般操作步骤如下。

1. 活化吸附剂

在萃取样品之前要用适当的溶剂淋洗固相萃取小柱,使吸附剂保持湿润,可以吸附目标化合物或干扰化合物。不同模式固相萃取小柱活化用溶剂不同。

(1)反相固相萃取所用的弱极性或非极性吸附剂,通常用水溶性有机溶剂如甲醇淋洗,然后用水或缓冲溶液淋洗。也可以在用甲醇淋洗之前先用强溶剂(如己烷)淋洗,以消除吸附剂上吸附的杂质及其对目标化合物的干扰。

(2)正相固相萃取所用的极性吸附剂,通常用目标化合物所在的有机溶剂(样品基体)进行淋洗。

(3)离子交换固相萃取所用的吸附剂,在用于非极性有机溶剂中的样品时,可用样品溶剂来淋洗;在用于极性溶剂中的样品时,可用水溶性有机溶剂淋洗后,再用适当 pH 并含有一定有机溶剂和盐的水溶液进行淋洗。

为了使固相萃取小柱中的吸附剂在活化后到样品加入前能保持湿润,应在活化处理后在吸附剂上面保持大约 1mL 活化处理用的溶剂。

2. 上样

将液态或溶解后的固态样品倒入活化后的固相萃取小柱，然后利用抽真空、加压或离心的方法使样品进入吸附剂。

3. 洗涤和洗脱

样品进入吸附剂，目标化合物被吸附后，可先用较弱的溶剂将弱保留干扰化合物洗掉，然后再用较强的溶剂将目标化合物洗脱下来，加以收集。洗涤和洗脱同前所述，可采用抽真空、加压或离心的方法使淋洗液或洗脱液流过吸附剂。

如果在选择吸附剂时，选择对目标化合物吸附很弱或不吸附，而对干扰化合物有较强吸附的吸附剂时，也可让目标化合物先淋洗下来加以收集，而使干扰化合物保留（吸附）在吸附剂上，两者得到分离。

四、衍生化技术

衍生化是将样品中的待测组分制成衍生物，使其更适合于特定的分析方法。衍生化技术就是通过化学反应将样品中难以分析检测的目标化合物定量地转化成易于分析检测的化合物，通过后者的分析检测可以对目标化合物进行定性和（或）定量分析。

一般化学衍生法主要有以下几个目的：提高样品检测的灵敏度；改善样品混合物的分离度；适合于进一步做结构鉴定，如质谱、红外光谱或核磁共振等。衍生化反应从是否形成共价键来说，可分为两种：标记和非标记反应。标记反应是在反应过程中，被分析物与标记试剂之间生成共价键；所有其他类型的反应，如形成离子对、光解、氧化还原、电化学反应等都是非标记反应。另一种区分衍生化反应的方式是从衍生反应的场所来分，有柱前衍生化、柱上衍生化和柱后衍生化三种。从是否与仪器联机的角度来分有在线、离线和旁线（自动化）三种。目前在高效液相色谱（HPLC）中以离线的柱前衍生法（简称柱前衍生法）与在线的柱后衍生法（简称柱后衍生法）使用居多，旁线衍生化方法是发展方向，柱前衍生法和柱后衍生法各有其优缺点。柱前衍生法的优点是：相对自由地选择反应条件；不存在反应动力学的限制；衍生化的副产物可进行预处理以降低或消除其干扰；容易允许多步反应的进行；有较多的衍生化试剂可选；不需要复杂的仪器设备。缺点是：形成的副产物可能对色谱分离造成较大困难；在衍生化过程中，容易引入杂质或干扰峰，或使样品损失。柱后衍生法的优点是：形成副产物不重要，反应不需要完全，产物也不需要高的稳定性，只需要有好的重复性即可；被分析物可以在其原有的形式下进行分离，容易选用已有的分析方法。缺点是：对于一定的溶剂和有限的反应时间来说，目前只有有限的反应可供选择；需要额外的设备，反应器可造成峰展宽，降低分辨率。

第三节　样品前处理方法的选用原则

有人说"选择一种合适的样品前处理方法，就等于完成了分析工作的一半"，这恰如其分地道出了样品前处理的重要性。对于一个具体样品，如何从众多的方法中选择合适的呢？迄今，没有一种样品前处理方法能完全适合不同的样品或不同的被测对象。即使同一种被测物，所取的样品与条件不同，可能采用的前处理方法也不同。所以对于不同样品中的分析对象要进行具体分析，确定最佳方案。一般来说，评价样品前处理方法选择是否合理，下列各项准则是必须考虑的：

（1）是否能最大限度地去除影响测定的干扰物。这是衡量前处理方法是否有效的指标，否则即使方法简单、快速也无济于事。

（2）被测组分的回收率是否高。回收率不高通常伴随着结果的重复性比较差，不但影响方法的灵敏度和准确度，而且最终使低浓度的样品无法测定，因为浓度越低，回收率往往也越差。

（3）操作是否简便、省时。前处理方法的步骤越多，多次转移引起的样品损失就越大，最终的误差也越大。

（4）成本是否低廉。尽量避免使用昂贵的仪器与试剂。当然，对于目前发展的一些新型高效、快速、简便、可靠而且自动化程度很高的样品前处理技术，尽管使用的有些仪器价格较为昂贵，但是与其产生的效益相比，这种投资还是值得的。

（5）是否影响人体健康及环境。应尽量少用或不用污染环境或影响人体健康的试剂，即使不可避免，必须使用时也要回收循环利用，将其危害降至最低。

（6）应用范围尽可能广泛。尽量适合各种分析测试方法，甚至联机操作，便于过程自动化。

（7）是否适用于野外或现场操作。

第二章　实验设计和数据记录与处理

第一节　实　验　设　计

一、实验设计简介

（一）实验设计的目的

实验设计是指以概率论和数理统计为理论基础，为获得可靠的实验结果和有用信息，科学地安排和组织实验的一种方法论。实验设计的目的是选择一种对所研究的特定问题最有效的实验安排，以便用最少的人力、物力和时间获得较多和较精确的信息。广义地说，它包括明确实验目的、确定测定参数、确定需要控制或改变的条件、选择实验方法和测试仪器、确定测量精度要求、实验方案设计和数据处理步骤等。科学合理地安排实验应做到以下几点：

（1）实验次数尽可能少。

（2）实验的数据要便于分析和处理。

（3）通过实验结果的计算、分析和处理，寻找最优方案，以便确定进一步实验的方向。

（4）实验结果要令人满意、信服。

（二）实验设计的几个基本概念

1. 指标

在实验设计中用来衡量实验效果好坏所采用的标准称为实验指标，简称指标。例如，在进行地表水的混凝实验时，为了确定最佳投药量和最佳 pH，选定浊度作为评定比较各次实验效果好坏的标准，即浊度是混凝实验的指标。

2. 因素

在生产过程和科学研究中，对实验指标有影响的条件通常称为因素。一类因素，在实验中可以人为地加以调节和控制，称为可控因素。例如，污泥脱水性能实验中混凝剂的投加量是可人为控制的，混凝实验中的投药量和 pH 也是可以人为控制的，属于可控因素。另一类因素，由于技术、设备和自然条件的限制，暂时还不能人为控制，称为不可控因素。例如，温度、风对沉淀效率的影响都是不可控因素。实验方案设计一般只适用于可控因素。下面提到的因素，凡是没有特别说明的，都是指可控因素。在实验中，影响因素通常不止一个，但往往不是对所有的因素都加以考察。有的因素在长期实践中已经比较清楚，可暂时不考察。固定在某一状态上，只考察一个因素，这种考察一个因素的实验称为单因素实验；考察两个因素的实验称为双因素实验；考察两个以上因素的实验称为多因素实验。

3. 水平

因素变化的各种状态称为因素的水平。某个因素在实验中需要考察它的几种状态，就称它是几水平的因素。因素在实验中所处状态（水平）的变化，可能引起指标发生变化。例如，在污泥厌氧消化实验时要考察 3 个因素——温度、泥龄和负荷率，温度因素选择为 25℃、30℃、35℃，这里的 25℃、30℃、35℃ 就是温度因素的 3 个水平。

因素的水平有的能用数量表示（如温度），有的则不能用数量表示。例如，在采用不同混凝剂进行印染废水脱色实验时，要研究哪种混凝剂较好，在这里各种混凝剂就表示混凝剂这个因素的各个水平，不能用数量表示。又如，吸收法净化气体中 SO_2 的实验中，可以采用 NaOH 或 Na_2CO_3 溶液为吸收剂，这时 NaOH 和 Na_2CO_3 就分别为吸收剂这一因素的两个水平。凡是不能用数量表示水平的因素，称为定性因素。在多因素实验中，有时会遇到定性因素。对于定性因素，只要对每个水平规定具体含义，就可与定量因素一样对待。

实验设计的方法很多，有单因素实验设计、双因素实验设计、正交实验设计、析因实验设计、序贯实验设计等。各种实验设计方法的目的和出发点不同，在进行实验设计时，应根据研究对象的具体情况决定采用哪一种方法。

（三）实验设计的步骤

进行实验方案设计的步骤如下。

1. 明确实验目的、确定实验指标

研究对象需要解决的问题，一般不止一个。例如，在进行混凝效果的研究时，要解决的问题有最佳投药量问题、最佳 pH 问题和水流速度梯度问题。我们不可能通过一次实验把这些问题都解决。因此，实验前应首先确定这次实验的目的究竟是解决哪一个或哪几个主要问题，然后确定相应的实验指标。

2. 挑选因素

在明确实验目的和确定实验指标后，要分析研究影响实验指标的因素，从所有的影响因素中排除那些影响不大或已经掌握的因素，让它们固定在某一状态上，挑选那些对实验指标可能有较大影响的因素来进行考察。例如，在进行 BOD 模型的参数估计时，影响因素有温度、菌种数、硝化作用及时间等，通常是把温度和菌种数控制在一定状态下，并排除硝化作用的干扰，只通过考察 BOD 随时间的变化来估计参数。又如，气体中 SO_2 的吸收净化实验中，不同的吸收剂、不同的吸收剂浓度、气体流速、吸收剂流量等因素均会影响吸收效果，可在以往实验的基础上，控制吸收剂浓度和吸收剂流量在一定水平，考察不同种类吸收剂和气体流速对吸收效果的影响。

3. 选定实验设计方法

因素选定后，可根据研究对象的具体情况决定选用哪一种实验设计方法。例如，对于单因素问题，应选用单因素实验设计法；三个以上因素的问题，可以用正交实验设计法；若要进行模型筛选或确定已知模型的参数估计，可采用序贯实验设计法。

4. 实验安排

上述问题解决后，便可以进行实验点位置安排，开展具体的实验工作。下面仅介绍单因素实验设计、双因素实验设计及正交实验设计的部分基本方法，原理部分可根据需要参阅有关书籍。

二、单因素实验设计

单因素实验是指只有一个影响因素的实验，或影响因素虽多，但在安排实验时只考虑一个对指标影响最大的因素，其他因素尽量保持不变的实验。单因素实验设计方法有均分法、对分法、0.618 法（黄金分割法）、分数法、分批实验法、爬山法和抛物线法等。均分法的做法是如果要做 n 次实验，就将实验范围等分成 $n+1$ 份，在各分点上做实验，比较得出 n 次实验中的最优点。其优点是实验可以同时安排，也可以一个一个地安排；缺点是实验次数较多，实验投入高。对分法、0.618 法、分数法可以用较少的实验次数迅速找到最佳点，适用于一次只能得出一个实验结果的问题。对分法效果最好，每做一个实验就可以去掉实验范围的一半。分数法应用较广，因为它还可以应用于实验点只能取整数或某特定数的情况，以及限制实验次数和精确度的情况。分批实验法适用于一次可以同时得出许多个实验结果的问题。爬山法适用于研究对象不适宜或不易大幅度调整的问题。

下面分别介绍对分法、0.618 法、分数法和分批实验法。

（一）对分法

采用对分法时，首先要根据经验确定实验范围。设实验范围为 (a, b)，第一次实验安排在 (a, b) 的中点 $x_1\left(x_1 = \dfrac{a+b}{2}\right)$，若实验结果表明 x_1 取大了，则舍去大于 x_1 的一半，第二次实验点安排在 (a, x_1) 的中点 $x_2\left(x_2 = \dfrac{a+x_1}{2}\right)$。如果第一次实验结果表明 x_1 取小了，则舍去小于 x_1 的一半，第二次实验点就取在 (x_1, b) 的中点。这个方法的优点是每做一次实验便可以去掉一半，且取点方便，适用于预先已经了解所考察因素对指标的影响规律，能够从一个实验的结果直接分析出该因素的值是取大了或取小了的情况。例如，确定消毒时加氯量的实验就可以采用对分法。

（二）0.618 法

在科学实验中，有相当普遍的一类实验，目标函数只有一个峰值，在峰值的两侧实验效果都差，将这样的目标函数称为单峰函数（图 2-1）。0.618 法适用于目标函数为单峰函数的情形。其做法如下：设实验范围为 (a, b)，第一次实验点 x_1 选在实验范围的 0.618 位置上，即

$$x_1 = a + 0.618(b-a)$$

第二次实验点选在第一点 x_1 的对称点 x_2 处，即实验范围的 0.382 位置上：

$$x_2 = a + 0.618^2(b-a)$$

设 $f(x_1)$ 和 $f(x_2)$ 表示 x_1 与 x_2 两点的实验结果，下一个实验点的选择见表 2-1。

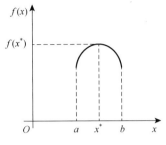

图 2-1　单峰函数

表 2-1　0.618 法实验点的选择方法

$f(x_1)$、$f(x_2)$值比较	$f(x_1) > f(x_2)$	$f(x_1) < f(x_2)$	$f(x_1) = f(x_2)$
剩余实验范围	(x_2, b)	(a, x_1)	(x_2, x_1)
新的实验点	$x_3 = x_2 + 0.618(b-x_2)$	$x_3 = a + 0.618^2(x_1-a)$	$x_3 = x_2 + 0.618(x_1-x_2)$ $x_4 = x_2 + 0.618^2(x_1-x_2)$

（三）分数法

分数法又称斐波那契数列法，它是利用斐波那契数列进行单因素优化实验设计的一种方法。斐波那契数列可由下列递推式确定：

$$F_0 = F_1 = 1, \cdots, F_n = F_{n-1} + F_{n-2}(n \geqslant 2)$$

即如下数列：1，1，2，3，5，8，13，21，34，55，89，144，233，…

当实验点只能取整数或限制实验次数的情况下，较难采用 0.618 法进行优选，这时采用分数法较好。例如，如果只能做 1 次实验，就在 1/2 处做，其精度为 1/2，即这一点与实际最佳点的最大可能距离为 1/2。如果只能做两次实验，第一次实验在 2/3 处做，第二次在 1/3 处做，其精度为 1/3。如果能做 3 次实验，则第一次在 3/5 处做、第二次在 2/5 处做，第三次在 1/5 或 4/5 处做，其精确度为 1/5。以此类推，做几次实验就在实验范围 F_n / F_{n+1} 处做，其精确度为 $1/ F_{n+1}$。所以，在使用分数法进行单因素优选时，应根据实验范围选择合适的分数，所选择的分数不同，实验次数和精确度也不一样，见表 2-2。

表 2-2　分数法实验点位置与精确度

实验次数	1	2	3	4	5	6	7	…	n
等分实验范围的份数	2	3	5	8	13	21	34	…	F_{n+1}
第一次实验点的位置	1/2	2/3	3/5	5/8	8/13	13/21	21/34	…	F_n/F_{n+1}
精确度	1/2	1/3	1/5	1/8	1/13	1/21	1/34	…	$1/F_{n+1}$

表 2-2 的第三行从分数 2/3 开始，之后的每个分数的分子都是前一个分数的分母，而其分母都等于前一个分数的分子与分母之和。照此方法不难写出所需要的第一次实验点位置。

分数法各实验点的位置，可用下列公式求得：

$$第一个实验点 = (大数–小数)\frac{F_n}{F_{n+1}} + 小数 \tag{2-1}$$

$$新实验点 = 大数–中数 + 小数 \tag{2-2}$$

式中：中数为已试的实验点数值。

又由于新实验点(x_2, x_3, …)安排在余下范围内与已实验点相对称的点上，因此不仅新实验点到余下范围的中点的距离等于已实验点到中点的距离,而且新实验点到左端点的距离也等于已试实验点到右端点的距离（图 2-2），即：新实验点–左端点 = 右端点–已试实验点。

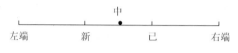

图 2-2　分数法实验点位置图

下面以一具体例子说明分数法的应用。

例 2-1　某污水厂准备投加三氯化铁来改善污泥的脱水性能，根据初步调查，投药量在 160mg/L 以下，要求通过 4 次实验确定最佳投药量。

解　具体计算方法如下：

（1）根据式（2-1）可得到第一个实验点位置：

$$(160–0)\times 5\div 8 + 0 = 100(mg/L)$$

（2）根据式（2-2）得到第二个实验点位置：

$$(160–100) + 0 = 60(mg/L)$$

（3）假定第一点比第二点好，所以在（60, 160）之间找第三点，舍去（60, 0）的一段，即

$$(160–100) + 60 = 120(mg/L)$$

（4）第三点与第一点结果一样，此时可用"对分法"进行第四次实验，即在 $\frac{100+120}{2} =$ 110(mg/L) 处进行实验，得到的效果最好。

（四）分批实验法

当完成实验需要较长的时间或测试一次要花很大代价时，为了缩短整体实验周期，常采用一批同时做几个实验的方法，即分批实验法。分批实验法可分为均分分批实验法和比例分割分批实验法。

1. 均分分批实验法

均分分批实验法指每批实验均匀地安排在实验范围内，其示意图如图 2-3 所示。每批做 $2n$ 个实验，将实验范围均匀地分为 $2n+1$ 等份，在其 $2n$ 个分点处做第一批实验。然后同时比较 $2n$ 个实验结果，留下较好的点 x_i 及其左右相邻的两段，即(x_{i-1}, x_{i+1})，作为新实验范围。第二批实验把这两段各等分为 $n+1$ 段，在得到的共 $2n$ 个分点处做实验，直至得到满意的结果。例如，每批要做 4 个实验，可以先将实验范围(a, b)均分为 5 份，在其 4 个分点 x_1、x_2、x_3、x_4 处做 4 个实验，将 4 个实验样本同时进行测试分析，如果 x_3 好，则去掉小于 x_2 和大于 x_4 的部

分，留下(x_2, x_4)范围。然后将留下部分分成 6 份，在未做过实验的 4 个分点进行实验，这样一直做下去，就能找到最佳点。对于每批要做 4 个实验的情况，用这种方法，第一批实验后范围缩小 2/5，以后每批实验后都能缩小为前次余下的 1/3（图 2-3）。在测定某种有毒物质进入生化处理构筑物的最大允许浓度时，可以用这种方法。

图 2-3　均分分批实验法示意图（$n = 2$）

2. 比例分割分批实验法

比例分割分批实验法指将实验点按一定比例安排在实验范围内，其示意图如图 2-4 所示。每批做 $2n + 1$ 个实验，把实验范围划分为 $2n + 2$ 段，相邻两段长度为 a 和 $b(a > b)$。在 $2n + 1$ 个分点上做第一批实验，比较结果，在好实验点左右分别留下一个 a 区和 b 区。然后把 a 区分成 $2n + 2$ 段，相邻两段长度为 a_1 和 $b_1(a_1 > b_1)$，且 $a_1 = b$，设短、长段的比例为 λ：

$$\frac{b}{a} = \frac{b_1}{a_1} = \lambda$$

则可推知

$$\lambda = \frac{1}{2}\left(\sqrt{\frac{n+5}{n+1}} - 1\right)$$

由上式可知，每批实验次数不同时，短、长段的比例 λ 是不同的。当 $n = 2$ 时，每批做 5 个实验，$\lambda = 0.264$。当 $n = 0$ 时，每批做 1 个实验，$\lambda = 0.618$。因此可认为比例分割分批实验法是 0.618 法的推广。

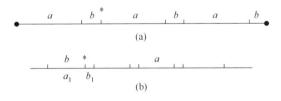

图 2-4　比例分割分批实验法示意图

三、正交实验设计

生产和科学研究中遇到的问题一般都是比较复杂的，包含多种因素，且各个因素具有不同的状态，它们往往互相交织、错综复杂。当实验涉及的因素在 3 个或 3 个以上，而且因素间可能有交互作用时，实验工作量就会变得很大，甚至难以实施。针对这个困扰，正交实验设计无疑是一种更好的选择。正交实验设计是研究多因素多水平的一种实验设计方法。根据正交性从全面实验中挑选出部分有代表性的点进行实验，这些有代表性的点具备均匀分散、齐整可比的特点。对于多因素问题，采用正交实验设计可以达到事半功倍的效果，这是因为可以通过正交设计合理地挑选和安排实验点，较好地解决多因素实验中的两个突出的问题：

（1）全面实验的次数与实际可行的实验次数之间的矛盾。

（2）实际所做的少数实验与要求掌握的事物的内在规律之间的矛盾。

（一）正交表

正交实验设计的主要工具是正交表。实验者可根据实验的因素数、因素的水平数以及是否具有交互作用等需求查找相应的正交表，再依托正交表的正交性从全面实验中挑选出部分有代表性的点进行实验，可以实现以最少的实验次数达到与大量全面实验等效的结果。因此，应用正交表设计实验是一种高效、快速而经济的多因素实验设计方法。

正交表是利用任意两列均衡搭配的原理构列出的一张排列整齐的规格化表格。它是正交实验设计法中合理安排实验及对数据进行统计分析的工具。正交表都以统一形式的记号来表示。例如，$L_8(2^7)$（图 2-5），字母 L 代表正交表号，L 右下角的数字"8"表示正交表有 8 行，即要安排 8 次实验，括号内的指数"7"表示表中有 7 列，即最多可以考察 7 个因素，括号内的底数"2"表示表中每列有 1、2 两种数据，即安排实验时，被考察的因素有两种水平，称为水平1 与水平 2，见表 2-3。常用的正交表还有 $L_4(2^3)$、$L_9(3^4)$、$L_{16}(4^5)$、$L_{12}(2^{11})$ 等。

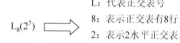

$$L_8(2^7) \Longrightarrow$$

L：代表正交表号

8：表示正交表有8行

2：表示2水平正交表，即每个因素都有2个水平

7：表示7列，即最多可以安排7个因素的实验

图 2-5　正交表记号图

表 2-3　$L_8(2^7)$正交表

实验序号	列号						
	1	2	3	4	5	6	7
1	1	1	1	1	1	1	1
2	1	1	1	2	2	2	2
3	1	2	2	1	1	2	2
4	1	2	2	2	2	1	1
5	2	1	2	1	2	1	2
6	2	1	2	2	1	2	1
7	2	2	1	1	2	2	1
8	2	2	1	2	1	1	2

注：每一列中 1、2 均各出现 4 次；无论哪 2 列出现的有序排列（1，1）、（1，2）、（2，1）、（2，2）都是 2 次。

当被考察各因素的水平不同时，应采用混合型正交表，其表示方式略有不同。例如，$L_8(4\times 2^4)$，它表示有 8 行（要做 8 次实验）5 列（有 5 个因素），而括号内的第一项"4"表示被考察的第一个因素是 4 水平，在正交表中位于第一列，这一列由 1、2、3、4 四种数字组成。括号内第二项的指数"4"表示另外还有 4 个考察因素，底数"2"表示后 4 个因素是 2 水平，即后 4 列由 1、2 两种数字组成。用 $L_8(4\times 2^4)$ 安排实验时，最多可以考察一个具有 5 因素的问题，其中 1 个因素为 4 水平，另外 4 个因素为 2 水平，共要做 8 次实验。

（二）用正交实验设计法安排实验的原则

用正交表安排实验，应遵守以下原则：

（1）所选用的正交表要能容纳所研究的因素数和因素水平数，在这一前提下，应选择实验次数最少的正交表。

（2）有可能存在两因素之间的交互效应，应避免将因素的主效应安排在正交表的交互效应列内。

（3）要安排重复实验来估计实验误差。当用未安排因素的空列估计实验误差时，应选用正交表中的非交互作用列来估计，以避免交互效应干扰对因素主效应的判断。

（4）为了减少实验工作量，有时可将某些因素组合成复合因素。

（5）对主要因素决不要轻易地固定在某一水平上。反之，对于次要的因素，为了减少实验工作量，可以将其固定在某一水平上。

（6）用正交实验法安排实验，要尽可能使各因素的水平数相等，实验的重复次数相同，这样将使处理实验数据的工作变得比较简单。

（三）正交实验设计法安排多因素实验的步骤

第一步：明确实验目的，确定实验指标。

第二步：挑因素，选水平，列出因素水平表。

影响实验结果的因素很多，但我们不是对每个因素都进行考察。例如，对于不可控因素，由于无法测出因素的数值，因而看不出不同水平的差别，难以判断该因素的作用，所以不能列为被考察的因素。对于可控因素，则应挑选那些对指标可能影响较大，但又没有把握的因素来进行考察，特别注意不能把重要因素固定（固定在某一状态上不进行考察）。

对于选出的因素，可以根据经验定出它们的实验范围，在此范围内选出每个因素的水平，即确定水平的个数和各个水平的数值。因素水平选定后，便可列成因素水平表。例如，重金属废水吸附处理实验，决定对 pH、吸附剂投加量、吸附时间三因素进行考察，并确定了各因素均为 3 水平和每个水平的数值。此时可以列出因素水平表（表 2-4）。

表 2-4　重金属废水吸附处理实验因素水平表

水平	因素		
	pH	吸附剂投加量/(g/L)	吸附时间/min
1	4.0	1.5	30
2	5.0	3.0	60
3	6.0	4.5	90

第三步：选用正交表。

常用的正交表有几十个，究竟选用哪个正交表，需要综合分析后决定，一般是根据因素和水平的多少、实验工作量大小和允许条件而定。实际安排实验时，挑选因素、水平和选用正交表等步骤有时是结合进行的。一般要求：因素数小于等于正交表列数，因素水平数与正交表对应的水平数一致。例如，根据实验目的，选好 4 个因素，如果每个因素取 4 个水平，则需用 $L_{16}(4^4)$ 正交表，要做 16 次实验。但是由于时间和经费上的考虑，希望减少实验次数，因此改为每个因素 3 个水平，则改用 $L_9(3^4)$ 正交表，做 9 次实验就够了。

第四步：表头设计。

表头设计就是根据实验要求，确定各因素在正交表中的位置。

第五步：确定实验方案。

根据表头设计，从 $L_9(3^4)$ 正交表中把 1、2、3 列中的 1、2、3 水平换成相应的水平值，即得实验方案（表 2-5）。

表 2-5 实验方案表

列号 行号	A 1	B 2	C 3	4	实验号	水平组合	实验条件		
							pH	投加量/(g/L)	吸附时间/min
1	1	1	1	1	1	$A_1B_1C_1$	4.0	1.5	30
2	1	2	2	2	2	$A_1B_2C_2$	4.0	3.0	60
3	1	3	3	3	3	$A_1B_3C_3$	4.0	4.5	90
4	2	1	2	3	4	$A_2B_1C_2$	5.0	1.5	60
5	2	2	3	1	5	$A_2B_2C_3$	5.0	3.0	90
6	2	3	1	2	6	$A_2B_3C_1$	5.0	4.5	30
7	3	1	3	2	7	$A_3B_1C_3$	6.0	1.5	90
8	3	2	1	3	8	$A_3B_2C_1$	6.0	3.0	30
9	3	3	2	1	9	$A_3B_3C_2$	6.0	4.5	60

第六步：进行实验，得到以实验指标形式表示的实验结果。

第七步：对实验结果进行分析，找出最佳水平组合。

通常采用两种方法：直观分析法、方差分析法。通过实验结果分析，可以得到因素主次顺序、最佳水平组合等有用信息。

第八步：进行验证实验，做进一步分析。

（四）实验结果的分析

为了寻找较好的实验条件，应对实验结果进行统计处理。正交实验的数据分析方法有两种，即直观分析法（极差分析法）和方差分析法。

1. 极差分析法

极差分析法简单易行，直观，计算量少，应用比较普遍。通过极差分析主要解决两个问题。

（1）哪些因素对指标影响大，哪些因素影响较小或没有影响？

（2）根据因素对指标影响的大小次序，如何选择对指标有利的各因素水平？

极差分析法的数据处理具体步骤如下：

（1）求不同因素水平的实验指标和，以各水平为单位，分别记为 I_j、II_j、$\cdots$，也可取平均值，分别记为 $\overline{I_j}$、$\overline{II_j}$、$\cdots$，此处 I、II 表示水平，j 为列，即因素。

（2）根据每个因素不同水平下的和或平均值，求极差 R_j 或 $\overline{R_j}$。

（3）比较各因素的极差 R_j，排出因素的主次顺序，确定水平及最优方案。极差是衡量数据波动大小的重要指标，极差越大的因素越重要。

例 2-2　苯酚合成工艺条件实验，以苯酚的产率作为指标，各因素水平分别为

因素 A 反应温度：300℃、320℃；

因素 B 反应时间：20min、30min；

因素 C 压力：200atm（1atm = 1.01325×10⁵Pa）、300atm；

因素 D 催化剂用量：20g、30g；

因素 E 加碱量：80L、100L。

选用正交表 $L_8(2^7)$，其极差分析见表 2-6。

表 2-6　$L_8(2^7)$ 正交表的实验结果极差分析

实验号	列号							指标 x_i/%
	1（A）	2（B）	3	4（C）	5（D）	6（E）	7	
1	1	1	1	1	1	1	1	83.4
2	1	1	1	2	2	2	2	84.0
3	1	2	2	1	1	2	2	87.3
4	1	2	2	2	2	1	1	84.8
5	2	1	2	1	2	1	2	87.3
6	2	1	2	2	1	2	1	88.0
7	2	2	1	1	2	2	1	92.3
8	2	2	1	2	1	1	2	90.4
I_j	339.5	342.7	350.1	350.3	349.1	351.6	348.5	
II_j	358.0	354.8	347.4	347.2	348.4	345.9	349.0	$T = 697.5$
R_j	18.5	12.1	2.7	3.1	0.7	5.7	0.5	

从表 2-6 可知，极差的大小顺序是：$R_A > R_B > R_E > R_C > R_D$，最优设计为：$A_2B_2C_1D_1E_1$。

2. 方差分析法

极差分析法简便、快速、计算量小，但由于未将偶然误差和条件误差分开，因此还存在不足。与极差分析法相比，方差分析法能充分利用实验所得到的信息，估计实验误差，判断因素效应精度高。方差分析法适合于有空列的正交表，若无空列，则无误差列，不能进行方差分析。

对例 2-2 的实验结果进行方差分析，其方差分析结果见表 2-7。

表 2-7　方差分析

方差来源	偏差平方和	自由度	方差	F 值	F 临界值	显著性
因素 A	42.781	1	42.781	127.69		***
因素 B	18.301	1	18.301	54.74	$F_{0.05(1, 3)} = 10.1$	**
因素 C	1.201	1	1.201	3.59		
因素 D	0.061	1	0.061	—	$F_{0.01(1, 3)} = 34.1$	
因素 E	4.061	1	4.061	12.15	$F_{0.01(1, 3)} = 5.54$	*
误差	0.942	2	0.471			
总和	67.347	7	66.876			

注：显著性*号越多，表示对实验指标的影响越大。

可见，方差分析和极差分析的结论不尽相同。显然方差分析法利用了更多的信息，因此方差分析法更加可靠、准确。

第二节　实验数据的记录与处理

环境工程实验中常需要进行一系列测定，并取得大量的数据。在实验过程中需要正确记录实验数据，实验后要将所得数据加以整理归纳，用一定的方式表示各数据之间的相互关系，即数据处理。

一、实验数据的记录

（一）有效数字

各种测量值的表示，如试样质量为 0.2340g，试样体积 20.12mL，吸光度 0.324，电位 124.5mV 等，不仅说明了数量的大小，而且反映了测量的精度。有效数字就是实验能测到的数字。可以把有效数字定义为与仪器精度相符的测量值的位数。

由于有效数字的位数取决于测量仪器的精度，只有数据中的最后一位是可疑数字，所以根据测量的记录结果便可以推知所用仪器。例如，试样质量记录为 0.4g，说明是使用台秤称得的结果，相对误差为

$$E_r = \frac{\pm 0.2}{0.4} \times 100\% = \pm 50\%$$

如果记为 0.4000g，说明是使用万分之一天平称得的结果，相对误差为

$$E_r = \frac{\pm 0.0002}{0.4000} \times 100\% = \pm 0.05\%$$

显然，似乎没有差别的 0.4g 与 0.4000g 之间却千差万别（相对误差相差 1000 倍）。

在确定有效数字时，应注意以下几点：

（1）数字"0"有时为有效数字，有时只起定位作用。例如，20.50 有 4 位有效数字，其中的"0"都是有效数字。又如，0.0105 仅有 3 位有效数字，其中的前两个"0"只起定位作用。

（2）pH、pM、pK 等，有效数字取决于小数部分的位数，整数部分是 10 的方次。例如，pH = 6.12，pM = 5.46，pK_a = 4.74 都只有两位有效数字，其真值的有效数字位数应与此一致，分别为[H$^+$] = 7.6×10^{-7}mol/L、[M] = 3.6×10^{-6}mol/L、K_a = 1.8×10^{-5}。

（3）有些数字，如 34000、45000 等，其有效数字的位数不定。因后面的"0"可能是有效数字，也可能仅起定位作用。为明确有效数字的位数，应采用如下表达形式。例如，34000 记为 3.4×10^4，表示有 2 位有效数字；记为 3.40×10^4，表示有 3 位有效数字。此外应注意，在变换单位时，有效数字位数不能变，如 1.1g = 1.1×10^{3}mg = 1.1×10^{6}μg。

（4）计算中涉及一些常数，如 π、e（自然对数的底）、$\sqrt{2}$，以及一些自然数，如 $s_{\bar{x}} = s / \sqrt{n}$ 中的 n，可以认为其有效数字位数很多或无限多。

（二）数字修约规则

以前常用"四舍五入"法修约有效数字，但这种方法从数学角度上说存在一些问题。例如，用"四舍五入"法把数据修约为 n 位有效数字，舍入误差见表 2-8。

表 2-8 舍入误差表

第 $n+1$ 位数字	1	2	3	4	5	6	7	8	9
舍入误差	−1	−2	−3	−4	5	4	3	2	1

由于在大量数据的运算中第 $n+1$ 位上出现 $1, 2, \cdots, 9$，这些数字的概率是相等的，所以 1、2、3、4 舍去的负误差可与 9、8、7、6 作为 10 进入 n 位的正误差抵消，唯独逢 5 即进产生的正误差无法抵消。显然这种人为地舍入而引入的正误差是累积的。

为解决如上问题，人们提出"四舍六入五成双"这样一种较为科学的修约方法。"四舍六入五成双"，即第 $n+1$ 位数小于 5 则舍，大于 5 则入；如果等于 5，那么 n 位数字为奇数则入，为偶则舍（使 n 位数成双）。

（三）运算规则

1. 加减运算

根据误差的传递，在加减运算中，结果的绝对误差等于各数据绝对误差的代数和。既然是代数和，绝对误差最大者就起决定作用。所以在加减运算中应使结果的绝对误差与各数据中绝对误差最大者相一致。例如：

$$
\begin{array}{r}
0.0124 \\
20.12 \\
1.236 \\
3.245 \\
+4.255 \\
\hline
?
\end{array}
$$

其中 20.12 的绝对误差最大，为 ±0.01，结果的绝对误差也应为 ±0.01。就是说小数点后第二位以后的数字进行运算已无必要，所以应将各数以绝对误差最大者（小数位数最少者）为准，先修约后运算。当然，也可以多保留一位，最后再对结果进行修约，则上例为

$$
\begin{array}{r}
0.01 \\
20.12 \\
1.24 \\
3.24 \\
+4.26 \\
\hline
28.87
\end{array}
\qquad
\begin{array}{r}
0.012 \\
20.12 \\
1.236 \\
3.245 \\
+4.255 \\
\hline
28.87
\end{array}
$$

2. 乘除法

在乘除运算中，结果的相对误差等于各数据相对误差的代数和，可见各数据相对误差最大

者起决定作用。所以在乘除运算中，结果的相对误差应与各数据中相对误差最大者相近。

例如：

$$0.0124 \times 20.14 \times 1.2364 = ?$$

其中，0.0124 的相对误差最大，为 0.8%，结果的相对误差应与此接近。于是应以相对误差最大者（有效数字位数最少者）为准，先修约后运算。为了使结果更准确，修约时可多保留一位。则上例为：$0.0124 \times 20.14 \times 1.2364 = 0.0124 \times 20.1 \times 1.24 = 0.309$ 或 $0.0124 \times 20.14 \times 1.2364 = 0.0124 \times 20.14 \times 1.236 = 0.30867 = 0.309$。

在乘除运算中，如果遇到第一位为 9 的数据，可以多算一位有效数字。例如，9.13 可算作 4 位有效数字，因其相对误差为 0.1%，与 10.15、10.25 等这些 4 位有效数字的数据的相对误差相近。

（四）测量值的记录

1. 正确记录测量值

记录测量值（通常称实验数据）应保留一位可疑数字。例如，用万分之一的天平称量，将试样质量记为 0.521g 或 0.52100g 都不对，应记为 0.5210g；又如，50mL 的滴定管，可以读到 0.01mL，将试样体积记为 20.1mL 或 20.100mL 都不对，应记为 20.10mL。此外，在使用移液管时更容易忽视有效数字，如使用 25mL 的移液管，将体积记为 25mL 就不对，正确的应该是 25.00mL。

2. 正确表达分析结果

因为分析结果是由实验数据计算得来的，所以分析结果的有效数字位数是由实验数据的有效数字位数决定的。在常规分析中，如滴定法和重量法，一般实验数据为 4 位，涉及的计算为乘除法，根据有效数字运算规则可知分析结果也应是 4 位。对于其他分析法，应根据具体情况而定。

二、误差与误差的分类

环境工程实验过程中，各项指标的监测常需通过各种测试方法完成。由于被测量的数值形式通常不能以有限位数表示，且因认识能力不足和科技水平的限制，测量值与其真值并不完全一致，这种差异表现在数值上称为误差。任何监测结果均具有误差，误差存在于一切实验中。

根据误差的性质及发生的原因，误差可分为系统误差（恒定误差）、偶然误差和过失误差三种。

1. 系统误差

系统误差是由某种确定的因素造成的，使测定结果系统偏高或偏低。当造成误差的因素不存在时，系统误差自然会消失。当进行重复测量时，它会重复出现。系统误差的大小、正负是可以测定的，所以是可测误差。系统误差的最重要特性是它具有"单向性"。

根据系统误差的性质和产生的原因，可将其分为如下几种：

（1）方法误差。

（2）仪器和试剂误差，如仪器不良、刻度不准、砝码未校正等。

（3）操作误差。

（4）主观误差，由个人的习惯和偏向等引起，如读数偏高或偏低等。

这类误差可以根据仪器的性能、环境条件或个人偏差等加以校正克服，使之降低。

2. 偶然误差

偶然误差又称随机误差，它是一些随机的、偶然的原因造成的。例如，测量时环境温度、湿度和气压的微小波动，仪器的微小变化，分析人员对各份试样处理时的微小差别等，这些不可避免的偶然原因，都将使测量结果在一定范围内波动，引起偶然误差。由于偶然误差是由一些不确定偶然原因造成的，是可变的，有时大，有时小，有时正，有时负，所以偶然误差又称不定误差。偶然误差在测量操作中是无法避免的。偶然误差的产生难以找出确定的原因，似乎没有规律性，但如果进行多次测定，便会发现数据的分析符合一般的统计规律。

3. 过失误差

在测试过程中，除系统误差和偶然误差外，还有一类"过失误差"。过失误差是工作中操作不规范或错误等原因造成的。例如，读错刻度、记录和计算错误及加错试剂等，是一种与事实明显不符的误差。过失误差是可以避免的。

在测试过程中，当出现很大误差时，应分析其原因，如是过失引起的，则在计算平均值时舍去。

三、误差的表示方法

1. 绝对误差与相对误差

（1）绝对误差：对某一指标进行测试后，观测值与其真值（μ）之间的差值称为绝对误差，即

$$绝对误差=观测值-真值$$

绝对误差用以反映观测值偏离真值的大小，其单位与观测值相同。

（2）相对误差：绝对误差与真值的比值称为相对误差，即

$$相对误差=\frac{绝对误差}{真值}\times100\%$$

相对误差用于不同测量结果的可靠性的对比，常用百分数表示。

2. 偏差

在实际测试中，一般要进行多次平行测试，以求得测试结果的算术平均值。在这种情况下，通常用偏差来衡量所得分析结果的精密度。偏差（d）表示测定结果（x）与平均结果（$\bar{x}$）之间的差值，即

$$d=x-\bar{x}$$

有些偏差为正，有些为负，还有些可能是零。如果将各单次观测值的偏差相加，其和等于零，即说明不能用偏差之和来表示一组测试结果的精密度。因此，为了说明分析结果的精密度，

通常以单次测量偏差的绝对值的平均值，即平均偏差 $\bar{d}$ 表示其精密度。

$$\bar{d} = \frac{|d_1| + |d_2| + \cdots + |d_n|}{n}$$

用统计方法处理数据时，广泛采用标准偏差来衡量数据的分散程度。标准偏差的数学表达式为

$$\sigma = \sqrt{\frac{1}{n}\sum_{i=1}^{n}(x_i - \mu)^2}$$

在测试中，测量值一般不多，而总体平均值一般又不知道，故只好用样本的标准偏差 s 来衡量该组数据的分散程度。样本标准偏差的数学表达式为

$$s = \sqrt{\frac{1}{n-1}\sum_{i=1}^{n}(x_i - \bar{x})^2}$$

经运算，s 可由下式表示：

$$s = \sqrt{\frac{\sum_{i=1}^{n}x_i^2 - \left(\sum_{i=1}^{n}x_i\right)^2 \Big/ n}{n-1}}$$

单次测量结果的相对标准偏差（RSD，又称变异系数）为

$$\text{RSD} = s/\bar{x} \times 100\%$$

四、真值与平均值

实验过程中由于仪器、测试方法、环境、人的观察力、实验方法等不可能做到完美无缺，我们无法测得真值（真实值）。如果对同一考察项目进行无限次的测试，然后根据误差分布定律中正负误差出现的概率相等的概念，可以求得各测试值的平均值，在无系统误差的情况下，此值为接近真值的数值。一般来说，测试的次数总是有限的，用有限测试次数求得的平均值，只能是真值的近似值。

常用的平均值有：①算术平均值；②均方根平均值；③加权平均值；④中位值；⑤几何平均值。

计算平均值方法的选择主要取决于一组观测值的分布类型。

1. 算术平均值

算术平均值是最常用的一种平均值，当观测值呈正态分布时，算术平均值最近似真值。算术平均值定义为

$$\bar{x} = \frac{x_1 + x_2 + \cdots + x_n}{n} = \frac{1}{n}\sum_{i=1}^{n}x_i$$

式中：$\bar{x}$ 为算术平均值；x_i 为各次观测值，$i = 1, 2, \cdots, n$；n 为观测次数。

2. 均方根平均值

均方根平均值应用较少，其定义为

$$\bar{x} = \sqrt{\frac{x_1^2 + x_2^2 + \cdots + x_n^2}{n}} = \sqrt{\frac{\sum_{i=1}^{n}x_i^2}{n}}$$

3. 加权平均值

若对同一事物用不同方法测定,或由不同的人去测定,计算平均值时,常使用加权平均值。计算公式为

$$\overline{x} = \frac{w_1 x_1 + w_2 x_2 + \cdots + w_n x_n}{w_1 + w_2 \cdots + w_n} = \frac{\sum\limits_{i=1}^{n} w_i x_i}{\sum\limits_{i=1}^{n} w_i}$$

式中:w_i 为与各观测值相应的权重,$i = 1, 2, \cdots, n$。

各观测值的权重 w_i,可以是观测值的重复次数,观测值在总数中所占的比例,或根据经验确定。

4. 中位值

中位值是指一组观测值按大小次序排列的中间值。若观测次数是偶数,则中位值为正中两个值的平均值。中位值的最大优点是求法简单。只有当观测值的分布呈正态分布时,中位值才能代表一组观测值的中心趋向,近似于真值。

5. 几何平均值

如果一组观测值是非正态分布,当对这组数据取对数后,所得图形的分布曲线更对称时,常用几何平均值。

几何平均值是一组 n 个观测值连乘并开 n 次方求得的值,计算公式为

$$\overline{x} = \sqrt[n]{x_1 x_2 \cdots x_n}$$

也可用对数表示为

$$\lg \overline{x} = \frac{1}{n} \sum_{i=1}^{n} \lg x_i$$

五、实验数据的处理

(一)标准曲线的建立

标准曲线是标准物质的物理化学属性与仪器响应之间的函数关系。建立标准曲线的目的是推导待测物质的物理化学属性。

在定量测定实验中,常用标准曲线法进行定量分析,通常情况下的标准曲线是一条直线。

1. 建立标准曲线的原则

(1)应选择精度好的分析方法在严格控制分析条件下建立标准曲线。

(2)在保证标准曲线为线性的条件下,应尽可能扩大被测组分含量的取值范围。

(3)在总工作量一定的条件下,增加实验点的数目、减少每一实验点的重复测定次数,比增加每一实验点的重复测定次数、减少实验点的数目能更有效地提高标准曲线的精度。但随着

实验点数目的增加，标准曲线精度的提高速度越来越慢，实验点数目大于 6 以后，精度提高速度很慢。从置信系数 $t_{a,f}$ 考虑，在 $n < 4$ 时，$t_{a,f}$ 较大，标准曲线的置信范围较宽，用标准曲线由 x 预测 y 的精度或由 y 反估 x 的精度较差，当 $n > 6$ 时，t 值减小的速度很慢，标准曲线的置信范围变小的速度也很慢，靠进一步增加实验点数目提高标准曲线的精度是可行的。因此，用五六个实验点建立标准曲线是合理的。

（4）被测组分的含量应尽可能位于标准曲线的中央部分。

（5）位于标准曲线高、低含量（浓度）两端的实验点的测定精度较位于标准曲线中央部分的实验点的测定精度差，因此对标准曲线两端的实验点的测定次数要多一些。

（6）鉴于标准曲线低含量（浓度）区的测定精度较差，而空白溶液位于测定精度较差的区域，因此以空白溶液校正仪器（用空白溶液调零）是不合适的。合理的做法应是对空白溶液进行多次测定，取其测定平均值，将它作为含量（浓度）为零的实验点参与标准曲线的拟合。

（7）空白值的测定误差较大，且为随机变量，不同的取样会得到不同的空白值。因此，在扣除空白值时，直接扣除用空白溶液测定的空白值不是一个好办法，用标准曲线拟合得到的截距作为实验空白值扣除会得到更好的结果。这是因为截距值是统计平均值，它比由空白溶液直接测定的值更稳定，精度更好。

（8）测定未知样品时，重复测定可以提高估计值 x 的精度，因此在可能的条件下进行多次测定是有利的。

（9）检验标准曲线是否发生变化，最好是用不同浓度的标准溶液进行检验。例如，建立标准曲线时是用浓度为 x_1、x_3、x_5、x_7、x_9 的 5 个实验点，检验标准曲线是否发生变化时，最好是用浓度为 x_2、x_4、x_6、x_8、x_{10} 的 5 个实验点。这是因为当两条标准曲线无显著性差异时，可以用一条共同的标准曲线来拟合这 10 个实验点，而实验点数目的增加能有效地提高标准曲线的精度。若用相同浓度的标准溶液进行检验，当用一条共同的标准曲线来拟合这两组实验点时，实验点数目并没有增加，仍然是 5 个实验点，只是增加了每一个实验点的精度，这样并不能有效地减少标准曲线的残差或标准差，也不能提高标准曲线的精度。

2. 标准曲线的绘制方法

标准曲线的横坐标（x）表示可以精确测量的变量（如标准溶液的浓度），称为普通变量，纵坐标（y）表示仪器的响应值（也称测量值，如吸光度、电极电位等），称为随机变量。当 x 取值为 $x_1, x_2, \cdots, x_n$ 时，仪器测得的 y 值分别为 $y_1, y_2, \cdots, y_n$。将这些测量点（x_i, y_i）描绘在坐标系中，得出 x 与 y 之间的线性关系，就是常用的标准曲线法。用于绘制标准曲线的标准物质，它的含量范围应包括试样中被测物质的含量，标准曲线不能任意延长。用于绘制标准曲线的绘图纸的横坐标和纵坐标的标度以及实验点的大小均不能太大或太小，应能近似地反映测量的精度。

标准曲线的绘制步骤如下：

（1）分别将普通变量（如标准溶液的浓度）和仪器的响应值（如吸光度）输入 EXCEL 表的两列中。

（2）选好两列数值，点击"插入"按钮，选取"图表"和"散点图"，最后点击"完成"即可生成标准曲线。

（3）右键点击曲线上其中一点出现对话框，选"添加趋势线"，点"选项"勾选"显示公式""显示 R^2 值"，确定即可生成拟合公式。

例 2-3　总磷测定实验的标准曲线绘制。

取磷含量为 2.0μg/mL 磷标准溶液 0.0mL、0.50mL、1.00mL、3.00mL、5.00mL、10.0mL、15.0mL 作标准曲线，测得吸光度分别为 0.013、0.033、0.062、0.187、0.245、0.431、0.635，标准曲线的绘制步骤如下：

（1）计算出标准溶液的磷含量，分别为 0μg、1.0μg、2.0μg、6.0μg、10.0μg、20.0μg、30.0μg。

（2）将各吸光度扣除空白实验的吸光度，分别为 0、0.020、0.049、0.174、0.232、0.418、0.622。

（3）将磷含量及校正吸光度输入 EXCEL 表两列中，选定这两列数据，按 EXCEL 的绘图步骤绘制标准曲线，如图 2-6 所示。

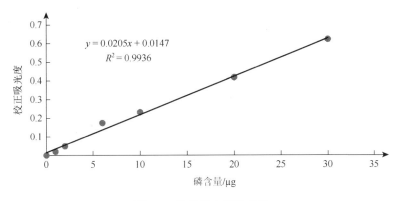

$$y = 0.0205x + 0.0147$$
$$R^2 = 0.9936$$

图 2-6　总磷测定标准曲线

（二）实验数据的表示方法

在对实验数据进行误差分析整理剔除错误数据和分析各个因素对实验结果的影响后，还要将实验所获得的数据进行归纳整理，用图形、表格或经验公式加以表示，以找出影响研究事物的各因素之间相互影响的规律，为得到正确的结论提供可靠的信息。

常用的实验数据表示方法有列表表示法、图形表示法和方程表示法三种。表示方法的选择主要是依靠经验，可以用其中的一种方法，也可两种或三种方法同时使用。

1. 列表表示法

列表表示法是将一组实验数据中的自变量、因变量的各个数值依一定的形式和顺序一一对应列出来，以反映各变量之间的关系。

列表表示法具有简单易操作、形式紧凑、数据容易参考比较等优点，但对客观规律的反映不如图形表示法和方程表示法明确，在理论分析方面使用不方便。

完整的表格应包括表的序号、表题、表内项目的名称和单位、说明及数据来源等。

实验测得的数据，其自变量和因变量的变化有时是不规则的，使用起来很不方便。此时可以通过数据的分度，使表中所列数据有规则地排列，即当自变量作等间距顺序变化时因变量也随之顺序变化。这样的表格查阅较方便。数据分度的方法有多种，较为简便的方法是先用原始数据（未分度的数据）画图，作出一光滑曲线，然后在曲线上一一读出所需的数据（自变量作等间距顺序变化），并列出表格。

2. 图形表示法

图形表示法的优点在于形式简明直观，便于比较，易显出数据中的最高最低点、转折点、周期性及其他特性等。当图形足够准确时，可以不必知道变量间的数学关系，对变量求微分或积分后可得到需要的结果。

图形表示法可用于以下两种情况：

（1）已知变量间的关系图形，通过实验，将获得的数据作图，然后求出相应的一些参数。

（2）两个变量之间的关系不清，将实验数据点绘于坐标纸上，用以分析、反映变量之间的关系和规律。

图形表示法可采用 EXCEL 表格选择合适的图形类型绘出所需图形。

第三章　环境监测实验

实验 1　水的物理性质的监测

一、实验目的

（1）了解色度、浊度、透明度、pH、电导率、悬浮物的基本概念。
（2）掌握色度、浊度、透明度、pH、电导率、悬浮物的测定方法。

二、实验原理

（1）透明度：指水样的澄清程度。采用十字法测定，其原理是检验人员通过观察水样，能清楚地见到放在透明度计底部画有宽度为 1mm 的黑色十字而看不见四个黑点时的水柱的高度，单位为 cm。

（2）悬浮物（SS）：水样通过孔径为 0.45μm 的滤膜或中速定量滤纸，截留在滤膜上并在 103～105℃烘干至恒量的固体物质。

（3）电导率：表示溶液导电能力的指标。常用于间接推测水中离子成分的总浓度，单位为 μS/cm。用电导率仪测定。

（4）色度：水的颜色深浅。水质分析中所表示的颜色就是指水的真实颜色。因此，在测定水色度前，水样需要先澄清或经离心机分离或经 0.45μm 滤膜过滤除去悬浮物，但不能用滤纸过滤，因为滤纸能吸附部分颜色。水的真实颜色仅指溶解物质产生的颜色，又称"真色"。

测定水色度有两种方法：一是铂钴比色法，该法适用于清洁水、轻度污染并略带黄色的水、比较清洁的地表水、地下水和饮用水等。二是稀释倍数法，该法适用于污染较严重的地表水和工业废水。两种方法应独立使用，一般没有可比性。

（5）浊度：表示水中悬浮物对光线通过时所发生的阻碍程度。它与水样中存在的颗粒物的含量、粒径大小、形状及颗粒表面对光散射特性等有关。水样中的泥沙、黏土、有机物、无机物、浮游生物和其他微生物等悬浮物和胶体物质都可使水体浊度增加。本次实验以硫酸肼和六次甲基四胺的聚合物作为浊度标准液，用浊度仪测定浊度。

（6）pH：是溶液中 H^+ 活度的负对数，是水化学中常用的和最重要的检验项目之一。天然水的 pH 范围多在 6～9，这也是我国污水排放标准中的 pH 控制范围。通常采用玻璃电极法测定 pH。

三、实验仪器

pH 计、2100P 浊度仪、电导率仪、抽滤装置、透明度计、50mL 比色管等。

四、实验步骤

1. 色度的测定

（1）将水样倒入 250mL 或体积更大的量筒中，静置 15min，取上层液体作为试样待测。

（2）取一支 50mL 比色管，加入纯水至 50mL 标线，作为色度空白对比液。然后取适量试样于另一支 50mL 比色管中，加纯水至 50mL 标线。将上述两支比色管并排斜放于白色纸上，使光线经比色管底部反射通过液柱进入观察者眼睛，观察两支比色管内液体的颜色深浅。

（3）若观察到装有试样的比色管中液体颜色较深，则取此比色管中 25mL 的液体倒入另一支比色管，再加纯水至标线，然后与空白对比液进行对比。如此类推，直到将试样稀释至刚好与光学纯水无法区别为止，记录此时的稀释倍数。

（4）若试样的色度较大，先用容量瓶进行稀释，把色度稀释至低于 50 倍时，再用比色管进行稀释。

（5）试样或试样经稀释至色度很低时，应用量筒量取适量的试样或经稀释后的试样置于比色管中，再用纯水稀释至标线，然后与空白对比液比较颜色深浅。

（6）将逐级稀释的各次倍数相乘（最后一次的稀释倍数一般都小于 2），所得之积取整数值，以此来表达样品的色度。

2. 透明度的测定

（1）将水样倒入透明度计内。

（2）松开弹簧夹，观察水样，直到明显见到黑十字线而又看不见四个黑点为止，记录液面高度（cm）。

3. 悬浮物的测定

（1）安装抽滤装置。用胶管连接好抽气口和抽滤瓶，将布氏漏斗安放在抽滤瓶上。

（2）将恒量的滤纸称量并记录滤纸质量，然后将滤纸折好放在布氏漏斗中，用蒸馏水润湿滤纸，使其紧贴漏斗。

（3）取一定体积的均匀水样，倒入漏斗中抽滤。抽至将干时，每次用蒸馏水 10mL 连续洗涤三次，继续抽滤至干。

（4）取出载有悬浮物的滤纸，放在用纯水清洗干净的培养皿上，移入烘箱中于 103～105℃烘干至恒量。称量时，把培养皿盖上，用减量法称量，算出悬浮物的质量。

五、实验结果

实验数据记录整理于表 3-1 中。

表 3-1　数据记录统计表

水样	色度	透明度/cm	浊度/NTU	pH	电导率/(μS/cm)	SS/(mg/L)
水样 1						
水样 2						

水样	色度	透明度/cm	浊度/NTU	pH	电导率/(μS/cm)	SS/(mg/L)
水样 3						
水样 4						
水样 5						

实验 2　碘量法测定水中的溶解氧

一、实验目的

（1）了解测定溶解氧的意义和方法。

（2）掌握碘量法测定溶解氧的操作技术。

二、实验原理

溶于水中的氧称为溶解氧，当水体受到还原性物质污染等影响时，溶解氧下降；而有藻类繁殖等影响时，溶解氧增加。因此，水体中溶解氧的变化情况，在一定程度上反映了水体受污染的程度。

在水中加入硫酸锰及碱性碘化钾溶液，生成氢氧化锰沉淀。氢氧化锰性质不稳定，被氧氧化成四价锰。氧气耗完后，四价锰再与二价锰反应，生成棕色沉淀锰酸锰。

反应按下列各式进行：

$$MnSO_4 + 2NaOH = Mn(OH)_2\downarrow + Na_2SO_4$$
$$2Mn(OH)_2 + O_2 = 2H_2MnO_3$$
$$H_2MnO_3 + Mn(OH)_2 = MnMnO_3\downarrow(棕色沉淀) + 2H_2O$$

加入浓硫酸使棕色沉淀（$MnMnO_3$）与溶液中所加入的碘化钾发生反应，而析出碘，溶解氧越多，析出的碘也越多，溶液的颜色也就越深。

$$2KI + H_2SO_4 = 2HI + K_2SO_4$$
$$MnMnO_3 + 2H_2SO_4 + 2HI = 2MnSO_4 + I_2 + 3H_2O$$
$$I_2 + 2Na_2S_2O_3 = 2NaI + Na_2S_4O_6$$

用移液管取一定量的反应完毕的水样，以淀粉作指示剂，用标准溶液滴定，计算出水样中硫代硫酸钠的含量。根据硫代硫酸钠的用量，可计算出水中溶解氧的含量。

三、实验仪器与试剂

（1）具塞碘量瓶、溶氧瓶（250mL 或 300mL）。

（2）硫酸锰溶液。480g 硫酸锰（$MnSO_4\cdot4H_2O$）溶解后，稀释为 1L，若有不溶物，应过滤。

（3）碱性碘化钾溶液。500g 氢氧化钠溶解于 400mL 水中，150g 碘化钾溶解于 200mL 水中，待氢氧化钠溶液冷却后，将两溶液混匀，用水稀释至 1000mL，储于塑料瓶中，用黑纸包裹避光。

（4）1＋1（体积比）硫酸。

（5）3mol/L 硫酸溶液，即约为 1＋5（体积比）的硫酸。

（6）1%淀粉溶液。称取 1g 可溶性淀粉，用少量水调成糊状，再用刚煮沸的水稀释至 100mL（也可加热 1～2min）。冷却后加入 0.1g 水杨酸或 0.4g 氧化锌防腐。

（7）0.025mol/L 重铬酸钾标准溶液。称取 7.3548g 在 105～110℃烘干 2h 的重铬酸钾，溶解后转入 1000mL 容量瓶内，用水稀释至标线，摇匀。

（8）0.025mol/L 硫代硫酸钠溶液。称取 6.2g $Na_2S_2O_3 \cdot 5H_2O$，溶于经煮沸冷却的水中，加入 0.2g 无水碳酸钠，稀释至 1000mL，储于棕色试剂瓶内，使用前用 0.025mol/L 重铬酸钾溶液标定，标定方法如下：在 250mL 碘量瓶中加入 100mL 水、1.0g 碘化钾、5.00mL 0.0250mol/L 重铬酸钾溶液和 5mL 3mol/L 硫酸溶液，摇匀，加塞后置于暗处 5min，用待标定的硫代硫酸钠溶液滴定至浅黄色，然后加入 1%淀粉溶液 1.0mL，继续滴定至蓝色刚好消失，记录用量。平行做 3 份。

硫代硫酸钠溶液的浓度 c_1 为

$$c_1 = \frac{6 \times c_2 \times V_2}{V_1} \tag{3-1}$$

式中：c_2 为重铬酸钾标准溶液的物质的量浓度；V_1 为消耗的硫代硫酸钠溶液的体积；V_2 为重铬酸钾标准溶液的体积。

四、实验步骤

（1）将洗净的 250mL 溶氧瓶用待测水样荡洗 3 次。用虹吸法取水样注满溶氧瓶，迅速盖紧瓶盖，瓶中不能留有气泡。平行做 3 份水样。

（2）取下瓶塞，分别加入 $MnSO_4$ 溶液 1mL 和碱性碘化钾溶液 2mL。盖上瓶塞，注意瓶内不能留有气泡，然后将碘量瓶反复摇动数次，静置，当沉淀物下降至瓶高一半时，再颠倒摇动一次。继续静置，待沉淀物下降至瓶底后，轻启瓶塞，加入 2mL（1＋1）H_2SO_4（移液管插入液面以下）。小心盖好瓶塞，颠倒摇匀。此时沉淀应溶解。若溶解不完全，可再加入少量浓硫酸至溶液澄清且呈黄色或棕色（因析出游离碘）。置于暗处 5min。

（3）从每个溶氧瓶内取出 2 份 100mL 水样，分别置于 250mL 碘量瓶中，用硫代硫酸钠溶液滴定。当溶液呈微黄色时，加入 1%淀粉溶液 1mL，继续滴定至蓝色刚好消失，记录用量。

五、数据处理

$$溶解氧浓度(mg/L) = \frac{\frac{c_1}{2} \times V_1 \times 16}{100} \times 1000 \tag{3-2}$$

式中：c_1 为硫代硫酸钠溶液的浓度；V_1 为消耗的硫代硫酸钠溶液的体积。

六、注意事项

（1）水样呈强酸或强碱时，可用氢氧化钠或盐酸溶液调至中性后测定。

（2）水样中游离氯大于 0.1mg/L 时，应先加入硫代硫酸钠除去，方法如下：250mL 的溶氧瓶装满水样，加入 5mL 3mol/L 硫酸和 1g 碘化钾，摇匀，此时应有碘析出，吸取 100mL 该溶液于 250mL 碘量瓶中，用硫代硫酸钠标准溶液滴定至浅黄色，加入 1%淀粉溶液 1mL，再滴定至蓝色刚好消失。根据计算得到的氯离子浓度，向待测水样中加入一定量的硫代硫酸钠溶液，以消除游离氯的影响。

（3）水样采集后，应加入硫酸锰和碱性碘化钾溶液以固定溶解氧，当水样含有藻类、悬浮物、氧化还原性物质，必须进行预处理。

实验 3　生化需氧量的测定

一、实验目的

（1）了解生化需氧量测定的意义及稀释法测定生化需氧量的基本原理。

（2）掌握本实验操作方法，如稀释水的制备、稀释倍数选择、稀释水的校核和溶解氧的测定等。

二、实验原理

生化需氧量是指在好氧条件下，微生物分解有机物质的生物化学过程中所需要的溶解氧量。

根据参加反应的物质和最终生成的物质，可用下列反应式来概括生物化学反应过程：

$$3C_6H_{12}O_6 + 6O_2 + 2NH_3 \xrightarrow{\text{酶}} 2C_5H_7N + 8CO_2 + 14H_2O$$

$$\text{有机污染物} \xrightarrow[\text{微生物}]{O_2} CO_2 + H_2O + NH_3$$

微生物分解有机物是一个缓慢的过程，要把可分解的有机物全部分解通常需要 20d 以上的时间，微生物的活动与温度有关，所以测定生化需氧量时，常以 20℃作为测定的标准温度。一般来说，在第 5 天消耗的氧量大约是总需氧量的 70%，为便于测定，目前国内外普遍采用 20℃培养 5d 所需要的氧作为指标，以氧的 mg/L 表示，简称 BOD_5。

水体发生生物化学过程必须具备：

（1）水体中存在能降解有机物的好氧微生物。对易降解的有机物，如碳水化合物、脂肪酸、油脂等，一般微生物均能将其降解，如硝基或磺酸基取代芳烃等，则必须进行生物菌种驯化。

（2）有足够的溶解氧。为此，实验用的稀释水要充分曝气以达到氧的饱和或接近饱和。稀释还可以降低水中有机污染物的浓度，使整个分解过程在有足够的溶解氧的条件下进行。

（3）有微生物生长所需的营养物质。必须加入一定量的无机营养物质，如磷酸盐、钙盐、镁盐和铁盐等。

稀释法测定 BOD_5 是将水样经过适当稀释后，其中含有的溶解氧能满足微生物和生化需氧的要求，将此水样分成两份，一份测定培养前的溶解氧，另一份放入 20℃恒温箱内培养 5d 后测定溶解氧，两者的差值即为 BOD_5。

水中有机污染物的含量越高，水中溶解氧消耗越多，BOD_5 值也越高，水质越差。BOD_5 是一种量度水中可被生物降解部分有机物（包括某些无机物）的综合指标，常用来评价水体有机物的污染程度，并已成为污水处理过程中的一项基本指标。

三、实验仪器与试剂

（1）恒温培养箱[（20±1）℃]。

（2）抽气泵（或无油压缩泵）。

（3）20L 细口玻璃瓶。

（4）特制搅拌棒。在玻璃棒下端装一个 2mm 厚，大小和量筒相匹配的有孔橡皮片。

（5）250～300mL 溶氧瓶。

（6）氯化钙溶液。称取 27.5g 无水氯化钙，溶于水中，稀释至 1L。

（7）三氯化铁溶液。称取 0.25g 三氯化铁（$FeCl_3 \cdot 6H_2O$），溶于水中，稀释至 1L。

（8）硫酸镁溶液。称取 22.5g 硫酸镁（$MgSO_4 \cdot 7H_2O$），溶于水中，稀释至 1L。

（9）磷酸盐溶液。称取 8.5g 磷酸二氢钾（KH_2PO_4）、21.75g 磷酸氢二钾（K_2HPO_4）、33.4g 磷酸氢二钠（$Na_2HPO_4 \cdot 7H_2O$）和 1.7g 氯化铵（NH_4Cl），溶于水中，稀释至 1L，此溶液的 pH 应为 7.2。

（10）葡萄糖-谷氨酸溶液。分别称取 150mg 葡萄糖和谷氨酸（均于 130℃烘过 1h），溶于水中，稀释至 1L。

（11）1mol/L 盐酸溶液。

（12）1mol/L 氢氧化钠溶液。

（13）稀释水。在 20L 玻璃瓶内加入 18L 水，用抽气泵或无油压缩泵通清洁空气 2～8h，使水中溶解氧饱和或接近饱和（20℃时溶解氧大于 8mg/L）。使用前，每升水中加入上述氯化钙溶液、三氯化铁溶液、硫酸镁溶液和磷酸盐溶液各 1mL，混匀。稀释水 pH 应为 7.2，BOD_5 值应小于 0.2mg/L。

（14）接种稀释水。取适量生活污水于 20℃放置 24～36h，上层清液即为接种液，每升稀释水中加入 1～3mL 接种液即为接种稀释水。对某些特殊工业废水最好加入专门培养驯化过的菌种。

（15）硫酸锰溶液。称取 480g $MnSO_4 \cdot 4H_2O$ 溶于 1L 水中，若有不溶物，应过滤。

（16）碱性碘化钾溶液。称取 500g 氢氧化钠溶于 300～400mL 水中，另取 150g 碘化钾溶于 200mL 水中，待氢氧化钠溶液冷却后，将两种溶液混合，稀释至 1L，储于塑料瓶内，用黑纸包裹避光。

（17）浓硫酸。

（18）0.025mol/L 硫代硫酸钠标准溶液（配制方法见实验 2）。

（19）1%淀粉溶液。

四、实验步骤

1. 水样的采集、储存和预处理

（1）采集水样于适当大小的玻璃瓶中（根据水质情况而定），用玻璃塞塞紧，且不留气泡。采样后，需在 2h 内测定；否则，应在 4℃或 4℃以下保存，且应在采集后 10h 内测定。

（2）用 1mol/L 氢氧化钠或 1mol/L 盐酸溶液调节 pH 为 7.2。

（3）游离氯大于 0.10mg/L 的水样，加亚硫酸钠或硫代硫酸钠除去[见本实验注意事项（1）]。

（4）确定稀释倍数[见本实验注意事项（2）]。

2. 水样的稀释

根据确定的稀释倍数，用虹吸法把一定量的污水引入 1L 量筒中，再沿壁慢慢加入所需稀释水（接种稀释水），用特制搅拌棒在水面以下慢慢搅匀（不应产生气泡），然后沿瓶壁慢慢倾入两个预先编号、体积相同的（250mL）的碘量瓶中，直到充满后溢出少许为止。盖严并水封，注意瓶内不应有气泡。

用同样方法配制另两份稀释比水样。

3. 对照样的配制

另取两个有编号的碘量瓶加入稀释水或接种水作为空白。

4. 培养

将各稀释比的水样，稀释水（接种稀释水）空白各取一瓶放入（20±1）℃的培养箱内培养 5d，培养过程中需每天添加封口水。

5. 溶解氧的测定

（1）用碘量法测定未经培养的各份稀释比的水样和空白水样中的剩余溶解氧。

（2）用同样方法测定经培养 5d 后各份稀释水样和溶解水样中的剩余溶解氧。

五、数据处理

根据公式计算 BOD_5：

$$BOD_5 浓度(以 O_2 计，mg/L) = [(D_1-D_2)-(B_1-B_2) \times f_1]/f_2$$

式中：D_1 为稀释水样培养前的溶解氧量，mg/L；D_2 为稀释水样培养 5d 后残留溶解氧量，mg/L；B_1 为稀释水（或接种稀释水）培养前的溶解氧量，mg/L；B_2 为稀释水（或接种稀释水）培养 5d 后残留溶解氧量，mg/L；f_1 为稀释水（或接种稀释水）在培养液中所占比例；f_2 为水样在培养液中所占比例。

六、注意事项

（1）为除去水样中游离氯而加入亚硫酸钠或硫代硫酸钠的量可用实验方法得到。取100.0mL 待测水样于碘量瓶中，加入 1mL 1%硫酸溶液，1mL 10%碘化钾溶液，摇匀，以淀粉为指示剂，用标准硫代硫酸钠或亚硫酸钠溶液滴定，计算 100mL 水样所需硫代硫酸钠溶液的量，推算所用水样应加入的量。

（2）稀释比应根据水中有机物的含量来确定。

（a）较为清洁的水样，不需稀释。

（b）污染严重的水样，稀释 100～1000 倍。

（c）常规沉淀过污水，稀释 20～100 倍。

（d）受污染的河水，稀释 0～4 倍。

（e）性质不了解的水样，稀释倍数从 COD 值估算，原则上取大于酸性高锰酸盐指数值的1/4，小于 COD_{Cr} 值的 1/5，以培养后减少的溶解氧占培养前溶解氧的 40%～70%为宜。

（3）操作最好在 20℃左右室温下进行，稀释水和水样应保持在 20℃左右。

（4）所用试剂和稀释水如发现浑浊有细菌生长时，应弃去重新配制，或用葡萄糖-谷氨酸标准溶液校核。当测定 2%稀释度的葡萄糖-谷氨酸标准溶液时，若 BOD_5 超过（200±37）mg/L，则说明试剂或稀释水有问题或操作技术有问题。

七、思考题

（1）本实验误差的主要来源是什么？如何使实验结果较准确？

（2）BOD_5 在环境评价中有什么作用？有哪些局限性？

实验4　化学需氧量的测定——重铬酸钾法

一、实验目的

（1）了解测定 COD 的意义和方法。

（2）掌握重铬酸钾法测定 COD 的原理和方法。

二、实验原理

在强酸性溶液中，一定量的重铬酸钾氧化水中还原性物质，过量的重铬酸钾以邻菲啰啉（$C_{12}H_8N_2 \cdot H_2O$，1, 10-phenanthroline）作为指示剂，用硫酸亚铁铵溶液回滴，根据用量算出水样中还原性物质消耗氧的量。

酸性重铬酸钾氧化性很强，可氧化大部分有机物，加入硫酸银作催化剂时，直链脂肪族化合物可完全被氧化，而芳香族有机物却不易被氧化，吡啶不被氧化，挥发性直链脂肪族化合物、苯等有机物存在于蒸气相，不能与氧化剂液体接触，氧化不明显。氯离子能被重铬酸盐氧化，并且能与硫酸银作用产生沉淀，影响测定结果，故在回流前向水样中加入硫酸汞，使之成为络合物以消除干扰，氯离子含量高于 2000mg/L 的样品应先做定量稀释，使含量降低至 2000mg/L 以下，再进行测定。

用 0.25mol/L 的重铬酸钾溶液可测定大于 50mg/L 的 COD 值，用 0.025mol/L 的重铬酸钾可测定 5～50mg/L 的 COD 值，但准确度较差。

三、实验仪器与试剂

（1）回流装置。带 250mL 锥形瓶的全玻璃回流装置（图 3-1）。

（2）加热装置。电热板或变阻电炉。

（3）50mL 酸式滴定管。

（4）重铬酸钾标准溶液（1/6 $K_2Cr_2O_7$=0.2500mol/L）。称取预先在 120℃烘干 2h 的基准或优级纯重铬酸钾 12.2580g 溶于水中，移入 1000mL 容量瓶，稀释至标线，摇匀。

（5）邻菲啰啉指示液。称取 1.485g 邻菲啰啉、0.695g 硫酸亚铁（$FeSO_4 \cdot 7H_2O$）溶于水中，稀释至 100mL，储于棕色瓶内。

（6）硫酸亚铁铵标准溶液[$(NH_4)_2Fe(SO_4)_2 \cdot 6H_2O \approx 0.1mol/L$]。称取 39.5g 硫酸亚铁铵溶于水中，边搅拌边缓缓加入 20mL 浓硫酸，冷却后移入 1000mL 容量瓶中，用水稀释至标线，摇匀。临用前，用重铬酸钾标准溶液标定。

标定方法：吸取 10.00mL 重铬酸钾标准溶液于 500mL 锥形瓶中，加水稀释至 110mL 左右，缓慢加入 30mL 浓硫酸，混匀。冷却后，加入 3 滴邻菲啰啉指示液（约 0.15mL），用硫酸亚铁铵溶液滴定，溶液的颜色由黄色经蓝绿色到红褐色即为终点。

$$c = \frac{0.2500 \times 10.00}{V} \qquad (3-3)$$

式中：c 为硫酸亚铁铵标准溶液的浓度，mol/L；V 为硫酸亚铁铵标准溶液滴定的用量，mL。

图 3-1　COD 测定加热回流装置

（7）硫酸-硫酸银溶液。于 2500mL 浓硫酸溶液中加入 25g 硫酸银，放置 1～2d，不时摇动使其溶解。

（8）硫酸汞。结晶或粉末。

四、实验步骤

（1）取 20.00mL 混合均匀的水样（或适量水样稀释至 20.00mL）置于 250mL 磨口回流锥形瓶，准确加入 10.00mL 0.2500mol/L 重铬酸钾标准溶液及数粒洗净的玻璃珠或沸石，连接磨口回流冷凝管，从冷凝管上口慢慢地加入 30mL 硫酸-硫酸银溶液，轻轻摇动锥形瓶使溶液混匀，加热回流 2h（自开始沸腾时计时）。

（a）化学需氧量高的废水样，可先取上述操作所需体积 1/10 的废水样和试剂于玻璃试管中，摇匀，加热后观察是否变成绿色。如溶液显绿色，再适当减少废水取水量，直至溶液不变绿色，从而确定废水样分析时应取用的体积。稀释时，所取废水样量不少于 5mL，如果化学需氧量很高，则废水应多次稀释。

（b）氯离子含量超过 30mg/L 时，应先把 0.4g 硫酸汞加入回流锥形瓶中，再加 20.00mL 废水样，摇匀。以下操作同实验步骤（1）。

（2）冷却后，用 90mL 水从上部慢慢冲洗冷凝管壁，取下锥形瓶。溶液总体积不得少于 140mL，否则因酸度太大，滴定终点不明显。

（3）溶液再度冷却后，加 3 滴邻菲啰啉指示剂，用硫酸亚铁铵标准溶液滴定，溶液的颜色由黄色经蓝绿色至红褐色即为终点，记录硫酸亚铁铵标准溶液的用量。

（4）测定水样的同时，以 20.00mL 蒸馏水代替水样，按同样操作步骤做空白实验。记录滴定空白时硫酸亚铁铵标准溶液的用量。

五、数据处理

$$COD_{Cr}浓度(以O_2计，mg/L) = \frac{(V_0 - V_1) \times c \times 8 \times 1000}{V} \tag{3-4}$$

式中：c 为硫酸亚铁铵标准溶液的浓度，mol/L；V_0 为滴定空白时硫酸亚铁铵标准溶液的用量，mL；V_1 为滴定水样时硫酸亚铁铵标准溶液的用量，mL；V 为水样的体积，mL；8 为氧（1/2 O）的摩尔质量，g/mol。

六、注意事项

（1）使用 0.4g 硫酸汞络合氯离子的最高量可达 40mg，如取用 20.00mL 水样，即最高可络合 2000mg/L 氯离子浓度的水样。若氯离子浓度较低，也可少加硫酸汞，使硫酸汞：氯离子=10：1（质量比）。若出现少量氯化汞沉淀，并不影响测定。

（2）水样取用体积可为 10.00～50.00mL，但试剂用量及浓度需按表 3-2 进行相应调整。

表 3-2　水样取用量和试剂用量表

水样体积/mL	0.2500mol/L 重铬酸钾溶液体积/mL	硫酸-硫酸银溶液体积/mL	硫酸亚铁铵溶液体积/(mol/L)	硫酸汞用量/g	滴定前体积/mL
10.0	5.0	15	0.050	0.2	70
20.0	10.0	30	0.100	0.4	140
30.0	15.0	45	0.150	0.6	210
40.0	20.0	60	0.200	0.8	280
50.0	25.0	75	0.250	1.0	350

（3）对于化学需氧量小于 50mg/L 的水样，应改用 0.0250mol/L 的重铬酸钾标准溶液，回滴时用 0.01mol/L 硫酸亚铁铵标准溶液。

（4）水样加热回流后，溶液中重铬酸钾剩余量应为加入量的 1/5～4/5。

（5）用邻苯二甲酸氢钾标准溶液检查试剂的质量和操作技术时，由于每克邻苯二甲酸

氢钾的理论 COD_{Cr} 为 1.176g，所以溶解 0.4251g 邻苯二甲酸氢钾于重蒸馏水中，转入 1000mL 容量瓶，用重蒸馏水稀释至标线，使之成为 500mg/L 的 COD_{Cr} 标准溶液，用时新配。

（6）COD_{Cr} 的测定结果保留三位有效数字。

（7）每次实验时应对硫酸亚铁铵标准溶液进行标定，室温较高时尤其应注意浓度的变化。

七、思考题

（1）为什么需要做空白实验？

（2）测定化学需氧量时，有哪些影响因素？

实验5　总磷的测定——钼酸铵分光光度法

一、实验目的

（1）掌握总磷的测定方法与原理。

（2）了解水体中过量的磷对水环境的影响。

二、实验原理

在中性条件下用过硫酸钾（或硝酸-高氯酸）使试样消解，将所含磷全部氧化为正磷酸盐。在酸性介质中，正磷酸盐与钼酸铵反应，在锑盐存在下生成磷钼杂多酸后，立即被抗坏血酸还原，生成蓝色的络合物，然后用分光光度计测定其吸光度。

总磷包括溶解的、颗粒的、有机的和无机磷。

钼酸铵分光光度法适用于地表水、污水和工业废水等样品中总磷的测定。

取 25mL 水样，本方法的最低检出浓度为 0.01mg/L，测定上限为 0.6mg/L。

在酸性条件下，砷、铬、硫干扰测定。

三、实验试剂

（1）硫酸，密度为 1.84g/mL。

（2）硝酸，密度为 1.4g/mL。

（3）高氯酸，优级纯，密度为 1.68g/mL。

（4）硫酸，1+1（体积比）。

（5）硫酸，约 0.5mol/L，将 27mL 硫酸（1.84g/mL）加入 973mL 水中。

（6）氢氧化钠溶液，1mol/L，将 40g 氢氧化钠溶于水并稀释至 1000mL。

（7）氢氧化钠溶液，6mol/L，将 240g 氢氧化钠溶于水并稀释至 1000mL。

（8）过硫酸钾（$K_2S_2O_8$）溶液，50g/L，将 5g 过硫酸钾溶于水，并稀释至 100mL。

（9）抗坏血酸溶液，100g/L，将 10g 抗坏血酸溶于水中，并稀释至 100mL。此溶液储于棕色的试剂瓶中，在冷处可稳定几周，如不变色可长时间使用。

（10）钼酸盐溶液：将 13g 钼酸铵[$(NH_4)_6Mo_7O_{24}\cdot4H_2O$]溶于 100mL 水中，将 0.35g 酒石酸锑钾[$C_4H_4KO_7Sb\cdot1/2H_2O$]溶于 100mL 水中。在不断搅拌下分别把上述钼酸铵溶液、酒石酸锑钾溶液徐徐加入 300mL 硫酸（1＋1）中，混合均匀。此溶液储存于棕色瓶中，在冷处可保存三个月。

（11）浊度-色度补偿液。混合 2 体积硫酸（1＋1）和 1 体积抗坏血酸。使用当天配制。

（12）磷标准储备溶液。称取 0.2197g 于 110℃干燥 2h 在干燥器中冷却的磷酸二氢钾（KH_2PO_4），用水溶解后转移到 1000mL 容量瓶中，加入大约 800mL 水，加 5mL 硫酸（1＋1），然后用水稀释至标线，摇匀。1.00mL 此标准溶液含 50.0μg 磷。本溶液在玻璃瓶中可储存至少六个月。

（13）磷标准使用溶液。将 10.00mL 磷标准储备溶液转移至 250mL 容量瓶中，用水稀释至标线并摇匀。1.00mL 此标准溶液含 2.0μg 磷。使用当天配制。

（14）酚酞溶液，10g/L，将 0.5g 酚酞溶于 50mL 95%的乙醇中。

四、实验仪器

（1）医用手提式蒸气消毒器或一般压力锅（1.1～1.4kg/cm^2）。

（2）50mL 比色管。

（3）分光光度计。

注：所有玻璃器皿均用稀盐酸或稀硝酸浸泡。

五、采样和样品

（1）取 500mL 水样后加入 1mL 硫酸（1.84g/mL）调节样品的 pH，使之低于或等于 1，或不加任何试剂于冷处保存。

注：含磷量较少的水样，不能用塑料瓶采样，因磷酸盐易吸附在塑料瓶壁上。

（2）试样的制备：取 25mL 样品于比色管中。取时应仔细摇匀，以得到溶解部分和悬浮部分均具有代表性的试样。如样品中含磷浓度较高，试样体积可以减少。

六、测定步骤

1. 空白试样

按测定步骤 2 的规定进行空白实验，用蒸馏水代替试样，并加入与测定时相同体积的试剂。

2. 测定

1）消解

（1）过硫酸钾消解：向试样五（2）中加 4mL 过硫酸钾，将比色管的盖塞紧后，用一小块布和线将玻璃塞扎紧（或用其他方法固定），放在大烧杯中置于高压蒸气消毒器中加热，待压力达 1.1kg/cm^2，相应温度为 120℃时，保持 30min 后停止加热。待压力表读数降至零后，取出冷却，然后用水稀释至标线。

注：如用硫酸保存水样，当用过硫酸钾消解时，需先将试样调至中性。若用过硫酸钾消解不完全，则用硝酸-高氯酸消解。

（2）硝酸-高氯酸消解：取 25mL 试样五（1）于锥形瓶中，加数粒玻璃珠，加 2mL 硝酸在电热板上加热浓缩至 10mL。冷却后加 5mL 硝酸，再加热浓缩至 10mL，冷却。最后加 3mL 高氯酸，加热至高氯酸冒白烟，此时可在锥形瓶上加小漏斗或调节电热板温度，使消解液在瓶内壁保持回流状态，直至剩下 3～4mL，冷却。

加水 10mL，加 1 滴酚酞指示剂，滴加氢氧化钠溶液（1mol/L 或 6mol/L）至刚好呈微红色，再滴加硫酸溶液（0.5mol/L）使微红刚好褪去，充分混匀，移至具塞比色管中，用水稀释至标线。

注：①用硝酸-高氯酸消解需要在通风橱中进行。高氯酸和有机物的混合物经加热易发生危险，需将试样先用硝酸消解，然后再加入高氯酸消解。②绝不可把消解的试样蒸干。③如消解后有残渣时，用滤纸过滤于具塞比色管中。④水样中的有机物用过硫酸钾氧化不能完全破坏时，可用此法消解。

2）发色

分别向各份消解液中加入 1mL 抗坏血酸溶液混匀，30s 后加 2mL 钼酸盐溶液充分混匀。

注：①如试样具有浊度或色度时，需配制一个空白试样（消解后用水稀释至标线），然后向试样中加入 3mL 浊度-色度补偿液，但不加抗坏血酸溶液和钼酸盐溶液。然后从试样的吸光度中扣除空白试样的吸光度。②砷大于 2mg/L 干扰测定，用硫代硫酸钠去除；硫化物大于 2mg/L 干扰测定，通氮气去除；铬大于 50mg/L 干扰测定，用亚硫酸钠去除。

3）测量

室温下放置 15min 后，使用光程为 30mm 比色皿，在 700nm 波长下，以水作参比，测定吸光度。扣除空白实验的吸光度后，从工作曲线上查得磷的含量。

注：如显色时室温低于 13℃，可在 20～30℃水浴上显色 15min。

4）工作曲线的绘制

取 7 支具塞比色管分别加入 0.0mL、0.50mL、1.00mL、3.00mL、5.00mL、10.0mL、15.0mL 磷酸盐标准使用溶液，加水至 25mL，然后按测定步骤 2 进行处理。以水作参比，测定吸光度。扣除空白实验的吸光度后，和对应的磷的含量绘制工作曲线。

七、数据处理

总磷含量以 c(mg/L)表示，按下式计算：

$$c = \frac{m}{V}$$

式中：m 为试样测得含磷量，μg；V 为测定用试样体积，mL。

八、思考题

总磷测定时，有哪些影响因素？

实验 6　水中氨氮、亚硝酸盐氮和硝酸盐氮的测定

一、实验目的

（1）了解水中三种形态氮测定的意义。

（2）掌握水中三种形态氮的测定方法与原理。

二、实验原理

氮是蛋白质、核酸、某些维生素等有机物中的重要组分。纯净天然水体中的含氮物质是很少的，水体中含氮物质的主要来源是生活污水和某些工业污水。当含氮有机物进入水体后，由于微生物和氧的作用，可以逐步分解或氧化为氮（NH_3）、铵盐（NH_4^+）、亚硝酸盐（NO_2^-）和最终产物硝酸盐（NO_3^-）。

$$含氮有机物 \xrightarrow{微生物} 蛋白质、氨基酸、氨等$$

$$NH_3(NH_4^+) \xrightarrow{亚硝酸菌} NO_2^- \xrightarrow{硝酸菌} NO_3^-$$

氨和铵中的氮称为氨氮；亚硝酸盐中的氮称为亚硝酸盐氮；硝酸盐中的氮称为硝酸盐氮。这三种形态氮的含量都可以作为水中指标，分别代表有机氮转化为无机氮的不同阶段。随着含氮物质的逐步氧化分解，水体中的微生物和其他有机污染物被分解破坏，因而达到净化水体的作用。

水中氨氮、亚硝酸盐氮和硝酸盐氮等几项指标的相对含量，在一定程度上反映了含氮有机物在水体的时间长短，从而对探讨水体污染过程、它们的分解趋势和水体自净情况有一定参考价值，其意义见表 3-3。

表 3-3　三种形态氮表达的环境化学意义

NH_3-N	NO_2^--N	NO_3^--N	环境化学意义
−	−	−	洁净水
+	−	−	水体受到新近污染
+	+	−	水体受到污染不久，且污染物正在分解中
+	+	−	污染物已分解，但未完全自净
−	+	+	污染物已基本分解完毕但未自净
−	−	+	污染物已无机化，水体已基本自净
+	−	+	有新近污染，在此之前污染已基本自净
+	+	+	以前受到污染，正在自净过程中，且又有新近污染

注：表中"＋"表示检出，"−"表示无检出。

三种形态氮的测定方法如下：

1. 氨氮的测定——纳氏比色法

氨氮与纳氏试剂反应生成棕色沉淀，当含量很低时呈浅黄色或棕色，因而可以比色测定。

$$2K_2[HgI_4] + 3KOH + NH_3 \rightleftharpoons [Hg_2O\cdot NH_2]I + 2H_2O + 7KI$$

2. 亚硝酸盐氮的测定——盐酸 α-萘胺比色法

在 pH 为 2.0～2.5 时，水中亚硝酸盐与对氨基苯磺酸生成重氮盐，当与盐酸 α-萘胺发生偶联后生成红色染料，其色度与亚硝酸盐含量成正比。

3. 硝酸盐氮的测定——紫外分光光度法

硝酸根离子在紫外区有强烈吸收，在 222nm 波长处的吸光度可定量测定硝酸盐氮，而其他氮化物在此波长不干扰测定。本法适宜于测定自来水、井水、地下水和洁净地面水中的硝酸盐氮，范围为 0.04～0.08mg/L。

三、实验仪器与试剂

（1）紫外-可见分光光度计。

（2）500～1000mL 全玻璃磨口蒸馏装置。

（3）2%硼酸溶液。

（4）磷酸盐缓冲溶液（pH 为 7.4）。用不含氮的水溶解 14.3g 磷酸二氢钾，稀释至 1000mL，配制后用 pH 计测定其 pH，并用磷酸二氢钾或磷酸氢二钾调节 pH 至 7.4。

（5）浓硫酸。

（6）纳氏试剂。称取碘化钾 5g，溶于 5mL 无氨水中，分次少量加入氯化汞溶液（2.5g 氯化汞溶解于 10mL 热的无氨水中），不断搅拌至有少量沉淀，冷却后，加入 30mL 氢氧化钾溶液（15g 氢氧化钾），用无氨水稀释至 100mL，再加入 0.5mL 氯化汞溶液，静置 1d，将上层清液储于棕色瓶内，盖紧橡胶塞于低温处保存，有效期为 1 个月。

（7）50%酒石酸钾钠溶液。

（8）铵标准溶液。称取氯化铵 3.8190g 溶于无氨水中，转入 1000mL 容量瓶内，用无氨水稀释至标线，摇匀，吸取该溶液 10.00mL 于 1000mL 容量瓶内，用无氨水稀释至标线，其浓度为 10μg/mL。

（9）0.01mol/L 高锰酸钾溶液。溶解 1.6g 高锰酸钾于 1.2L 水中，煮沸 30～60min，使体积减少至约 1000mL，放置过夜，用 G3 号熔结玻璃漏斗过滤，储于棕色瓶中。标定方法见（10）中内容。

（10）亚硝酸钠标准储备液。称取 1.232g 亚硝酸钠溶于水中，稀释至 1000mL 后，加入 1mL 氯仿保存。由于亚硝酸盐氮在潮湿环境中易氧化，所以储备液在测定时需标定。标定方法如下：

在 250mL 具塞锥形瓶内依次加入 50.00mL 0.01mol/L 高锰酸钾溶液、5mL 浓硫酸溶液及 50.00mL 亚硝酸钠储备液，混匀，在水浴中加热至 70～80℃，加入 0.0250mol/L 草酸钠标准溶液，使溶液紫红色褪去并过量。再以 0.01mol/L 高锰酸钾溶液滴定过量的草酸钠，至溶液呈微红色，记录高锰酸钾的量。再以 50mL 不含亚硝酸盐的水代替亚硝酸钠储备液，并按上述步骤操作，用草酸钠标准溶液标定 0.01mol/L 高锰酸钾溶液，得

$$A = \frac{5 \times B \times c - 2 \times D \times E}{F} \times 7 \times 1000 \qquad (3\text{-}5)$$

式中：A 为亚硝酸钠储备液浓度（以 N 计），mg/L；B 为所用高锰酸钾溶液总量，mL；c 为高锰酸钾溶液的物质的量浓度，mol/L；D 为所加草酸钠标准溶液总量，mL；E 为草酸钠标准溶液的物质的量浓度，mol/L；F 为滴定时亚硝酸钠储备液用量，mL；7 为亚硝酸盐氮（1/2N）的摩尔质量。

式（3-5）中的 c 值，根据标定结果为

$$c = \frac{E \times G}{H} \times \frac{5}{2} \qquad (3\text{-}6)$$

式中：G 为滴定时草酸钠标准溶液的用量，mL；H 为所加高锰酸钾溶液的总量，mL。

（11）亚硝酸钠标准溶液。临用时将标准储备液稀释为 1.0μg/mL。

（12）0.0250mol/L 草酸钠标准溶液。称取 3.350g 经 105℃干燥过的草酸钠溶于水中，转入 1000mL 容量瓶内加水稀释至标线。

（13）氢氧化铝悬浮液。溶解 125g 硫酸铝钾[$KAl(SO_4)_2 \cdot 12H_2O$，CP]于 1L 水中，加热到 60℃。在不断搅拌下慢慢加入 55mL 氨水，放置约 1h，用水反复洗涤沉淀至洗出液中不含氨氮化合物、硝酸盐和亚硝酸盐。待澄清后，倾出上层清液，只留悬浊液，最后加入 100mL 水。使用前振摇均匀。

（14）对氨基苯磺酸溶液。称取 0.6g 对氨基苯磺酸于 80mL 热水中，冷却后加 20mL 浓盐酸，摇匀。

（15）乙酸钠溶液。称取 16.4g 乙酸钠溶解于水中，稀释至 100mL。

（16）盐酸 α-萘胺溶液。称取 0.6g α-萘胺溶于含 1mL 浓盐酸的水中，并加水稀释至 100mL，如溶液浑浊，则应过滤，溶液储于棕色瓶内并保存于冰箱中。

（17）硝酸钾标准溶液。称取 0.721g 硝酸钾（在 105～110℃烘干 4h）溶于水中，稀释至 1L，其浓度为 100mg/L。

四、实验步骤

1. 氨氮的测定

1）制备无氨水

（1）蒸馏法。每升水加入 0.1mL 浓硫酸进行蒸馏，馏出水接收于玻璃容器中。

（2）离子交换法。使蒸馏水通过弱酸性阳离子树脂柱。

2）水样蒸馏

先在蒸馏瓶中加 200mL 无氨水、10mL 磷酸盐缓冲溶液和数粒玻璃珠，加热至馏出物中不含氨，冷却，然后将蒸馏液倾出（留下玻璃珠）。取水样 200mL 置于蒸馏瓶中，加入 10mL 磷酸盐缓冲溶液，以一只盛有 50mL 吸收液的 250mL 锥形瓶收集馏出液，收集时应将冷凝管的导管末端浸入吸收液，其蒸馏速度为 6～8mL/min，至少收集 150mL 馏出液。蒸馏结束前 2～3min，应把锥形瓶放低，使吸收液面脱离冷凝管，再蒸馏片刻以洗净冷凝

管和导管，用无氨水稀释至 250mL 备用。

3）测定

（1）水样。如为清洁水样，可直接取 50mL 置于 50mL 比色管中。一般水样则用上述方法蒸馏，收集馏出液并稀释至 50mL。若氨氮含量很高，也取适量水样稀释至 50mL。

（2）制备标准系列。取浓度为 10μg/mL 的铵标准溶液 0mL、0.50mL、1.00mL、2.00mL、3.00mL、5.00mL，分别加入 50mL 比色管中，以无氨水稀释至标线。

（3）测定。在水样及标准系列中分别加入 1mL 酒石酸钾钠，摇匀，再加 1.5mL 纳氏试剂，摇匀，放置 10min 后，在 $\lambda = 425$nm 处，用 1cm 比色皿，以水作参比，测定吸光度。

2. 亚硝酸盐氮的测定

1）制备不含亚硝酸盐的水

在水中加入少许高锰酸钾晶体，再加入氢氧化钙或氢氧化钡，使之呈碱性。重蒸馏后，弃去 50mL 粗滤液，收集中间 70% 的无亚硝酸盐馏分。

2）水样制备

水样如有颜色和悬浮物，可以每 1000mL 水样中加入 2mL 氢氧化铝悬浮液搅拌，静置过滤，弃去 25mL 初滤液，取 50.00mL 滤液测定。如亚硝酸盐含量高，可适量少取水样再用无亚硝酸盐的水稀释至 50mL。如水样清澈，则直接取 50mL。

3）制备标准系列

取 50mL 比色管 7 支，分别加入 1μg/mL 亚硝酸钠标准溶液 0mL、0.50mL、1.00mL、2.00mL、3.00mL、4.00mL、5.00mL，用无氨水稀释至标线。

4）显色测定

向上述各比色管中分别加入 1.0mL 对氨基苯磺酸，混匀。2～8min 后，各加入 1.0mL 乙酸钠溶液及 1.0mL 盐酸 α-萘胺溶液，摇匀，放置 30min 后，于 $\lambda = 520$nm 处，用 1cm 比色皿测定吸光度。绘制标准曲线，查出水样中亚硝酸盐氮的含量。

3. 硝酸盐氮的测定

1）水样制备

浑浊水样应过滤。如水样有颜色，应在每 100mL 水中加入 4mL 氢氧化铝悬浮液，在锥形瓶中搅拌 5min 后过滤。取 25mL 经过滤或脱色的水样于 50mL 容量瓶中，加入 1mL 盐酸溶液，用无氨水稀释至标线。

2）配制标准系列

将浓度为 100mg/L 的硝酸钾标准溶液稀释 10 倍后，分别取 1.00mL、2.00mL、4.00mL、10.00mL、15.00mL、20.00mL、40.00mL 于 50mL 容量瓶内，各加入 1mL 1mol/L 盐酸溶液，用无氨水稀释至标线。

3）测定

在 $\lambda = 220$nm 处，用 1cm 比色皿分别测定标准系列样和水样的吸光度。由标准系列可得到标准曲线，根据水样的吸光度可从标准曲线上查得对应的浓度，此值乘以稀释倍数即得到水样中硝酸盐氮值。

若水样中存在有机物，对测定有干扰作用，可同时在 $\lambda = 275nm$ 处测定吸光度，并得到校正吸光度：

$$A_{校} = A_{220nm} - A_{275nm} \tag{3-7}$$

五、数据处理

$$氨氮浓度(或亚硝酸盐氮、硝酸盐氮，以N计)(mg / L) = \frac{测定的氨氮量(或亚硝酸盐氮、硝酸盐氮)}{水样体积}$$

六、注意事项

（1）在氨氮测定时，水样中若含钙、镁、铁等金属离子会干扰测定，可加入络合剂或用预蒸馏法清除干扰。纳氏试剂显色后的溶液颜色会随时间而变化，所以必须在较短时间内完成比色操作。

（2）亚硝酸盐是含氮化合物分解过程中的产物，很不稳定，采样后的水样应尽快分析。

（3）可溶性有机物、亚硝酸盐、+6价铬和表面活性剂均干扰硝酸盐的测定。可溶性有机物用校正法消除；亚硝酸盐干扰可用氨基磺酸法消除；+6价铬和表面活性剂可制备各自的校正曲线进行校正。

七、思考题

（1）如何通过氨氮的测定来研究水体的自净作用？

（2）在氨氮测定中，要求实验用水不含 NH_3、NO_2^-、NO_3^-，如何快速检测？

（3）测定水样氨氮时，为什么要先对 200mL 无氨水进行蒸馏？

实验 7　水中铬的测定——分光光度法

Ⅰ　水中六价铬的测定

一、实验目的

（1）掌握用分光光度法测定六价铬和总铬的原理和方法。

（2）熟练应用分光光度计。

二、实验原理

废水中铬的测定常用分光光度法，其原理基于：在酸性溶液中，六价铬离子与二苯碳酰二肼反应，生成紫红色化合物，其最大吸收波长为 540nm，吸光度与浓度的关系符合比尔定律。

三、实验仪器

（1）分光光度计、比色皿。

（2）50mL 具塞比色管、移液管、容量瓶等。

四、实验试剂

（1）丙酮。

（2）1+1（体积比）硫酸。

（3）1+1（体积比）磷酸。

（4）0.2%氢氧化钠。

（5）氢氧化锌共沉淀剂。称取硫酸锌（$ZnSO_4·7H_2O$）8g，溶于 100mL 水中；称取氢氧化钠 2.4g，溶于 120mL 水中。将以上两溶液混合。

（6）4%高锰酸钾溶液。

（7）铬标准储备液。称取于 120℃干燥 2h 的重铬酸钾（优级纯）0.2829g，用水溶解，移入 1000mL 容量瓶中，用水稀释至标线，摇匀。六价铬的浓度为 0.10mg/mL。

（8）铬标准使用液：吸取 5.00mL 铬标准储备液于 500mL 容量瓶中，用水稀释至标线，摇匀。此六价铬溶液浓度为 1.00μg/mL，使用当天配制。

（9）20%尿素溶液。

（10）2%亚硝酸钠溶液。

（11）显色剂Ⅰ。称取二苯碳酰二肼（简称 DPC，$C_{13}H_{14}N_4O$）0.2g，溶于 52mL 丙酮中，加水稀释至 100mL，摇匀，储于棕色瓶中，置于冰箱中保存。颜色变深后不能再用。

（12）显色剂Ⅱ。称取二苯碳酰二肼 2g，溶于 50mL 丙酮中，加水稀释至 100mL，摇匀，储于棕色瓶中，置于冰箱中保存。颜色变深后不能再用。

五、实验步骤

（1）样品中不含悬浮物、低色度的清洁地表水可直接测定。

（2）色度校正。如样品有色但不太深时，按实验步骤（6）另取一份试样，以 2mL 丙酮代替显色剂，其他步骤同（6）。试样测得的吸光度扣除此色度校正吸光度后，再进行计算。

（3）锌盐沉淀分离法。对浑浊、色度较深的样品可用此法进行前处理。

取适量样品（含六价铬少于 100μg）于 150mL 烧杯中，加水至 50mL。滴加氢氧化钠溶液，调节溶液 pH 为 7~8。在不断搅拌下，滴加氢氧化锌共沉淀剂至溶液 pH 为 8~9。将此溶液转移至 100mL 容量瓶中，用水稀释至标线。用慢速滤纸过滤，弃去 10~20mL 初滤液，取其中 50.0mL 滤液供测定。

注：当样品经锌盐沉淀分离法前处理后仍含有机物干扰测定时，可用酸性高锰酸钾氧化法破坏有机物后再测定。即取 50.0mL 滤液于 150mL 锥形瓶中，加入几粒玻璃珠，加入 0.5mL 硫酸溶液、0.5mL 磷酸溶液，摇匀。加入 2 滴高锰酸钾溶液，如紫红色消退，则应添加高锰酸

钾溶液保持紫红色，加热煮沸至溶液体积剩约 20mL。取下稍冷，用定量中速滤纸过滤，用水洗涤数次，合并滤液和洗液至 50mL 比色管中。加入 1mL 尿素溶液，摇匀，用滴管滴加亚硝酸钠溶液，每加一滴充分摇匀，至高锰酸钾的紫红色刚好褪去。稍停片刻，待溶液内气泡逸尽，转移至 50mL 比色管中，用水稀释至标线，供测定用。

（4）二价铁、亚硫酸盐、硫代硫酸盐等还原性物质的消除。取适量样品（含六价铬少于 50μg）于 50mL 比色管中，用水稀释至标线，加入 4mL 显色剂 II，混匀，放置 5min 后加入 1mL 硫酸溶液摇匀。5～10min 后，在 540nm 波长处，用 10mm 或 30mm 光程的比色皿，以水作参比，测定吸光度。扣除空白实验测得的吸光度后，从校准曲线上查得六价铬含量。用同法作校准曲线。

（5）次氯酸盐等氧化性物质的消除。取适量样品（含六价铬少于 50μg）于 50mL 比色管中，用水稀释至标线，加入 0.5mL 硫酸溶液、0.5mL 磷酸溶液、1.0mL 尿素溶液，摇匀，逐滴加入 1mL 亚硝酸钠溶液，边加边摇，以除去由过量的亚硝酸钠与尿素反应生成的气泡，待气泡除尽后，以下同步骤（6）（免去加硫酸溶液和磷酸溶液）。

（6）标准曲线的绘制。取 9 支 50mL 比色管，依次加入 0mL、0.20mL、0.50mL、1.00mL、2.00mL、4.00mL、6.00mL、8.00mL 和 10.00mL 铬标准使用液，用水稀释至标线，加入（1＋1）硫酸 0.5mL 和（1＋1）磷酸 0.5mL，摇匀。加入 2mL 显色剂溶液，摇匀。5～10min 后，于 540nm 波长处，用 10mm（或 30mm）比色皿，以水为参比，测定吸光度并作空白校正。以吸光度为纵坐标，相应六价铬含量为横坐标绘制标准曲线。

（7）水样测定。取适量（含六价铬少于 50μg）无色透明或经过预处理的水样于 50mL 比色管中，用水稀释至标线，测定方法同标准溶液。进行空白校正后根据所测吸光度从标准曲线上查得六价铬含量。

六、数据处理

$$Cr^{6+}含量(mg/L) = \frac{m}{V}$$

式中：m 为从标准曲线上查得的 Cr^{6+} 质量，μg；V 为水样体积，mL。

II 总铬的测定

一、实验目的

同"水中六价铬的测定"。

二、实验原理

用高锰酸钾将水样中的三价铬氧化为六价，再用"水中六价铬的测定"的方法进行测定。

三、实验试剂

（1）硝酸、硫酸、三氯甲烷。

（2）1＋1 氢氧化铵溶液。

（3）5%铜铁试剂：称取铜铁试剂[$C_6H_5N(NO)ONH_4$] 5g，溶于冰水中稀释至 100mL。临用时现配。

（4）其他试剂同"水中六价铬的测定"的实验试剂（1）、（2）、（5）～（10）。

四、实验步骤

1. 水样预处理

（1）一般清洁地表水可直接用高锰酸钾氧化后测定。

（2）对含大量有机物的水样，需进行消解处理。即取 50mL 或适量含铬少于 50μg 水样，置于 150mL 烧杯中，加入 5mL 硝酸和 3mL 硫酸，加热蒸发至冒白烟。如溶液仍有色，再加入 5mL 硝酸，重复上述操作，至溶液清澈，冷却。用水稀释至 10mL，用氢氧化铵溶液中和至 pH 为 1～2，移入 50mL 容量瓶中，用水稀释至标线，摇匀，供测定。

（3）如果水样中钼、钒、铁、铜等含量较大，先用铜铁试剂-三氯甲烷萃取除去，然后进行消解处理。

2. 高锰酸钾氧化三价铬

取 50.0mL（铬含量少于 50μg）清洁水样或经预处理的水样（如不到 50.0mL，用水补充至 50.0mL）于 150mL 锥形瓶中，用氢氧化铵和硫酸溶液调至中性，加入几粒玻璃珠，加入（1＋1）硫酸和（1＋1）磷酸各 0.5mL，摇匀。加入 4%高锰酸钾溶液 2 滴，如紫色消退，则继续滴加高锰酸钾至保持紫红色。加热煮沸至溶液剩余约 20mL。冷却后，加入 1mL 20%尿素溶液，摇匀。用滴管加 2%亚硝酸钠溶液，每加一滴充分摇匀，至紫色刚好消退。稍停片刻，待溶液内气泡逸尽，转移至 50mL 比色管中，稀释至标线，供测定。

标准曲线的绘制、水样的测定和计算同"水中六价铬的测定"。

五、注意事项

（1）用于测定铬的玻璃器皿不应用重铬酸钾洗液洗涤。

（2）Cr^{6+} 与显色剂的显色反应一般控制酸度为 0.05～0.3mol/L（1/2 H_2SO_4），以 0.2mol/L 时显色最好。显色前，水样应调至中性。显色温度和放置时间对显色有影响，在 15℃时，5～15min 颜色即可稳定。

（3）如测定清洁地面水样，显色剂可按以下方法配制：溶解 0.2g 二苯碳酰二肼于 100mL 95%的乙醇中，边搅拌边加入（1＋9）硫酸 400mL。该溶液在冰箱中可存放一个月。用此显色剂，在显色时直接加入 2.5mL 即可，不必再加酸。但加入显色剂后，要立即摇匀，以免 Cr^{6+} 可能被乙酸还原。

六、思考题

（1）测定总铬时，加入 $KMnO_4$ 溶液，如果溶液颜色褪去，为什么还要继续补加 $KMnO_4$？

（2）如污水中含有较多有机物，应该怎样处理？

（3）如加入 $KMnO_4$ 溶液过多，还原时应加入尿素溶液，然后再逐滴加入亚硝酸钠溶液，为什么？

实验 8　水中挥发酚的测定

一、实验目的

（1）了解挥发酚的性质。

（2）掌握挥发酚的测定方法。

二、实验原理

根据酚类能否与水蒸气一起蒸出，分为挥发酚和不挥发酚。挥发酚通常是指沸点在 230℃ 以下的酚类。

人体摄入一定量酚类时，可出现急性中毒症状；长期饮用被酚污染的水，可引起头晕、出疹、瘙痒、贫血及各种神经系统症状。水中含低浓度酚类时，可使生长在其中的鱼的肉有异味，浓度高于 5mg/L 时则造成中毒死亡。含酚废水不宜用于农田灌溉，否则会使农作物枯死或减产。水中含微量酚类，在加氯消毒时，可产生特异的氯酚臭。

酚类主要来自炼油、煤气洗涤、炼焦、造纸、合成氨、木材防腐和化工等废水。

本实验所用方法适用于饮用水、地表水、地下水和工业废水中挥发酚的测定。其测定范围为 0.002～6mg/L。浓度低于 0.5mg/L 时，采用氯仿萃取法，浓度高于 0.5mg/L 时，采用直接分光光度法。

酚类的分析各国普遍采用国际标准化组织颁布的 4-氨基安替比林（$C_{11}H_{13}N_3O$）比色法。酚类化合物与 4-氨基安替比林在碱性介质中，和氧化剂铁氰化钾作用，生成红色的安替比林染料。这种染料的色度在水溶液中能稳定约 30min；若用氯仿萃取，可使颜色稳定 4h，并能提高测定的灵敏度。其水溶液在 510nm 波长处有最大吸收。

各种芳香胺、氧化性物质、还原性物质、重金属离子、水样的色度和浊度，均对本实验所用方法有干扰，因此对含有这些物质的水样必须经过蒸馏除去干扰。

用玻璃仪器采集水样。水样采集后应及时检查有无氧化剂存在。必要时加入过量的硫酸亚铁，立即加磷酸酸化至 pH = 4.0，并加入适量硫酸铜（1g/L）以抑制微生物对酚类的生物氧化作用，同时应冷藏（5～10℃），在采集后 24h 内进行测定。

水中挥发酚经过蒸馏以后，可以消除颜色、浑浊度等干扰。但当水样中含氧化剂、油、硫化物等干扰物质时，应在蒸馏前先做适当的预处理。

三、实验仪器

（1）500mL 锥形分液漏斗。

（2）500mL 全玻璃蒸馏器。

（3）50mL 比色管。

（4）分光光度计。

四、实验试剂

（1）无酚水。于 1L 水中加入 0.2g 经 200℃活化 0.5h 的活性炭粉末，充分振摇后，放置过夜。用双层中速滤纸过滤，或加氢氧化钠使水呈强碱性，并滴加高锰酸钾溶液至紫红色，移入蒸馏瓶中加热蒸馏，收集馏出液备用。

注：无酚水应储于玻璃瓶中，取用时应避免与橡胶制品（橡胶塞或乳胶管）接触。

（2）苯酚标准储备液。称取 1.00g 无色苯酚（C_6H_5OH）溶于水，移入 1000mL 容量瓶中，稀释至标线。置 4℃冰箱内保存，至少稳定 1 个月。此溶液为苯酚标准储备液。

储备液的标定：吸取 10.00mL 苯酚标准储备液于 250mL 碘量瓶中，加水稀释至 100mL，加 10.00mL 0.1mol/L 溴酸钾-溴化钾溶液，立即加入 5mL 盐酸，盖好瓶塞，轻轻摇匀，于暗处放置 10min。加入 1g 碘化钾，盖好瓶塞，再轻轻摇匀，放置暗处 5min。用硫代硫酸钠标准溶液滴定至淡黄色，加入 1mL 淀粉溶液，继续滴定至蓝色刚好褪去，记录用量；同时以水代替苯酚标准储备液做空白实验，记录硫代硫酸钠标准溶液用量。

苯酚标准储备液浓度由式（3-8）计算：

$$苯酚(mg/mL) = 15.68 \times c \times \frac{V_1 - V_2}{V} \tag{3-8}$$

式中：V_1 为空白实验中硫代硫酸钠标准滴定溶液用量，mL；V_2 为滴定苯酚储备液时，硫代硫酸钠标准溶液用量，mL；V 为取用苯酚标准储备液体积，mL；c 为硫代硫酸钠标准滴定溶液浓度，mol/L；15.68 为 1/6 C_6H_5OH 摩尔质量，g/mol。

（3）苯酚标准中间液为苯酚标准储备液稀释 100 倍后的溶液。

（4）苯酚标准使用液为苯酚标准中间液稀释 10 倍后的溶液。

（5）溴酸钾-溴化钾标准溶液（0.1000mol/L）。称取 2.784g 溴酸钾溶于水，加入 10g 溴化钾使之溶解，移入 1000mL 容量瓶中，稀释至标线。

（6）碘酸钾标准溶液（1/6 KIO_3 = 0.0250mol/L）。称取预先经 180℃烘干 2h 的碘酸钾 0.8917g 溶于水，移入 1000mL 容量瓶中，稀释至标线。

（7）硫代硫酸钠标准溶液。称取 6.2g 硫代硫酸钠溶于煮沸放冷的水中，加入 0.2g 碳酸钠，稀释至 1000mL，临用前，用碘酸钾溶液标定。

标定：分取 20.00mL 碘酸钾标准溶液置于 250mL 碘量瓶中，加水稀释至 100mL，加 1g 碘化钾，再加 5mL（1+5）硫酸，加塞，轻轻摇匀。放置暗处 5min，然后用硫代硫酸钠标准溶液滴定至淡黄色，加 1mL 淀粉溶液，继续滴定至蓝色刚褪去，记录硫代硫酸钠标准溶液用量。

按式（3-9）计算硫代硫酸钠标准溶液浓度（mol/L）：

$$c(\mathrm{Na_2S_2O_3 \cdot 5H_2O}) = \frac{c \times V_4}{V_3} \qquad (3\text{-}9)$$

式中：V_3 为消耗的硫代硫酸钠标准溶液的体积，mL；V_4 为碘酸钾标准溶液的体积，mL；c 为碘酸钾标准溶液浓度，mol/L。

（8）缓冲溶液（pH 约为 10）。称取 20g 氯化铵溶于 1000mL 氨水中，加塞，置冰箱中保存。

注：应避免氨挥发所引起 pH 的改变，注意在低温下保存和取用后立即加塞盖严，并根据使用情况适量配制。

（9）2% 4-氨基安替比林溶液。称取 2g 4-氨基安替比林溶于水，稀释至 100mL，置冰箱中保存，可使用 1 周。

注：固体试剂易潮解、氧化，宜保存在干燥器中。

（10）8%铁氰化钾溶液。称取 8g 铁氰化钾溶于水，稀释至 1000mL，置冰箱内保存，可使用 1 周。

（11）淀粉溶液。称取 1g 可溶性淀粉，用少量水调成糊状，加沸水至 100mL，冷后，置冰箱内保存。

（12）硫酸铜溶液。称取 50g 硫酸铜（$\mathrm{CuSO_4 \cdot 5H_2O}$）溶于水，稀释至 500mL。

（13）磷酸溶液。量取 50mL 磷酸［密度（20℃）= 1.69g/mL］，用水稀释至 500mL。

（14）甲基橙指示液。称取 0.05g 甲基橙溶于 100mL 水中。

五、实验步骤

（1）量取 250mL 水样置于蒸馏瓶中，加数粒小玻璃珠以防暴沸，再加入 2 滴甲基橙指示液，用磷酸溶液调节至 pH = 4（溶液呈橙红色），加 5.0mL 硫酸铜溶液（如采样时已加过硫酸铜，则适量补加）。

注：如加入硫酸铜溶液后产生较多量的黑色硫化铜沉淀，则应摇匀后放置片刻，待沉淀后，再滴加硫酸铜溶液，直到不再产生沉淀为止。

（2）连接冷凝器加热蒸馏，至蒸馏出约 225mL 时，停止加热，放冷。向蒸馏瓶中加入 25mL 水，继续蒸馏至馏出液为 250mL，如图 3-2 所示。

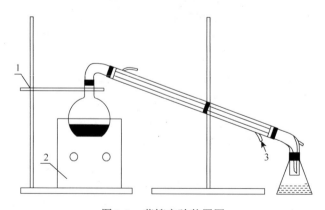

图 3-2　蒸馏实验装置图

1. 铁架台；2. 电加热套；3. 自来水进口

注：在蒸馏过程中，如发现甲基橙的红色褪色后，应在蒸馏结束后，再加 1 滴甲基橙指示液。如发现蒸馏后残液不呈酸性，则应重新取样，增加磷酸加入量，进行蒸馏。

（3）校准曲线的绘制。于一组 8 支 50mL 比色管中，分别加入 0mL、0.50mL、1.00mL、3.00mL、5.00mL、7.00mL、10.00mL、12.50mL 苯酚标准中间液，加水至 50mL 标线。加 0.5mL 缓冲溶液，混匀，此时 pH 为 10.00±0.2，加 4-氨基安替比林溶液 1.0mL 混匀。再加 1.0mL 铁氰化钾溶液，充分混匀，放置 10min 后立即在波长 510nm 下，用光程为 30mm 的比色皿，以水为参比测量吸光度。经空白校正后，绘制吸光度对苯酚含量的校准曲线。

（4）水样的测定。分取适量的馏出液放入 50mL 比色管中，稀释至 50mL 标线。用与绘制校准曲线相同步骤测定吸光度，最后减去空白实验所得吸光度。

（5）空白实验。以蒸馏水代替水样，经蒸馏后，按水样测定相同步骤进行测定，以其结果作为水样测定的空白校正值。

用光程长为 30mm 的比色皿进行测量时，酚的最低检出浓度为 0.1mg/L。

六、数据处理

$$挥发酚(以苯酚计，mg/L) = \frac{m}{V} \times 1000$$

式中：m 为由水样的校正吸光度从校准曲线上查得的苯酚含量，mg；V 为移取馏出液体积，mL。

注：如水样含挥发酚较高，移取适量水样并加水至 250mL 进行蒸馏，则在计算时应乘以稀释倍数。

实验 9　空气中悬浮颗粒物的测定

一、实验目的

（1）学习并掌握质量法测定大气中总悬浮颗粒物（TSP）、PM_{10} 和 $PM_{2.5}$ 的方法及原理。

（2）分析测定点的 TSP、PM_{10} 和 $PM_{2.5}$ 随时间的变化规律，对比相关环境标准判断监测点的大气污染情况。

二、实验原理

大气中悬浮颗粒物不仅是严重危害人体健康的主要污染物，而且也是气态、液态污染物的载体，其成分复杂，并具有特殊的理化性质及生物活性，是大气污染监控的重要项目之一。

TSP 是指空气中粒径在 100μm 以上的悬浮颗粒物。$PM_{2.5}$ 代表空气动力学等效直径等于或小于 2.5μm 的大气颗粒物。PM_{10} 代表空气动力学等效直径等于或小于 10μm 的大气颗粒物。$PM_{2.5}$ 是造成雾霾天气、降低大气能见度、影响交通安全的主要因素。$PM_{2.5}$ 能通过呼吸道进入肺泡，严重危害人体健康。$PM_{2.5}$ 的基本特征是体积小、质量轻，在大气中滞留时间长，可以被大气环流输送到很远的地方，造成大范围的空气污染。$PM_{2.5}$ 对环境的影响范围和对人体健康的危害程度，比 PM_{10} 和 TSP 更大、更严重。

TSP、PM_{10} 和 $PM_{2.5}$ 的测定原理是基于质量法，分别通过具有一定切割特性的采样器，以恒速抽取定量体积空气，使环境空气中 $PM_{2.5}$、PM_{10} 和 TSP 被截留在已知质量的滤膜上，根据采样前后滤膜的质量差和采样体积，计算 $PM_{2.5}$、PM_{10} 和 TSP 浓度。

三、实验仪器与材料

（1）智能中流量采样器。

（2）温度计。

（3）气压计。

（4）滤膜。根据样品采集目的可选用玻璃纤维滤膜、石英滤膜等无机滤膜或聚氯乙烯、聚丙烯、混合纤维素等有机滤膜。滤膜对 $0.3\mu m$ 标准粒子的截留效率不低于 99%。

（5）滤膜储存袋。

（6）分析天平（感量 0.1mg 或 0.01mg）。

（7）TSP 切割头。

（8）PM_{10} 切割器、采样系统。切割粒径 Da50[①] = $(10\pm0.5)\mu m$；捕集效率的几何标准差为 $\sigma_g = (1.5\pm0.1)m$。

（9）$PM_{2.5}$ 切割器、采样系统。切割粒径 Da50 = $(2.5\pm0.2)\mu m$；捕集效率的几何标准差为 $\sigma_g = (1.2\pm0.1)pm$。

（10）流量计。

四、实验步骤

1. 采样

（1）每张滤膜使用前均需用光照检查，不得使用有针孔或有任何缺陷的滤膜采样。

（2）采样滤膜在称量前需在平衡室内平衡 24h，然后在规定条件下迅速称量，读数准确至 0.1mg 或 0.01mg，记录滤膜质量。同一滤膜在恒温恒湿箱（室）中相同条件下再平衡 1h 后称量。对于 PM_{10} 和 $PM_{2.5}$ 颗粒物样品滤膜，两次质量之差分别小于 0.4mg 或 0.04mg 为满足恒量要求。记录滤膜编号和质量，将滤膜平展地放在光滑洁净的纸袋内，然后储存于盒内备用，滤膜不能弯曲或折叠。

平衡室放置在天平室内，平衡温度为 20～25℃，温度变化小于 ±3℃，相对湿度小于 50%，湿度变化小于 5%。天平室温度应维持在 15～30℃。

（3）采样时，将已恒量的滤膜用小镊子取出，毛面向上，将其放在采样夹的网托上（网托事先用纸擦净），放上滤膜夹，拧紧采样器顶盖，然后开机采样，调节采样流量为 100L/min。

（4）采样开始后 5min 和采样结束前 5min 记录一次流量。一张滤膜连续采样 24h。

---

① Da50：采样品对颗粒物的捕集效率为 50% 时所对应的粒子空气动力学当量直径。

（5）采样后，用镊子小心取下滤膜，使采样毛面朝内，以采样有效面积长边为中线对叠，将折叠好的滤膜放回表面光滑的纸袋中储于盒内。

（6）记录采样期温度、压力。

2. 样品测定

采样后的滤膜在平衡室内平衡 24h，迅速称量。读数准确至 0.1mg 或 0.01mg。

3. 样品保存

滤膜采集后，如不能立即称量，应在 4℃条件下冷藏保存。

五、数据处理

$$总悬浮颗粒物的含量(\text{mg/m}^3) = \frac{w}{Q_n \times t}$$

式中：w 为采样在滤膜上的总悬浮颗粒物质量，mg；t 为采样时间，min；Q_n 为标准状态下的采样流量，m^3/min。

$$Q_n = Q_2 \sqrt{\frac{T_3 p_2}{T_2 p_3}} \times \frac{273 \times p_3}{101.3 \times T_3} = 2.69 \times Q_2 \sqrt{\frac{p_2 p_3}{T_2 \times T_3}}$$

式中：Q_2 为现场采样表观流量，m^3/min；p_2 为采样器现场校准时大气压力，kPa；p_3 为采样时大气压力，kPa；T_2 为采样器现场校准时空气温度，K；T_3 为采样时空气温度，K。

若 T_3、p_3 与采样器现场校准时的 T_2、p_2 相近，可用 T_2、p_2 代替。

PM_{10} 和 $PM_{2.5}$ 浓度按下式计算：

$$\rho = \frac{w_2 - w_1}{V} \times 1000$$

式中：ρ 为 PM_{10} 或 $PM_{2.5}$ 浓度，mg/m^3；w_2 为采样后滤膜的质量，g；w_1 为空白滤膜的质量，g；V 为已换算成标准状态（101.325kPa，273K）下的采样体积，m^3。

计算结果保留三位有效数字，小数点后数字可保留到第三位。

六、注意事项

（1）由于采样器流量计上表观流量与实际流量随温度、压力的不同而变化，所以采样器流量计必须经孔口流量计校正后使用。

（2）要经常检查采样头是否漏气。当滤膜上颗粒物与四周白边之间的界线模糊，表明面板密封垫没垫好或密封性能不好，应更换面板密封垫，否则测定结果将会偏低。

（3）采样后应注意滤膜是否出现物理性损伤及采样过程中是否有穿孔漏气现象，若发现有损伤、穿孔漏气现象，应作废，重新取样。

（4）如果测定交通枢纽处 $PM_{2.5}$、PM_{10} 和 TSP，采样点应布置在距人行道边缘 1m 处。采样时，采样器入口距地面高度不得低于 1.5m。采样不宜在风速大于 8m/s 的天气条件下进行。采样点应避开污染源及障碍物。

（5）采用间断采样方式测定日平均浓度时，其次数不应少于 4 次，累积采样时间不应少于 18h。

（6）TSP/PM₁₀/PM₂.₅采样头安装拆卸示意图见图3-3。

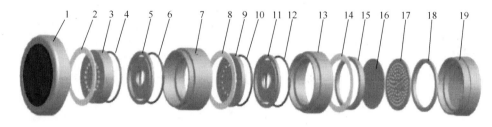

图 3-3　TSP、PM₁₀ 和 PM₂.₅ 采样头安装拆卸示意图

1. TSP 切割头；2. 硅胶垫圈；3. PM₁₀ 切割器；4. O 形密封圈；5. 捕集板；6. O 形密封圈；7. PM₁₀ 连接环；8. 硅胶垫圈；
9. PM₂.₅ 切割器；10. O 形密封圈；11. 捕集板；12. O 形密封圈；13. PM₂.₅ 连接环；14. 硅胶垫圈；15. 托网架；16. 滤膜；
17. 托网；18. 密封垫；19. 下锥体

若进行 TSP 采样，去掉组件 2～13，其余 7 件组合；若进行 PM₁₀ 采样，去掉组件 8～13，其余 13 件组合；若进行 PM₂.₅ 采样，19 件全部组合。

零件 5 与零件 11 使用前需要涂凡士林，其方法为：用棉纱布擦去凹槽中及周围的集尘，再用乙醇擦拭晾干，然后用棉纱布卷蘸凡士林进行涂抹，涂抹要薄且均匀，不要涂到过气孔里。

七、思考题

（1）采样点如何选择？
（2）滤膜在恒量称量时应注意哪些问题？
（3）对测定点 PM₂.₅、PM₁₀ 的控制途径和治理措施有什么建议？

实验 10　大气中氮氧化物的测定
（盐酸萘乙二胺分光光度法）

一、实验目的

（1）掌握大气采样器及吸收液采集大气样品的操作技术。
（2）学会用盐酸萘乙二胺分光光度法测定大气中氮氧化物的方法。

二、实验原理

大气中氮氧化物主要包括 NO、N_2O、N_2O_5、NO_2 等，无色无味的 NO 和有刺激性的 NO_2 均是大气中的重要污染物，通常用 NO_x 表示。在测定氮氧化物时，先用三氧化铬将一氧化氮氧化成二氧化氮，然后测定二氧化氮的浓度。二氧化氮被吸收液吸收后，生成亚硝酸和硝酸。其中，亚硝酸与对氨基苯磺酸发生重氮化反应，再与盐酸萘乙二胺[N-(1-naphthyl)-ethyl-enediamine dihydrochloride]偶合，生成玫瑰红色偶氮染料，根据颜色深浅，用分光光度法比色测定。

因使用称量法校准的二氧化氮渗透管配制低浓度标准气体测得 NO_2（气）$\longrightarrow NO_2^-$（液）的转换系数为 0.76，所以在计算结果时要除以转换系数 0.76。

大气中二氧化硫的浓度为氮氧化物浓度的 10 倍时，对氮氧化物的测定无干扰；30 倍时，颜色少许减轻，但是城市环境大气中，较少遇到这种情况。臭氧浓度为氮氧化物浓度的 5 倍时，对氮氧化物的测定略有干扰，在采样后 3h，使试液呈现微红色，对测定影响较大。过氧乙酰硝酸酯（PAN）对氮氧化物的测定产生正干扰，一般环境空气中 PAN 浓度较低，不会导致显著的误差。

三、实验仪器与试剂

（1）10mL 多孔玻板吸收管。

（2）双球玻璃管。

（3）空气采样器。流量范围 0～1L/min。

（4）分光光度计。

（5）重蒸馏水。所使用试剂均用不含亚硝酸根的重蒸馏水配制，即所配吸收液的吸光度不超过 0.005。

（6）吸收原液。称取 5.0g 对氨基苯磺酸，通过玻璃小漏斗直接加入 1000mL 容量瓶中，加入 50mL 冰醋酸和 900mL 水的混合溶液，盖塞振摇使其溶解，待对氨基苯磺酸完全溶解后，加入 0.050g 盐酸萘乙二胺，溶解后用水稀释至标线。此为吸收原液，储于棕色瓶中，在冰箱中可保存 2 个月。保存时，可用聚四氟乙烯生胶带密封瓶口，以防止空气与吸收原液接触。

（7）采样用吸收液。按 4 份吸收原液和 1 份水的比例混合。

（8）三氧化铬-石英砂（或河沙）氧化管。筛取 20～40 目石英砂，用 1：2 盐酸溶液浸泡一夜，用水洗至中性，烘干。把三氧化铬及石英砂按质量比 1：20 混合，加少量水调匀，放在红外灯下或烘箱里于 105℃烘干，烘干过程中应搅拌几次，制备好的三氧化铬-石英砂应是松散的，若黏在一起，说明三氧化铬比例太大，可适当增加一些石英砂，重新制备。

称取约 8g 三氧化铬-石英砂装入双球玻璃管，两端用少量脱脂棉塞好。用乳胶管或用塑料管制的小帽将氧化管两端密封。使用时氧化管与吸收管之间用一小段乳胶管连接，采集的气体尽可能少与乳胶管接触，以防止氮氧化物被吸附。

（9）亚硝酸钠标准储备液。称取 0.1500g 粒状亚硝酸钠（$NaNO_2$，在干燥器内放置 24h 以上）溶解于水中，移入 1000mL 容量瓶中，用水稀释至标线。此溶液每毫升含 100.0μg 亚硝酸根（NO_2^-），储于棕色瓶保存在冰箱中，可稳定 3 个月。

（10）亚硝酸钠标准使用液。临用前，吸取储备液 5.0mL 于 100mL 容量瓶中，用水稀释至标线。此溶液每毫升含 5.0μg 亚硝酸根（NO_2^-）。

四、实验步骤

1. 采样

将 5.0mL 吸收液注入多孔玻板吸收管，进气口接氧化管，并使管口略微向下倾斜，以免当湿空气将氧化剂（CrO_3）弄湿时，污染后面的吸收液。吸收管的出气口与大气采样器相连，以 0.2～0.3L/min 流量，避光采样至吸收液呈微红色，记录采样时间，密封好采样管，带回实验室，当日测定。采样时，若吸收液不变色，采气量应不少于 6L。

2. 标准曲线的绘制

取 7 支 10mL 具塞比色管，按表 3-4 配制标准系列。

表 3-4　亚硝酸钠标准系列

管号	0	1	2	3	4	5	6
标准溶液/mL	0	0.10	0.20	0.30	0.40	0.50	0.60
吸收原液/mL	4.00	4.00	4.00	4.00	4.00	4.00	4.00
水/mL	1.00	0.90	0.80	0.70	0.60	0.50	0.40
亚硝酸根含量/μg	0	0.50	1.00	1.50	2.00	2.50	3.00

各管摇匀后，避开直射阳光，放置 15min，在波长 540nm 处，用 1cm 比色皿，以水为参比，测定吸光度。以吸光度对亚硝酸根含量（μg），绘制标准曲线或用最小二乘法计算回归方程式：

$$Y = bX + a$$

式中：Y 为标准溶液吸光度（A）与试剂空白液吸光度（A_0）之差，即 $Y = A - A_0$；X 为亚硝酸根含量；b 为回归方程式的斜率；a 为回归方程式的截距。

3. 样品测定

采样后，放置 15min，将样品溶液移入 10mm 比色皿中，用绘制标准曲线的方法测定试剂空白液和样品溶液的吸光度。若样品溶液的吸光度超过标准曲线的测定上限，可将样品溶液稀释后再测定吸光度，计算结果时应乘以稀释倍数。

五、数据处理

$$氮氧化物的含量（以 NO_2 计）（mg/m^3） = \frac{(A - A_0) - a}{b \times V_n \times 0.76}$$

式中：A 为样品溶液吸光度；A_0 为试剂空白液吸光度；0.76 为 NO_2（气）转换为 NO_2^-（液）的系数；b 为回归方程式的斜率；a 为回归方程式的截距；V_n 为标准状态下的采样体积。

六、注意事项

（1）本方法检出限为 0.05μg/5mL（按与吸光度 0.01 相对应的亚硝酸根计），当采样体积为 6L 时，氮氧化物（以二氧化氮计）的最低检出限为 0.01mg/m³。

（2）本方法吸收液用量少，适宜于短时间采样，测定空气中氮氧化物的短时间浓度。

（3）吸收液应避光及不能长时间暴露在空气中，以防止光照使吸收液显色或吸收空气中的氮氧化物而使试剂空白值增高。

（4）氧化管适于相对湿度为 30%～70% 时使用，当空气中相对湿度大于 70% 时，应勤换氧化管；小于 30% 时，则在使用前，用经过水面的潮湿空气通过氧化管，平衡 1h。在使用过程中，应经常注意氧化管是否吸湿引起板结或变成绿色。若板结会使采样系统阻力增大，影响流量；若变成绿色表示氧化管已失效。各支氧化管的阻力差应不大于 1.33kPa（10mmHg）。

（5）亚硝酸钠（固体）应妥善保存。可分装成小瓶使用，试剂瓶及小瓶的瓶口要密封，防止空气及湿气侵入。部分氧化成硝酸钠或呈粉末状的试剂不能用直接法配制标准溶液。若无颗粒状亚硝酸钠试剂，可用高锰酸钾滴定法标定亚硝酸钠标准储备液的准确浓度后，再稀释成每毫升含 5.0μg 亚硝酸根标准溶液。

（6）在 20℃ 时，标准曲线的斜率 b 为 0.190 ± 0.003 吸光度/NO_2^-（5μg/mL），要求截距 $a \leqslant 0.008$，如果斜率达不到要求，应检查亚硝酸钠试剂的质量及标准溶液的配制，重新配制标准溶液；如果截距达不到要求，应检查蒸馏水及试剂质量，重新配制吸收液。将符合上述要求的各次标准曲线的每个点测定值取平均值，用最小二乘法计算平均值的回归方程。性能好的分光光度计的灵敏度高，斜率略高于 0.193。温度低于 20℃ 时，标准曲线的斜率降低，如在 10℃ 时，斜率为 0.175 吸光度/NO_2^-（5μg/mL）。

（7）吸收液若受三氧化铬污染，溶液呈黄棕色，则该样品报废。

（8）绘制标准曲线，向各管中加亚硝酸钠标准使用液时，以均匀、缓慢的速度加入时曲线的线性较好。

七、思考题

（1）氧化管中石英砂的作用是什么？为什么氧化管变成绿色就失效了？

（2）氧化管为什么做成双球形？双球形氧化管有什么优点？

实验 11　大气中二氧化硫的测定

（甲醛缓冲溶液吸收-盐酸副玫瑰苯胺分光光度法）

一、实验目的

（1）掌握大气采样器及吸收液采集大气样品的操作技术。

（2）学会用比色法测定 SO_2 的方法。

二、实验原理

二氧化硫被甲醛缓冲溶液吸收后，生成稳定的羟基甲磺酸加成化合物。在样品溶液中加氢氧化钠使加成化合物分解，释放出的二氧化硫与盐酸副玫瑰苯胺作用，生成紫红色化合物，根据颜色深浅，用分光光度法测定。

主要干扰物为氮氧化物、臭氧及某些重金属元素，加入氨磺酸钠溶液可消除氮氧化物的干扰；采样后放置一段时间可使臭氧自行分解；加入磷酸及环己二胺四乙酸二钠盐可以消除或减少某些金属离子的干扰。10mL 样品溶液中含 50μg 钙、镁、铁、镍、镉、铜、锌等离子时，不干扰测定。10mL 样品溶液中，含 5μg 二价锰离子时，使吸光度降低 2.7%，含 10μg 时降低 4.1%，空气中锰含量一般不会超过 0.09mg/m³（相当于 5μg/10mL），不致影响二氧化硫的测定。

本法检出限为 0.2μg/mL（按与吸光度 0.01 相对应的浓度计），当用 10mL 吸收液采气样 10L 时，最低检出浓度为 0.020mg/m³；当用 50mL 吸收液，24h 采气样 300L，取出 10mL 样品溶液测定时，最低检出浓度为 0.003mg/m³。

三、实验仪器与试剂

（1）多孔玻板吸收管，用于短时间采样；多孔玻板吸收瓶（具 50mL 标线），用于 24h 采样。

（2）10mL 具塞比色管。

（3）恒温水浴。广口冷藏瓶内装 Φ150mm 圆柱形比色管架，瓶盖上插一支 0～50℃酒精温度计，其误差应不大于 0.5℃。

（4）空气采样器。流量为 0～1L/min 或 24h 恒温、恒流、自动连续空气采样器，流量为 0.2～0.3L/min。

（5）0.05mol/L 环己二胺四乙酸二钠（CDTA-2Na）溶液。称取 1.82g 反式 1，2-环己二胺四乙酸（CDTA），溶解于 6.5mL 1.50mol/L 氢氧化钠溶液，用水稀释至 100mL。

（6）吸收储备液。吸取 36%～38%甲醛 5.5mL、0.050mol/L CDTA-2Na 溶液 20.0mL，称取 2.04g 邻苯二甲酸氢钾，溶解于少量水，将三种溶液合并，用水稀释至 100mL，储存于冰箱，可保存一年。

（7）吸收液。使用时，用水将吸收储备液稀释 100 倍。此溶液含甲醛为 0.2mg/mL。

（8）1.50mol/L 氢氧化钠（NaOH）溶液。

（9）0.05%氨基磺酸钠溶液。称取 0.60g 氨基磺酸（H_2NSO_3H），加入 1.50mol/L 氢氧化钠溶液 4.0mL，用水稀释至 100mL。

（10）0.60%盐酸副玫瑰苯胺（PRA）使用液。吸取经提纯的 0.25% PRA 储备溶液 20.0mL（或 0.20% PRA 储备溶液 25.0mL），移入 100mL 容量瓶中，加 85%浓磷酸 30mL、浓盐酸 10.0mL，用水稀释至标线，摇匀，放置过夜后使用。此溶液避光密封保存，可使用 9 个月。

（11）0.1mol/L 碘（1/2 I_2）溶液。称取 12.7g 碘（I_2）于烧杯中，加入 40g 碘化钾和 25mL 水，搅拌至完全溶解，用水稀释至 1000mL，储于棕色细口瓶中。

（12）0.05mol/L 碘（1/2 I_2）溶液。量取碘储备溶液 250mL，用水稀释至 500mL，储于棕色细口瓶中。

（13）0.5%淀粉溶液。称取 0.5g 可溶性淀粉，用少量水调成糊状（可加入 0.2g 二氯化锌防腐），慢慢倒入 100mL 沸水中，继续煮沸至溶液澄清，冷却后储于细口瓶中。

（14）0.1000mol/L 碘酸钾（1/6 KIO_3）溶液。称取 3.567g 碘酸钾（KIO_3，优级纯，105～110℃干燥 2h），溶解于水，移入 1000mL 容量瓶中，用水稀释至标线，摇匀。

（15）盐酸溶液（1：9）[或磷酸溶液（1：9）]。

（16）0.10mol/L 硫代硫酸钠储备液（$Na_2S_2O_3$）。称取 25.0g 硫代硫酸钠（$Na_2S_2O_3\cdot 5H_2O$），溶解于 1000mL 新煮沸并冷却的水中，加 0.2g 无水碳酸钠，储于棕色细口瓶中，放置 1 周后标定浓度。若溶液呈现浑浊时，应该过滤。

标定方法：吸取 0.1000mol/L 碘酸钾溶液 10.00mL，置于 250mL 碘量瓶中，加 80mL 新煮沸并冷却的水，加 1.2g 碘化钾，振摇至完全溶解后，加 1∶9 盐酸溶液 10mL[或 1∶9 磷酸溶液 5～7mL]，立即盖好瓶塞，摇匀。于暗处放置 5min 后，用 0.10mol/L 硫代硫酸钠储备液滴定至淡黄色，加淀粉溶液 2mL，继续滴定至蓝色刚好褪去，记录消耗体积（V），按下式计算浓度：

$$c_{\mathrm{Na_2S_2O_3}} = 0.1000 \times \frac{10.00}{V}$$

式中：$c_{\mathrm{Na_2S_2O_3}}$ 为硫代硫酸钠储备液的浓度，mol/L；V 为滴定消耗硫代硫酸钠储备液的体积，mL。

（17）亚硫酸钠溶液。称取 0.200g 亚硫酸钠（Na_2SO_3）溶解于 200mL 0.05% CDTA-2Na 溶液（用新煮沸并已冷却的水配制），缓慢摇匀使其溶解。放置 2～3h 后标定。此溶液每毫升相当于含 320～400μg 二氧化硫。

标定方法：吸取上述亚硫酸钠溶液 20.00mL，置于 250mL 碘量瓶中，加入新煮沸并冷却的水 50mL、0.05mol/L 碘溶液 20.00mL 及冰醋酸 1.0mL，盖塞，摇匀。于暗处放置 5min，用 0.05mol/L 硫代硫酸钠标准溶液滴定至淡黄色，加入 0.5%淀粉溶液 2mL，继续滴定至蓝色刚好褪去，记录消耗体积（V）。

另取配制亚硫酸钠溶液所用的 0.05mol/L CDTA-2Na 溶液 20mL，同时进行空白滴定，记录消耗体积（V_0）。

平行滴定所用硫代硫酸钠标准溶液体积之差应不大于 0.04mL，取平均值计算浓度：

$$c(以SO_2计, μg/mL) = (V_0 - V) \times c_{\mathrm{Na_2S_2O_3}} \times 32.02 \times \frac{1000}{20.00}$$

式中：V_0、V 为滴定空白溶液、亚硫酸钠溶液所消耗的硫代硫酸钠标准溶液体积，mL；$c_{\mathrm{Na_2S_2O_3}}$ 为硫代硫酸钠标准溶液浓度，mol/L；32.02 相当于 1mol/L 硫代硫酸钠标准溶液（$Na_2S_2O_3$）的二氧化硫（$1/2\ SO_2$）的质量，g。

标定出准确浓度后，立即用吸收液稀释成 1.00mL 含 10.00μg 二氧化硫的标准储备液，临用时，再用吸收液稀释为每毫升含 1.0μg 二氧化硫的标准使用液。

四、实验步骤

1. 采样

短时间采样，用内装 5mL 或 10mL 吸收液的 U 形多孔玻板吸收管，以 0.4L/min 流量，采样 10～20L。采样时吸收液温度应保持在 23～29℃。

24h 采样，用内装 50mL 吸收液的多孔玻板吸收瓶，以 0.2～0.3L/min 流量，采样 24h。吸收液温度应保持在 23～29℃。

2. 标线曲线的绘制

取 14 支 10mL 具塞比色管，分成 A、B 两组，每组各 7 支，分别对应编号，A 组按表 3-5 所示。

表 3-5　亚硫酸钠标准曲线系列

管号	0	1	2	3	4	5	6
标准使用溶液/mL	0.00	0.50	1.00	2.00	5.00	8.00	10.00
吸收液/mL	10.00	9.50	9.00	8.00	5.00	2.00	0.00
二氧化硫含量/μg	0.00	0.50	1.00	2.00	5.00	8.00	10.00

B 组各管加入 0.05%盐酸副玫瑰苯胺使用液 1.00mL。A 组各管分别加 0.60%氨基磺酸钠溶液 0.50mL 和 1.50mol/L 氢氧化钠溶液 0.50mL，混匀，再逐管倒入对应的盛有 PRA 使用液的 B 管中，立即混匀放入恒温水浴中显色。显色温度与室温之差应不超过 3℃。可根据不同季节的室温选择显色温度和时间，见表 3-6。

表 3-6　显色温度与时间

显色温度/℃	10	15	20	25	30
显色时间/min	40	25	20	15	5
稳定时间/min	35	25	20	15	10

在 $\lambda = 577$nm 处，用 1cm 比色皿，以水为参比，测定吸光度。以吸光度对二氧化硫含量（μg）绘制标准曲线，或者用最小二乘法计算回归方程式：

$$Y = bX + a$$

式中：Y 为标准溶液吸光度（A）与试剂空白液吸光度（A_0）之差，即 $Y = A - A_0$；X 为二氧化硫含量；b 为回归方程式的斜率（吸光度/SO_2）；a 为回归方程式的截距，相关系数应大于 0.999。

3. 样品测定

（1）样品溶液中若有浑浊物，应离心除去。

（2）采样后样品放置 20min，以使臭氧分解。

（3）短时间采集样品，将吸收管中样品溶液全部移入 10mL 比色管中，用吸收液稀释至 10mL 标线，加 0.60%氨基磺酸钠溶液 0.50mL，混匀，放置 10min 以除去氮氧化物的干扰，以下同实验步骤 2。

样品测定时与绘制标准曲线时温度之差应不超过 2℃。

随每批样品应测定试剂空白液、标准控制样品或加标回收样品各 1～2 个，以检查试剂空白值和校正因子。

五、数据处理

$$二氧化硫的含量（mg/m^3）= \frac{(A - A_0) \times B_S \times V_t}{V_n \times V_a} = \frac{[(A - A_0) - a] \times V_t}{V_n \times b \times V_a}$$

式中：A 为样品溶液的吸光度；A_0 为试剂空白液的吸光度；B_S 为校正因子（$1/b$，SO_2 吸光度）；b 为回归方程式的斜率（吸光度/SO_2）；a 为回归方程式的截距；V_t 为样品溶液总体积；V_a 为测定时所取样品溶液体积；V_n 为标准状态下的采样体积。

六、注意事项

采样时吸收液应保持在 23～29℃。用二氧化硫标准气体进行吸收实验，23～29℃时吸收率为100%；10～15℃时吸收率比 23～29℃时低 5%；高于 33℃及低于 9℃时，比 23～29℃时的吸收率低10%。

进行 24h 连续采样时，进气口为倒置的玻璃或聚乙烯漏斗，以防止雨、雪进入。漏斗不要紧靠监测亭采气管管口，以免吸入部分从监测亭排放出来的气体。若监测亭内温度高于空气温度，采气管形成"烟囱"排出的气体包括从采样泵排出的气体，会使测定结果偏低。

采样时应注意检查采样系统的气密性、流量、温度，及时更换干燥剂及限流空前的过滤膜，用皂膜流量计校准流量，做好采样记录。一般用 50mL 吸收液采样，空气相对湿度较大时，可少加 2～5mL 吸收液，采样完后定容至 50mL。若空气中二氧化硫浓度较低，可用 25mL 吸收液采样，定容后吸取 10.00mL 样品溶液测定，或加大采样流量到 0.3～0.4L/min。

短时间采样，应采取加热保温或冷水降温的方法保持吸收液温度为 13～29℃。若空气中二氧化硫浓度较低，可用 5mL 吸收液采样、测定，各种试剂用量皆减半。绘制标准曲线时，标准系列溶液体积为 5.00mL，其中，含二氧化硫 0μg、0.50μg、1.00μg、2.00μg、3.00μg、4.00μg 及 5.00μg。显色后总体积为 6.00mL。

显色温度、显色时间的选择及操作时间的掌握是本实验成败的关键。应根据实验室条件，不同季节选择适宜的显色温度及时间。操作中严格控制各反应条件。比色管放在恒温水浴中显色时，注意水浴水面高度应超过比色管中溶液的液面高度，否则会影响测定的准确度。当温度为 25～30℃显色时，应事先做好各项准备工作，测定吸光度时，操作应准确、敏捷，不要超过颜色的稳定时间，以免测定结果偏低。

显色反应需在酸性溶液中进行，故应将含样品（或标准）溶液、氨基磺酸钠的溶液（A 管）倒入强酸性的 PRA 使用溶液（B 管）中，如果按一般的操作顺序，将 PRA 溶液加到碱性的 A 管溶液中，测定的精密度很差，无法进行。应使 A 管溶液以较快的速度倒入 PRA 溶液中，使混合液瞬间呈酸性，以利显色反应的进行，倒完后空干片刻，否则测定的精密度会下降。

为了消除氮氧化物的干扰，需加入氨基磺酸钠，不能用氨基磺酸胺代替，因铵离子会与氢氧化钠结合为氢氧化铵（弱碱），不利于分解羟基甲磺酸加成化合物、释放二氧化硫。

用稀 CDTA-2Na 溶液配制亚硫酸钠溶液，浓度较为稳定。因亚硫酸根离子被水中溶解氧氧化为硫酸根离子，受水及试剂中痕量 +3 价铁离子的催化，CDTA-2Na 掩蔽 +3 价铁离子后亚硫酸根氧化速度减慢。

氢氧化钠固体试剂及溶液易吸收空气中的二氧化硫，使试剂空白值升高，应密封保存。显色用各试剂溶液配制后最好分装成小瓶用，操作中注意保持各溶液的纯净，防止"交叉污染"。

+6 价铬能使紫色化合物褪色，使测定结果偏低，故应避免用铬酸洗液洗涤玻璃仪器。若已洗，可用 1：1 盐酸溶液泡 1h 后，用水充分洗涤，烘干备用。

用过的比色皿及比色管应及时用酸洗涤，否则红色难以洗涤。具塞比色管用 1：1 盐酸溶液洗涤，比色皿用 1：4 盐酸溶液加 1/3 体积乙醇的混合液洗涤。

在甲醛缓冲溶液中，二氧化硫溶液浓度很稳定。标准溶液在室温下放置 3 个月，浓度无明显变化；1.0μg/L 的二氧化硫标准溶液 50mL，用清洁空气以 0.2L/min 流量吹气 24h，测定吸光度无明显变化；吸收液 50mL 用高纯氮气以 0.2L/min 流量吹气 24h，其吸光度无明显变化。说明本法在样品溶液保持及 24h 连续采样方面都是稳妥可行的。

七、思考题

（1）实验过程中存在哪些干扰？应该怎样消除？
（2）多孔玻板吸收管的作用是什么？

实验 12　大气中甲醛的测定
（酚试剂分光光度法）

一、实验目的

（1）掌握酚试剂分光光度法测定甲醛的原理。
（2）掌握相关采样仪器的使用。

二、实验原理

空气中的甲醛与酚试剂反应生成嗪，嗪在酸性溶液中被高铁离子氧化形成蓝绿色化合物。根据颜色深浅，比色定量。

三、实验仪器

（1）大型气泡吸收管。出气口内径为 1mm，出气口至管底距离等于或小于 5mm。
（2）恒流采样器。流量范围为 0～1L/min。流量稳定可调，恒流误差小于 2%，采样前和采样后应用皂沫流量计校准采样系列流量，误差小于 5%。
（3）具塞比色管。10mL。
（4）分光光度计。在 630nm 处测定吸光度。

四、实验试剂

（1）吸收液原液。称量 0.10g 酚试剂[$C_6H_4SN(CH_3)C:NNH_2 \cdot HCl$，NBTH]，加水溶解，倾于 100mL 具塞量筒中，加水到刻度。置于冰箱中保存，可稳定 3d。
（2）吸收液。量取吸收液原液 5mL，加 95mL 水，即为吸收液。采样时，临用现配。
（3）1%硫酸铁铵[$NH_4Fe(SO_4)_2 \cdot 12H_2O$]溶液。称量 1.0g 硫酸铁铵用 0.1mol/L 盐酸溶解，并稀释至 100mL。
（4）碘溶液（0.1000mol/L）。称量 40g 碘化钾，溶于 25mL 水中，加入 12.7g 碘。待碘完全溶解后，用水定容至 1000mL 棕色瓶中，暗处储存。
（5）1mol/L 氢氧化钠溶液。称量 40g 氢氧化钠，溶于水中，并稀释至 1000mL。

（6）0.5mol/L 硫酸溶液。取 28mL 浓硫酸缓慢加入水中，冷却后，稀释至 1000mL。

（7）硫代硫酸钠标准溶液（0.1000mol/L）。可用购买的标准试剂，也可按本实验附录 A 制备。

（8）0.5%淀粉溶液。将 0.5g 可溶性淀粉，用少量水调成糊状后，再加入 100mL 沸水，并煎沸 2～3min 至溶液透明。冷却后，加入 0.1g 水杨酸或 0.4g 氯化锌保存。

（9）甲醛标准储备溶液。取 2.8mL 含量为 36%～38%甲醛溶液，放入 1L 容量瓶中，加水稀释至标线。此溶液 1mL 约相当于 1mg 甲醛。其准确浓度用下述碘量法标定。

甲醛标准储备溶液的标定：精确量取 20.00mL 待标定的甲醛标准储备溶液，置于 250mL 碘量瓶中。加入 20.00mL 0.1000mol/L 碘溶液和 15mL 1mol/L 氢氧化钠溶液，放置 15min，加入 0.5mol/L 硫酸溶液，再放置 15min，用 0.1000mol/L 硫代硫酸钠溶液滴定，至溶液呈现淡黄色时，加入 1mL 5%淀粉溶液继续滴定至恰好蓝色褪去，记录所用硫代硫酸钠溶液体积（V_2）。同时用水作试剂空白滴定，记录空白滴定所用硫代硫酸钠标准溶液的体积（V_1）。甲醛溶液的浓度用式（3-10）计算：

$$甲醛溶液浓度(mg/mL) = (V_1 - V_2) \times c \times 30.3/20 \qquad (3\text{-}10)$$

式中：V_1 为试剂空白消耗硫代硫酸钠溶液的体积，mL；V_2 为甲醛标准储备溶液消耗硫代硫酸钠溶液的体积，mL；c 为硫代硫酸钠溶液的浓度，mol/L；30.3 为甲醛的分子量；20 为所取甲醛标准储备溶液的体积，mL。

两次平行滴定，误差应小于 0.05mL，否则重新标定。

（10）甲醛标准溶液。临用时，将甲醛标准储备溶液用水稀释成 1.00mL 含 10μg 甲醛，立即再取此溶液 10.00mL，加入 100mL 容量瓶中，加入 5mL 吸收液原液，用水定容至 100mL，此液 1.00mL 含 1.00μg 甲醛，放置 30min 后，用于配制标准系列。此标准溶液可稳定 24h。

五、采样

用一个内装 5mL 吸收液的大型气泡吸收管，以 0.5L/min 流量，采气 10L，并记录采样点的温度和大气压。采样后样品应在室温下 24h 内进行分析。

六、实验步骤

1. 标准曲线的绘制

取 10mL 具塞比色管，用甲醛标准溶液按表 3-7 制备标准系列。

表 3-7　甲醛标准系列

管号	0	1	2	3	4	5	6	7	8
标准溶液/mL	0	0.10	0.20	0.40	0.60	0.80	1.00	1.50	2.00
吸收液/mL	5.0	4.9	4.8	4.6	4.4	4.2	4.0	3.5	3.0
甲醛含量/μg	0	0.1	0.2	0.4	0.6	0.8	1.0	1.5	2.0

各管中，加入 0.4mL 1%硫酸铁铵溶液，摇匀，放置 15min。用 1cm 比色皿，在波长 630nm 下，以水参比，测定各管溶液的吸光度。以甲醛含量为横坐标、吸光度为纵坐标绘制曲线，并

计算回归斜率，以斜率倒数作为样品测定的计算因子 B_g（μg/吸光度）。

2. 样品测定

采样后，将样品溶液全部转入比色管中，用少量吸收液洗吸收管，合并使总体积为 5mL。按绘制标准曲线的操作步骤测定吸光度（A）；在每批样品测定的同时，用 5mL 未采样的吸收液作试剂空白，测定试剂空白的吸光度（A_0）。

七、数据处理

（1）将采样体积按式（3-11）换算成标准状态下的采样体积：

$$V_0 = \frac{V_t \cdot T_0}{(273 + T) \cdot p / p_0}$$ （3-11）

式中：V_0 为标准状态下的采样体积，L；V_t 为采样体积，V_t = 采样流量（L/min）×采样时间（min）；T 为采样点的温度，℃；T_0 为标准状态下的热力学温度，273K；p 为采样点的压力，kPa；p_0 为标准状态下的压力，101kPa。

（2）空气中甲醛浓度按式（3-12）计算：

$$c = (A - A_0) \times B_g / V_0$$ （3-12）

式中：c 为空气中甲醛含量，mg/m³；A 为样品溶液的吸光度；A_0 为空白溶液的吸光度；B_g 为由实验步骤（1）得到的计算因子，μg/吸光度；V_0 为换算成标准状态下的采样体积，L。

八、测量范围、干扰和排除

1. 测量范围

用 5mL 样品溶液，本法测定范围为 0.1～1.5μg；采样体积为 10L 时，可测浓度范围为 0.01～0.15mg/m³。

2. 灵敏度

本法灵敏度为 2.8μg/吸光度。

3. 检出下限

本法检出下限为 0.056μg 甲醛。

4. 干扰及排除

10μg 酚、2μg 醛及二氧化氮对本法无干扰。二氧化硫共存时，使测定结果偏低。因此对二氧化硫干扰不可忽视，可将气样先通过硫酸锰滤纸过滤器（本实验附录 B），予以排除。

5. 再现性

当甲醛含量为 0.1μg/5mL、0.6μg/5mL、1.5μg/5mL 时，重复测定的变异系数为 5%、5%、3%。

6. 回收率

当甲醛含量为 0.4～1.0μg/5mL 时，样品加标准的回收率为 93%～101%。

附录 A 硫代硫酸钠标准溶液的制备及标定方法

1. 试剂

（1）0.1000mol/L 碘酸钾标准溶液。准确称量 3.5667g 经 105℃烘干 2h 的碘酸钾（优级纯），溶解于水中，移入 1L 容量瓶，再用水定容至 1000mL。

（2）0.1mol/L 盐酸溶液。量取 82mL 浓盐酸加水稀释至 1000mL。

（3）0.1000mol/L 硫代硫酸钠（$Na_2S_2O_3 \cdot 5H_2O$）标准溶液。称量 25g 硫代硫酸钠，溶于 1000mL 新煮沸并已放冷的水中，此溶液浓度约为 0.1mol/L。加入 0.2g 无水碳酸钠，储存于棕色瓶内，放置一周后，再标定其准确浓度。

2. 硫代硫酸钠溶液的标定方法

精确量取 25.00mL 0.1000mol/L 碘酸钾标准溶液，于 250mL 碘量瓶中，加入 75mL 新煮沸后冷却的水，加 3g 碘化钾及 10mL 0.1mol/L 盐酸溶液，摇匀后放入暗处静置 3min。用硫代硫酸钠标准溶液滴定析出的碘，至淡黄色，加入 1mL 0.5%淀粉溶液呈蓝色。再继续滴定至蓝色刚褪去，即为终点，记录所用硫代硫酸钠溶液体积（V，mL），其准确浓度用下式算：

$$硫代硫酸钠标准溶液浓度 = 0.1000 \times 25.00/V$$

平行滴定两次，所用硫代硫酸钠溶液相差不能超过 0.05mL，否则应重新做平行测定。

附录 B 硫酸锰滤纸的制备

取 10mL 100mg/mL 的硫酸锰水溶液，滴加到 250cm² 玻璃纤维滤纸上，风干后切成碎片，装入 1.5mm×150mm 的 U 形玻璃管中。采样时，将此管接在甲醛吸收管之前。此法制成的硫酸锰滤纸，有吸收二氧化硫的效能，受大气湿度影响很大，当相对湿度大于 88%，采气速率为 1L/min，二氧化硫浓度为 1mL/m³ 时，能消除 95%以上的二氧化硫，此滤纸可维持 50h 有效。当相对湿度为 15%～35%时，吸收二氧化硫的效能逐渐降低。所以，当相对湿度很低时，应换用新制的硫酸锰滤纸。

附录 C GDYK-206S 甲醛测定仪测定大气中甲醛含量

1. 仪器原理

GDYK-206S 甲醛测定仪的原理是基于被测样品中甲醛与显色剂反应生成有色化合物对可见光有选择性吸收而建立的比色分析法。仪器由硅光光源、比色瓶、集成光电传感器和微处理器构成，可直接显示出被测样品中甲醛的含量。

适用于室内或野外现场气体样品中甲醛浓度的定量测定。

2. 技术指标

测定下限：甲醛为 0.01mg/m³（气体样品，采样体积 5L）。

测量范围：甲醛为 0.00～3.50mg/m³（气体样品，采样体积为 5L）。

测量精度：≤5%。

光源：波长为 630nm 超高亮发光二极管。

工作温度：5～40℃。

仪器操作步骤如下。

Ⅰ 空气中甲醛的测定——快速测定法

1. 采样

打开铝合金携带箱，取出铝合金三脚架和甲醛测定仪，将甲醛测定仪固定在铝合金三脚架上。通过三脚架上的旋钮调节甲醛测定仪距离地面的高度为 0.5～1.5m。

将气泡吸收管支撑架挂在甲醛测定仪进气口和出气口的不锈钢管上，再将气泡吸收管插入支撑架中，用胶管连接气泡吸收管出气口和甲醛测定仪的进气口（甲醛测定仪后排为进气口，前排为出气口），使连接处不漏气。

取出带 5mL 刻度线的吸收瓶，用塑料滴管加水至 5mL 刻度线处。

取一支甲醛试剂（一），用剪刀剪开甲醛试剂（一）管的封口，将试剂管插入带刻度吸收瓶溶液中，反复捏压试剂管（大肚端）底部，使试剂管中固体试剂全部转移到带刻度线的吸收瓶中，用硅橡胶塞塞紧瓶口，摇动，使固体试剂全部溶解混匀。

将带 5mL 刻度线的吸收瓶插到气泡吸收管上，然后用弹簧夹将连接处夹紧，防止漏气。

打开甲醛测定仪左侧的电源开关，校正指示灯，液晶显示为"--"。

按"采样"键开始采样，同时在液晶屏上实时显示采样量。调节甲醛测定仪右下方旋钮使校正指示灯窗内黑色球浮子位于上下两条刻线之间，然后锁定旋钮。采样结束时，仪器发出鸣叫声，并且自动停止采样。

2. 检测

采样停机后，取下弹簧夹，并且从气泡吸收管上取下带 5mL 刻度线的吸收瓶。若气泡吸收管磨口处内侧存有液体时，用带 5mL 刻度线的吸收瓶端口与磨口接触，将液体引流到吸收瓶中。

用手握住带 5mL 刻度线的吸收瓶，靠体温加热 7min。

然后加入一支甲醛试剂（二），用硅橡胶塞塞紧吸收瓶瓶口，摇匀。用手握住吸收瓶，靠体温加热 5min。

在采样停机后，同时作空白溶液。在另一支带刻度线的吸收瓶中加入一支甲醛试剂（一），用水稀释至 5mL 刻度线，用硅橡胶塞塞紧吸收瓶（防止溶液溢出），摇匀。用手握住吸收瓶，靠体温加热 7min。

然后加入一支甲醛试剂（二），用硅橡胶塞塞紧吸收瓶瓶口，摇匀。用手握住吸收瓶，靠体温加热 5min。

加热 5min 结束后，分别取下硅橡胶塞，将其中溶液分别倒入空白比色瓶（蓝色刻度线比色瓶）和样品比色瓶（白色刻度线比色瓶）中，旋紧比色瓶定位器，用比色瓶清洗布擦净空白比色瓶和样品比色瓶外壁。

将装有空白溶液的比色瓶放入甲醛测定仪并在左上方比色槽中锁定，按"调零"键，待主机显示"0.00"后即表示校零完成。

取下装有空白溶液的比色瓶，将装有样品溶液的比色瓶放入甲醛测定仪比色槽中锁定，然后按"浓度"键，仪器液晶显示浓度值即为空气中甲醛的浓度（mg/m³）。

采用快速法时液晶显示结果即为空气中甲醛浓度（mg/m³）。

如果研究显示值出现"1.51C"时，说明检测结果超出测量范围，应该重新检测。具体方法是：将比色瓶中的空白溶液和样品溶液分别倒入两支微型比色皿中至变颈处，再将比色皿适配器插入比色槽中锁定，然后将装有空白溶液的微型比色皿插入适配器中，盖上比色皿固定器，按"调零"键，待主机显示"0.00"后即表示校零完成。取下装有空白溶液的微型比色皿，将装有样品溶液的微型比色皿插入适配器中，盖上比色皿固定器，按"浓度"键，仪器液晶显示浓度的值乘以 6.5 即为空气中甲醛的浓度（mg/m³）。

Ⅱ　空气中甲醛的测定——标准测定法

1. 采样

打开铝合金携带箱，取出铝合金三脚架和甲醛测定仪，将甲醛测定仪固定在铝合金三脚架上。通过三脚架上的旋钮调节甲醛测定仪距离地面的高度为 0.5～1.5m。

将气泡吸收管支撑架挂在甲醛测定仪进气口和出气口的不锈钢管上，再将气泡吸收管插入支撑架中，用胶管连接气泡吸收管出气口和甲醛测定仪的进气口（甲醛测定仪后排为进气口，前排为出气口），使连接处不漏气。

取出带 5mL 刻度线的吸收瓶，用塑料滴管加水至 5mL 刻度线处。

取一支甲醛试剂（一），用剪刀剪开甲醛试剂（一）管的封口，将试剂管插入带刻度吸收瓶溶液中，反复捏压试剂管（大肚端）底部，使试剂管中固体试剂全部转移到带刻度线的吸收瓶中，用硅橡胶塞塞紧瓶口，摇动，使固体试剂全部溶解混匀。

将带 5mL 刻度线的吸收瓶插到气泡吸收管上，然后用弹簧夹将连接处夹紧，防止漏气。

打开甲醛测定仪左侧的电源开关，校正指示灯，液晶显示为"--"。

按"采样"键开始采样，同时在液晶屏上实时显示采样量。调节甲醛测定仪右下方旋钮使校正指示灯窗内黑色球浮子位于上下两条刻线之间，然后锁定旋钮。采样结束时，仪器发出鸣叫声，并且自动停止采样。

2. 检测

采样停机后，取下弹簧夹，并且从气泡吸收管上取下带 5mL 刻度线的吸收瓶。若气泡吸收管磨口处内侧存有液体时，用带 5mL 刻度线的吸收瓶端口与磨口接触，将液体引流到吸收瓶中。

用硅橡胶塞塞紧吸收瓶（防止溶液溢出），将带有 5mL 刻度线的吸收瓶室温放置 30min。

　　然后加入一支甲醛试剂（二），用硅橡胶塞塞紧吸收瓶口，摇匀。将吸收瓶室温放置15min。

　　在采样停机后，同时作空白溶液。在另一支带刻度线的吸收瓶中加入一支甲醛试剂（一），用水稀释至5mL刻度线，用硅橡胶塞塞紧吸收瓶（防止溶液溢出），摇匀，将吸收瓶室温放置30min。

　　然后加入一支甲醛试剂（二），用硅橡胶塞塞紧吸收瓶口，摇匀。将吸收瓶室温放置15min。

　　15min结束后，分别取下硅橡胶塞，将其中溶液分别倒入空白比色瓶（蓝色刻度线比色瓶）和样品比色瓶（白色刻度线比色瓶）中，旋紧比色瓶定位器，用比色瓶清洗布擦净空白比色瓶和样品比色瓶外壁。

　　将装有空白溶液的比色瓶放入甲醛测定仪左上方比色槽中锁定，按"调零"键，待主机显示"0.00"后即表示校零完成。

　　取下装有空白溶液的比色瓶，将装有样品溶液的比色瓶放入甲醛测定仪比色槽中锁定，然后按"浓度"键，仪器显示出空气中甲醛的浓度（未经温度和压力校正）。

　　如果液晶显示值出现"1.51C"时，说明检测结果超出测量范围，应该重新检测。具体方法是：将比色瓶中的空白溶液和样品溶液分别倒入两支微型比色皿中至变颈处，再将比色皿适配器插入比色槽中锁定，然后将装有空白溶液的微型比色皿插入适配器中，盖上比色皿固定器，按"调零"键，待主机显示"0.00"后即表示校零完成。取下装有空白溶液的微型比色皿，将装有样品溶液的微型比色皿插入适配器中，盖上比色皿固定器，按"浓度"键，仪器液晶显示浓度的值乘以6.5即为空气中甲醛的浓度（mg/m³）。

　　采用标准方法时，结果必须根据甲醛测定仪显示的数值、采样时环境温度和压力查表3-8后，再通过以下公式计算空气中甲醛的浓度（mg/m³）。

　　空气中甲醛标准方法浓度计算公式：

$$c = c_0/V_0 \times 5$$

式中：c 为空气中甲醛浓度，mg/m³；c_0 为甲醛测定仪显示值；V_0 为标准状态下的采样体积，L；5为吸收液的体积，mL。

表3-8　一个大气压下不同温度测定空气中甲醛时的标准体积 V_0（L）

V_t	T/℃																	
	5	6	7	8	9	10	11	12	13	14	15	16	17	18	19	20	21	22
2.5	2.4	2.4	2.4	2.4	2.4	2.4	2.4	2.3	2.3	2.3	2.3	2.3	2.3	2.3	2.3	2.3	2.3	2.3
5	4.9	4.8	4.8	4.8	4.8	4.8	4.8	4.7	4.7	4.7	4.7	4.7	4.7	4.6	4.6	4.6	4.6	4.6
10	9.8	9.7	9.7	9.7	9.6	9.6	9.5	9.5	9.5	9.5	9.4	9.4	9.4	9.3	9.3	9.3	9.2	9.2
15	14	14	14	14	14	14	14	14	14	14	14	14	14	14	14	14	14	14
20	19	19	19	19	19	19	19	19	19	19	18	18	18	18	18	18	18	18
25	24	24	24	24	24	24	24	23	23	23	23	23	23	23	23	23	23	23
30	29	29	29	29	29	28	28	28	28	28	28	28	28	28	28	27	27	27
40	39	39	39	38	38	38	38	38	38	38	37	37	37	37	37	37	37	37
50	49	48	48	48	48	48	48	47	47	47	47	47	47	46	46	46	46	46
60	58	58	58	58	58	57	57	57	57	57	56	56	56	56	56	55	55	55

续表

V_t	T/℃																	
	23	24	25	26	27	28	29	30	31	32	33	34	35	36	37	38	39	40
2.5	2.3	2.3	2.2	2.2	2.2	2.2	2.2	2.2	2.2	2.2	2.2	2.2	2.2	2.2	2.2	2.1	2.1	2.1
5	4.6	4.6	4.5	4.5	4.5	4.5	4.5	4.5	4.4	4.4	4.4	4.4	4.4	4.4	4.4	4.3	4.3	4.3
10	9.2	9.1	9.1	9.1	9.1	9	9	9	8.9	8.9	8.9	8.8	8.8	8.8	8.8	8.7	8.7	8.7
15	13	13	13	13	13	13	13	13	13	13	13	13	13	13	13	13	13	13
20	18	18	18	18	18	18	18	18	17	17	17	17	17	17	17	17	17	17
25	23	22	22	22	22	22	22	22	22	22	22	22	22	22	22	21	21	21
30	27	27	27	27	27	27	27	27	26	26	26	26	26	26	26	26	26	26
40	36	36	36	36	36	36	36	36	35	35	35	35	35	35	35	35	35	34
50	46	45	45	45	45	45	45	45	44	44	44	44	44	44	44	43	43	43
60	55	55	54	54	54	54	54	54	53	53	53	53	53	53	53	52	52	52

注：T 为采样点的气温，℃；V_0 为标准状态下的采样体积，L，按采样点大气压为标准状态大气压 101kPa 计算而得；V_t 为采样体积，L，为采样流量与采样时间的乘积。

实验 13　土壤和茶叶中铜与锌含量的测定

一、实验目的

（1）了解原子吸收分光光度法的原理。
（2）掌握土壤和茶叶样品的消化方法，掌握原子吸收分光光度计的使用方法。

二、实验原理

火焰原子吸收分光光度法是根据某元素的基态原子对该元素的特征谱线产生选择性吸收进行测定的分析方法。将试样喷入火焰，被测元素的化合物在火焰中离解形成原子蒸气，由锐线光源（空心阴极灯）发射的某元素的特征谱线光辐射通过原子蒸气层时，该元素的基态原子对特征谱线产生选择性吸收。在一定条件下特征谱线光强的变化与试样中被测元素的浓度成比例。通过对自由基态原子对选用的特征谱线吸光度的测量，确定试样中该元素的浓度。

湿法消化是使用具有强氧化性的酸，如 HNO_3、H_2SO_4、$HClO_4$ 等与有机化合物溶液共沸，使有机化合物分解除去。干法灰化是在高温下灰化、灼烧，使有机物质被空气中的氧所氧化而破坏。

本实验采用湿法消化土壤中的有机物质。

三、实验仪器与试剂

（1）原子吸收分光光度计、铜和锌空心阴极灯。
（2）锌标准溶液。准确称取 0.1000g 金属锌（99.9%），用 20mL 1:1 盐酸溶解，移入 1000mL 容量瓶中，用蒸馏水稀释至标线，此溶液含锌量为 100mg/L。

（3）铜标准溶液。准确称取 0.1000g 金属铜（99.8%）溶于 15mL 1∶1 硝酸中，移入 1000mL 容量瓶中，用蒸馏水稀释至标线，此溶液含铜量为 100mg/L。

四、实验步骤

1. 标准曲线的绘制

取 6 个 25mL 容量瓶，分别加入 5 滴 1∶1 盐酸，依次加入 0.0mL、1.00mL、2.00mL、3.00mL、4.00mL、5.00mL 浓度为 100mg/L 的铜标准溶液和 0.00mL、0.10mL、0.20mL、0.40mL、0.60mL、0.80mL 浓度为 100mg/L 的锌标准溶液，用蒸馏水稀释至标线，摇匀，配成含 0.00mg/L、0.40mg/L、0.80mg/L、1.20mg/L、1.60mg/L、2.00mg/L 铜标准系列和 0.00mg/L、0.40mg/L、0.80mg/L、1.20mg/L、1.60mg/L、2.40mg/L、3.20mg/L 的锌标准系列，然后分别在 324.7nm 和 213.9nm 处测定吸光度，绘制标准曲线。

2. 样品的测定

1）土壤样品的消化

准确称取 1.000g 土样于 100mL 烧杯中（2 份），用少量蒸馏水润湿，缓慢加入 5mL 王水［硝酸∶盐酸＝1∶3（体积比）］，盖上表面皿。同时做 1 份试剂空白，把烧杯放在通风橱内的电炉上加热，开始低温，慢慢提高温度，并保持微沸状态，使有机物充分分解，注意消化温度不宜过高，防止样品外溅，当剧烈反应完毕，使有机物分解后，取下烧杯冷却，沿烧杯壁加入 2～4mL 高氯酸，继续加热分解直至冒白烟，样品变为灰白色，揭去表面皿，赶出过量的高氯酸，把样品蒸至近干，取下冷却，加入 5mL 1%的稀硝酸溶液加热，冷却后用中速定量滤纸过滤到 25mL 容量瓶中，滤渣用 1%稀硝酸洗涤，最后定容，摇匀待测。

2）茶叶样品的消化

准确称取 1.000g 已处理好的茶叶试样于 100mL 烧杯中（3 份），用少许蒸馏水润湿，加入混合酸 10mL［硝酸∶高氯酸＝5∶1（体积比）］。同时做 1 份试剂空白，待剧烈反应结束后，移到由变压器控制的电炉上，微热至反应物颜色变浅，用少量蒸馏水冲洗烧杯内壁，盖上表面皿，逐步提高温度，在消化过程中，如有炭化现象可再加入少许混合酸继续消化，直至试样变白，揭去表面皿，加热近干，取下冷却，加入少量蒸馏水，加热，冷却后用中速定量滤纸过滤到 25mL 容量瓶中，再用蒸馏水稀释至标线，摇匀待测。

3）测定

在与测量标准系列溶液相同的条件下测量空白和试样的吸收值。

五、数据处理

所测得的吸收值（如试剂空白有吸收，则应扣除空白吸收值）在标准曲线上得到相应的浓度 M（mg/mL），则试样中：

$$铜或锌的含量(mg/kg) = \frac{M \times V}{m} \times 1000$$

式中：M 为标准曲线上得到的相应浓度，mg/mL；V 为定容体积，mL；m 为试样质量，g。

六、注意事项

（1）细心控制温度，升温过快时反应物易溢出或炭化。

（2）土壤消化物若不呈灰白色，应补加少量高氯酸，继续消化。由于高氯酸对空白影响大，要控制用量。

（3）高氯酸具有氧化性，应待土壤中大部分有机质消化完反应物，冷却后再加入，或在常温下，有大量硝酸存在下加入，否则会使杯中样品溅出或爆炸，使用时务必小心。

（4）若高氯酸氧化作用进行过快，有爆炸可能时，应迅速冷却或用冷水稀释，即可停止高氯酸氧化作用。

原子吸收测量条件如下：

元素	Cu	Zn
λ/nm	324.8	213.9
I/mA	2	4
光谱通带/nm	2.5	2.1
增益	2	4
燃气	C_2H_2	C_2H_2
助气	空气	空气
火焰	氧化	氧化

七、思考题

试分析原子吸收分光光度法测得土壤或茶叶中金属元素的误差来源可能有哪些。

第四章　水污染控制工程实验

实验 14　混 凝 实 验

一、实验目的

分散在水中的胶体颗粒带有电荷，同时在布朗运动及其表面水化作用下，长期处于稳定分散状态，不能用自然沉淀的方法去除。向水中投加混凝剂后，分散颗粒相互结合聚集增大，使其从水中分离出来。

由于各种原水差别很大，混凝效果不尽相同。混凝剂的混凝效果不仅取决于混凝剂的投加量，还取决于水的 pH、水流速度梯度等因素。

通过本实验，希望达到下述目的：

（1）学会求一般天然水体最佳混凝条件（包括投药量、pH、水流速度梯度）的基本方法。

（2）加深对混凝机理的理解。

二、实验原理

胶体颗粒（胶粒）带有一定电荷，它们之间的静电斥力是影响胶体稳定性的主要因素。胶粒表面的电荷值常用电动电位 ζ 来表示，又称 Zeta 电位。Zeta 电位的高低决定了胶体颗粒之间斥力的大小和影响范围。

Zeta 电位可通过在一定的外加电压下带电颗粒的电泳迁移率来计算：

$$\zeta = \frac{Ku\pi\eta}{HD} \tag{4-1}$$

式中：ζ 为 Zeta 电位值，mV；K 为微粒形状系数，对于全球状，$K=6$；π 为系数，取 3.1416；η 为水的黏度，Pa·s，这里取 $\eta = 10^{-1}$Pa·s；u 为颗粒电泳迁移率，μm·cm/(V·s)；H 为电场强度梯度，V/cm；D 为水的介电常数，$D_{水} = 81$。

Zeta 电位不能直接测定，一般是利用外加电压下追踪胶体颗粒经过一个测定距离的轨迹，以确定电泳迁移率值，再经过计算得出 Zeta 电位。电泳迁移率用式（4-2）计算：

$$u = \frac{BL}{UT} \tag{4-2}$$

式中：B 为分格长度，μm；L 为电泳槽长度，cm；U 为电压，V；T 为时间，s。

一般天然水中胶体颗粒 Zeta 电位在 -30mV 以上，投加混凝剂后，只要该电位降到 -15mV 左右即可得到较好的混凝效果。相反，当 Zeta 电位降到零，往往不是最佳状态。

投加混凝剂的多少，直接影响混凝效果。投加量不足不可能有很好的混凝效果。同样，如果投加的混凝剂过多也未必能得到好的混凝效果。水质是千变万化的，最佳的投药量各不相同，必须通过实验的方法确定。

在水中投加混凝剂如 $Al_2(SO_4)_3$、$FeCl_3$ 后，生成的 Al(III)、Fe(III)化合物对胶体的脱稳效果不仅受投加的剂量、水中胶体颗粒浓度的影响，还受水的 pH 影响。如果 pH 过低（小于 4），则混凝剂水解受到限制，其化合物中很少有高分子物质存在，絮凝效果较差。如果 pH 过高（大于 9），它们就会出现溶解现象，生成带负电的络合离子，也不能很好地发挥絮凝作用。

投加了混凝剂的水中，胶体颗粒脱稳后相互聚结，逐渐变成大的絮凝体，这时水流速度梯度 G 的大小起主要作用。在混凝搅拌实验中，水流速度梯度 G 可按照式（4-3）计算：

$$G = \sqrt{\frac{P}{\mu V}} \qquad (4-3)$$

式中：P 为搅拌功率，J/s；μ 为水的黏度，Pa·s；V 为被搅动的水流体积，m³。

常用的搅拌实验搅拌桨如图 4-1 所示。

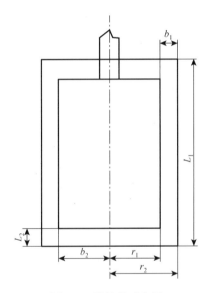

图 4-1　搅拌桨示意图

搅拌功率的计算方法如下：

（1）竖直桨板搅拌功率 P_1：

$$P_1 = \frac{mC_{D1}\gamma}{8g}L_1\omega^3(r_2^4 - r_1^4) \qquad (4-4)$$

式中：m 为竖直桨板块数，这里 m = 2；C_{D1} 为阻力系数，取决于桨板长宽比，见表 4-1；γ 为水的重度，kN/m³；ω 为桨板旋转角速度，rad/s，$\omega = 2\pi n\ \text{rad/min} = \dfrac{\pi n}{30}\ \text{rad/s}$，其中，n 为转速，r/min；$L_1$ 为桨板长度，m；r_1 为竖直桨板内边缘半径，m；r_2 为竖直桨板外边缘半径，m；g 为重力加速度，m/s²。

数据代入式（4-4）得

$$P_1 = 0.2781C_{D1}L_1n^3(r_2^4 - r_1^4) \qquad (4-5)$$

表 4-1　阻力系数 C_D

b/L	小于 1	1～2	2.5～4	4.5～10	10.5～18	大于 18
C_D	1.10	1.15	1.19	1.29	1.40	2.00

（2）水平搅拌桨功率 P_2：

$$P_2 = \frac{mC_{D2}\gamma}{8g}L_1\omega^3 r_1^4 \tag{4-6}$$

式中：m 为水平桨板块数，这里 $m = 4$；其余符号意义同前。

数据代入式（4-6）得

$$P_2 = 0.5472C_{D2}L_2 n^3 r_1^4 \tag{4-7}$$

式中：L_2 为水平桨板宽度，m。

搅拌功率为

$$P = P_1 - P_2 = 0.2781C_{D1}L_1 n^3(r_2^4 - r_1^4) - 0.5472C_{D2}L_2 n^3 r_1^4 \tag{4-8}$$

只要改变搅拌转数 n，就可求出不同的功率 P，由 $\sum P$ 便可求出平均速度梯度：

$$\overline{G} = \sqrt{\frac{\sum P}{\mu V}} \tag{4-9}$$

式中：$\sum P$ 为不同旋转速度时的搅拌功率之和，J/s；其余符号意义同前。

三、实验装置与设备

1. 实验装置

混凝实验装置主要是实验搅拌机，如图 4-2 所示。搅拌机上装有电机的调速设备，电源采用稳压电源。

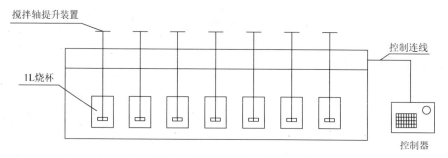

图 4-2　实验搅拌机示意图

2. 实验设备和仪器仪表

（1）实验搅拌机：1 台。

（2）pH 计：1 台。

（3）浊度仪：1 台。

（4）烧杯：1000mL，1 个；200mL，2 个。

（5）量筒：1000mL，1 个。

（6）移液管：1mL、5mL、10mL 各 2 支。

（7）注射针筒、温度计、秒表、擦镜纸等。

四、实验试剂

（1）精制硫酸铝，$Al_2(SO_4)_3 \cdot 8H_2O$，10g/L。

（2）三氯化铁，$FeCl_3 \cdot H_2O$，10g/L。

（3）聚合氯化铝，$[Al_2(OH)_mCl_{6m}]_n$，10g/L。

（4）化学纯盐酸，HCl，10%。

（5）化学纯氢氧化钠，NaOH，10%。

五、实验步骤

混凝实验分为最佳投药量、最佳 pH、最佳水流速度梯度三部分。在进行最佳投药量实验时，先选定一种搅拌速度变化方式和 pH，求出最佳投药量；然后按照最佳投药量求出混凝最佳 pH；最后根据最佳投药量和最佳 pH 求出最佳的水流速度梯度。

在混凝实验中所用的实验药剂可参考下列浓度进行配制。

1. 最佳投药量实验步骤

（1）取 8 个 1000mL 的烧杯，分别放入 1000mL 原水，置于实验搅拌机平台上。

（2）确定原水特征，测定原水水样浑浊度、pH、温度。如有条件，测定胶体颗粒的 Zeta 电位。

（3）确定形成矾花所用的最小混凝剂量。方法是通过慢速搅拌烧杯中 200mL 原水，并每次增加 1mL 混凝剂投加量，直至出现矾花。这时的混凝剂作为形成矾花的最小投加量。

（4）确定实验时的混凝剂投加量。根据步骤（3）得出的形成矾花最小混凝剂投加量，取其 1/4 作为 1 号烧杯的混凝剂投加量，取其 2 倍作为 8 号烧杯的混凝剂投加量，用一次增加混凝剂投加量相等的方法求出 2～7 号烧杯混凝剂投加量，把混凝剂分别加入 1～8 号烧杯中。

（5）启动搅拌机，快速搅拌半分钟，转速约 500r/min；中速搅拌 10min，转速 250r/min；慢速搅拌 10min，转速 100r/min。如果用污水进行混凝实验，污水胶体颗粒比较脆弱，搅拌速度可适当放慢。

（6）关闭搅拌机，静置沉淀 10min，用 50mL 注射针筒抽出烧杯中的上清液（共抽 3 次，约 100mL）放入 200mL 烧杯内，立即用浊度仪测定浊度（每杯水样测定 3 次）记入表 4-2。

2. 最佳 pH 实验步骤

（1）取 8 个 1000mL 的烧杯，分别放入 1000mL 原水，置于实验搅拌机平台上。

（2）确定原水特征，测定原水水样浑浊度、pH、温度。本实验所用原水和最佳投药量实验相同。

（3）调整原水 pH，用移液管依次向 1 号、2 号、3 号、4 号装有水样的烧杯中分别加入 2.5mL、1.5mL、1.2mL、0.7mL 10%的盐酸。依次向 6 号、7 号、8 号装有水样的烧杯中分别加入 0.2mL、0.7mL、1.2mL 10%的氢氧化钠，经搅拌均匀后测定水样的 pH 记入表 4-3。该步骤也可采用变化 pH 的方法，即调整 1 号水杯水样使 pH=3，其他水样的 pH（从 1 号水杯开始）一次增加一个 pH 单位。

（4）用移液管向各烧杯中加入相同剂量的混凝剂（投加剂量按照最佳投药量实验中得出的最佳投药量确定）。

（5）启动搅拌机，快速搅拌半分钟，转速约为 500r/min；中速搅拌 10min，转速 250r/min；慢速搅拌 10min，转速 100r/min。

（6）关闭搅拌机，静置沉淀 10min，用 50mL 注射针筒抽出烧杯中的上清液（共抽 3 次，约 100mL）放入 200mL 烧杯内，立即用浊度仪测定浊度（每杯水样测定 3 次）记入表 4-3。

3. 混凝阶段最佳水流速度梯度实验步骤

（1）按照最佳 pH 实验和最佳投药量实验所得出的最佳混凝 pH 和投药量，分别向 8 个装有 1000mL 水样的烧杯中加入相同的盐酸 HCl（或氢氧化钠 NaOH）和混凝剂，置于实验搅拌机平台上。

（2）启动搅拌机快速搅拌 1min，转速约为 500r/min。随即把其中 7 个烧杯移到别的搅拌机上，1 号烧杯继续以 500r/min 转速搅拌 20min。其他各烧杯分别用 100r/min、150r/min、200r/min、250r/min、300r/min、350r/min、400r/min 搅拌 20min。

（3）关闭搅拌机，静置沉淀 10min，用 50mL 注射针筒抽出烧杯中的上清液（共抽 3 次，约 100mL）放入 200mL 烧杯内，立即用浊度仪测定浊度（每杯水样测定 3 次）记入表 4-4。

（4）测量搅拌桨尺寸（图 4-1）。

六、注意事项

（1）最佳投药量、最佳 pH 实验中，向各烧杯投加药剂时需要同时投加，避免因时间间隔较长造成各水样加药后反应时间长短相差很大，混凝效果悬殊。

（2）在最佳 pH 实验中，用来测定 pH 的水样仍倒入原烧杯中。

（3）在测定水的浊度、用注射针筒抽吸上清液时，不要扰动底部沉淀物。同时，各烧杯抽吸的时间间隔尽量减小。

七、实验记录

1. 最佳投药量实验记录

（1）把原水特征、混凝剂投加情况、沉淀后的剩余浊度记入表 4-2。

表 4-2　最佳投药量实验记录

第_____小组　姓名_____

实验目的_____

原水温度_____℃ 浊度_____度（NTU）　pH_____

原水胶体颗粒 Zeta 电位_____mV　使用混凝剂种类、浓度_____

水样编号		1	2	3	4	5	6	7	8
混凝剂投加量/(mg/L)									
矾花形成时间/min									
沉淀水浊度/NTU	1								
	2								
	3								
	平均								
备注	1	快速搅拌　　min				转速　　r/min			
	2	中速搅拌　　min				转速　　r/min			
	3	慢速搅拌　　min				转速　　r/min			
	4	沉淀时间　　min							
	5	人工配水情况							

（2）以沉淀水浊度为纵坐标、混凝剂投加量为横坐标绘出浊度与药剂投加量关系曲线，并从图中求出最佳混凝剂投加量。

2. 最佳 pH 实验记录

（1）把原水特征、混凝剂投加量、酸碱投加情况、沉淀水浊度记入表 4-3。

表 4-3　最佳 pH 实验记录

第＿＿＿小组　姓名＿＿＿＿＿＿　实验日期＿＿＿＿＿＿＿＿

原水水温＿＿℃　原水浊度＿＿＿＿度（NTU）

原水胶体颗粒 Zeta 电位＿＿＿＿＿＿mV　使用混凝剂种类、浓度＿＿＿＿＿＿＿＿

水样编号		1	2	3	4	5	6	7	8
HCl 投加量/(mg/L)									
NaOH 投加量/(mg/L)									
pH									
混凝剂投加量/(mg/L)									
矾花形成时间/min									
沉淀水浊度/NTU	1								
	2								
	3								
	平均								
备注	1	快速搅拌　　min				转速　　r/min			
	2	中速搅拌　　min				转速　　r/min			
	3	慢速搅拌　　min				转速　　r/min			
	4	沉淀时间　　min							
	5	人工配水情况							

（2）以沉淀水浊度为纵坐标、水样 pH 为横坐标绘出浊度与 pH 的关系曲线，从图中求出所投加混凝剂的混凝最佳 pH 及其适用范围。

3. 混凝阶段最佳速度梯度实验记录

（1）把原水特征、混凝剂投加量、pH、搅拌速度记入表 4-4。

表 4-4　混凝阶段水流速度梯度实验记录

水样编号		1	2	3	4	5	6	7	8
水样 pH									
混凝剂投加量/(mg/L)									
快速搅拌	转速/(r/min)								
	时间/min								
中速搅拌	转速/(r/min)								
	时间/min								
慢速搅拌	转速/(r/min)								
	时间/min								
速度梯度 G/s^{-1}	快速								
	中速								
	慢速								
	平均								
沉淀水浊度/NTU	1								
	2								
	3								
	平均								

（2）以沉淀水浊度为纵坐标、速度梯度 G 为横坐标绘出浊度与 G 的关系曲线，从曲线中求出所加混凝剂混凝阶段适宜的 G 范围。

八、思考题

（1）根据最佳投药量实验曲线，分析沉淀水浊度与混凝剂投加量的关系。

（2）本实验与水处理实际情况有哪些差别？怎样改进？

实验 15　活性污泥性质的测定

一、实验目的

（1）掌握活性污泥性能指标的测定方法。

（2）了解活性污泥的性能与污水处理系统运行状况之间的关系。

二、实验原理

活性污泥法是污水生化处理中使用最广泛的方法。性能良好的活性污泥应具有颗粒松散，易于吸附、氧化有机物的性能；经曝气后，在澄清时，能与水迅速分离，即具有良好的混凝和沉降性能。在实际的废水处理过程中，为了及时了解和控制活性污泥的性质，要经常测定污泥沉降比、污泥浓度、污泥指数等项目。

1. 污泥沉降比

污泥沉降比（SV_{30}）也称污泥沉降体积，是指取 100mL 曝气池混合液于 100mL 量筒中，混合液静置沉淀 30min 后，沉淀污泥与混合液的体积比（%）。由于正常的活性污泥在静置沉淀 30min 后，一般可得它的最大密度，故污泥沉降比可以反映曝气池正常运行时的污泥量，可用于控制剩余污泥的排放。如果测出污泥沉降比很大，就表明曝气池运行不正常，可能会出现污泥膨胀现象。当污泥沉降比小时，表明污泥数量不足，应设法补充，以免影响处理效果。正常的活性污泥沉降比应为 15%～30%。

2. 污泥浓度

污泥浓度（MLSS）即混合液悬浮固体，是指曝气池中污水和活性污泥混合后的混合液悬浮固体数量，或者说，单位体积的曝气池混合水样中所含污泥的干重，单位为 g/L。

测定方法：将定量滤纸放于 105℃烘箱中干燥至恒量（万分之一分析天平称量），将已知质量的滤纸放入布氏漏斗中，再把已知污泥体积的 100mL 量筒内的污泥全部倾入漏斗中，黏附于量筒壁上的污泥用蒸馏水冲洗，也一并倾入漏斗，过滤完毕后，将载有污泥的滤纸移入烘箱中于 105℃烘至恒量，再通过下式来计算：

$$污泥浓度(g/L) = [(滤纸质量 + 污泥干重)–滤纸质量]×10$$

3. 污泥指数

污泥指数（SVI）全称为污泥容积指数，是指曝气池出口处混合液经 30min 静置沉淀后 1g 污泥所占容积，以毫升计，即

$$SVI = 混合液 30min 静置沉淀后污泥容积(mL/L)/污泥干重 = \frac{SV_{30}\%×1000}{MLSS}$$

例如，30min 活性污泥的沉降比为 65%，经烘干后为 3.25g/L（每升活性污泥干重），则污泥指数 = 65%×1000/3.25 = 200。

SVI 值能较好地反映活性污泥的松散程度（活性）和凝聚、沉淀性能，一般在 100 左右。SVI 值过低，说明泥粒细小紧密，无机物多，缺乏活性和吸附能力；SVI 值过高，说明污泥难于沉降分离，即将膨胀或已经膨胀，必须查明原因采取措施。

三、实验仪器

100mL 量筒、定量滤纸、烘箱、万分之一分析天平、布氏漏斗、真空泵等。

四、实验步骤

（1）搅匀曝气池混合液，然后用 100mL 量筒盛取 100mL 混合液体，静置 30min 后读取沉降污泥的体积（V_1）。

（2）组装好抽滤装置，称取 1 张定量滤纸（m_1），过滤步骤（1）中的混合液。

（3）将滤饼放置于 105℃烘箱中干燥至恒量，然后称量（m_2）。

五、数据处理

污泥沉降比：

$$SV_{30} = \frac{V_1}{100} \times 100\%$$

污泥浓度：

$$MLSS(g/L) = (m_2 - m_1) \times 10$$

污泥指数：

$$SVI(mL/g) = \frac{SV_{30}\% \times 1000}{MLSS}$$

实验 16 污泥比阻的测定

一、实验目的

（1）加深理解污泥比阻的概念。

（2）掌握污泥脱水性能的评价方法。

（3）学会确定污泥脱水的药剂种类、浓度、投药量。

二、实验原理

污泥经重力浓缩或消化后，含水率大约为 97%，体积大而不便于运输，因此一般多采用机械脱水，以减小污泥体积。常用的脱水方法有真空过滤、压滤、离心等方法。

污泥机械脱水时以过滤介质两面的压力作为动力，达到泥水分离、污泥浓缩的目的。根据压力差来源的不同，分为真空过滤法（抽真空造成介质两面压力差）、压缩法（介质一面对污泥加压，造成两面压力差）。影响污泥脱水的因素较多，主要有：

（1）原污泥浓度。取决于污泥性质及过滤前浓缩程度。

（2）污泥性质、含水率。

（3）污泥预处理方法。

（4）压力差大小。

（5）过滤介质种类、性质等。

经过实验推导出过滤基本方程式：

$$\frac{t}{V} = \frac{\mu r \omega}{2pA^2} V \tag{4-10}$$

式中：t 为过滤时间，s；V 为滤液体积，m³；p 为压力，Pa 或 mmHg；A 为过滤面积，m² 或 cm²；μ 为滤液的动力黏滞度，Pa·s；ω 为过滤单位体积的滤液在过滤介质上截流的固体质量，kg/m³；r 为比阻，m/kg。

式（4-10）给出了在压力一定的条件下过滤滤液的体积 V 与时间 t 的函数关系，指出了过滤面积 A、压力 p、污泥性能 μ、r 值等对过滤的影响。

污泥比阻 r 值是表示污泥过滤特性的综合指标，其物理意义是：单位质量的污泥在一定压力下过滤时，在单位过滤面积上的阻力，即单位过滤面积上滤饼单位干重所具有的阻力。其大小根据过滤基本方程有

$$r(\mathrm{m/kg}) = \frac{2pA^2}{\mu} \cdot \frac{b}{\omega} \tag{4-11}$$

由于式（4-11）是由实验推导而来，参数 b、ω 均要通过实验测定，不能用公式直接计算。而 b 为过滤基本方程式（4-10）中 t/V-V 直线斜率：

$$b = \frac{\mu \omega r}{2pA^2} \tag{4-12}$$

故以定压抽滤实验为基础，测定一系列的 t-V 数据，即测定不同过滤时间 t 时滤液量 V，并以滤液量 V 为横坐标，t/V 为纵坐标，得知直线斜率为 b。

根据定义，可按式（4-12）求得 ω 值：

$$\omega = \frac{Q_0 - Q_y}{Q_y} \times C_b \tag{4-13}$$

式中：Q_0 为过滤污泥量，mL；Q_y 为滤液量，mL；C_b 为滤饼浓度，g/mL。

再由式（4-11）可求得 r 值。一般认为，比阻在 $10^{12} \sim 10^{13}$ cm/g 的为难过滤的污泥，比阻在 $0.5 \times 10^{12} \sim 0.9 \times 10^{12}$ cm/g 的为中等难度过滤，比阻小于 0.4×10^{12} cm/g 的污泥为容易过滤。

初沉泥的比阻一般为 $4.61 \times 10^{12} \sim 6.08 \times 10^{12}$ cm/g；活性污泥的比阻一般为 $1.65 \times 10^{13} \sim 2.83 \times 10^{13}$ cm/g；腐殖污泥的比阻一般为 $5.98 \times 10^{12} \sim 8.14 \times 10^{12}$ cm/g；消化污泥的比阻一般为 $1.24 \times 10^{13} \sim 1.39 \times 10^{13}$ cm/g；这四种污泥均属于难过滤污泥。一般认为进行机械脱水时，较为经济和适宜的污泥比阻是 $9.81 \times 10^{10} \sim 39.2 \times 10^{10}$ cm/g，故这四种污泥在进行机械脱水前必须进行处理。即采用向污泥中投加混凝剂的方法降低污泥比阻 r 值，达到改善污泥脱水性能的目的。而影响化学调节的因素，除污泥本身的性质外，一般还有混凝剂的种类、浓度、药物投加量和化学反应时间。在相同实验条件下，采用不同药剂、浓度、投加量、反应时间，可以通过污泥比阻实验选择最佳条件。

三、实验装置、仪器及试剂

（1）实验装置如图 4-3 所示。

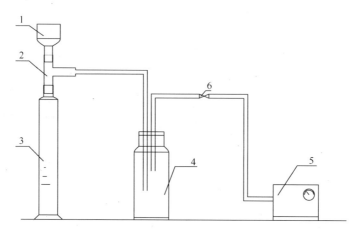

图 4-3　　比阻实验装置图

1. 布氏漏斗；2. 三通；3. 100mL 磨口量筒；4. 缓冲瓶；5. 真空泵；6. 调节阀

（2）秒表、滤纸。

（3）烘箱。

（4）$FeCl_3$、$Al_2(SO_4)_3$、聚丙烯酰胺（PAM）混凝剂。

四、实验步骤

（1）按表 4-5 所给出的安排进行污泥比阻实验。

表 4-5　　测定某消化污泥比阻实验安排表

序号	药剂	加药体积/mL	对应组号
1	硫酸铝（10%）	5	1、2、3
2	硫酸铝（10%）、PAM（0.05%）	各 2.5	4、5、6
3	氯化铁（10%）	5	7、8、9
4	氯化铁（10%）、PAM（0.05%）	各 2.5	10、11、12

（2）先测不加药剂的消化污泥的比阻，然后再按表 4-5 给出的实验内容进行污泥比阻测定。

（a）测定污泥含水率，求其污泥浓度。

（b）布氏漏斗中放置滤纸，用水润湿。开动真空泵，使量筒中成为负压，滤纸紧贴漏斗，调节压力至 0.035MPa，关闭真空泵。

（c）把 100mL 处理好的泥样倒入漏斗，使其依靠重力过滤 1min，再次开动真空泵，记录此时计量筒内的滤液体积 V_0，启动秒表，在整个实验过程中，仔细调节真空调节阀，以保持实验压力恒定。并记录不同过滤时间 t 的滤液体积 V 值。开始过滤时可每隔 10s 或 15s 记录一次，滤速减慢后，可每隔 30s 或 1min 记录一次。

（d）记录过滤到泥面出现龟裂，或滤液达到 85mL 时所需要的时间 t。此指标也可以用作衡量污泥过滤性能的好坏。

（e）测定滤饼厚度及固体浓度。

（f）记录见表 4-6 和表 4-7。

表 4-6　污泥比阻实验记录（不加药剂）

时间 t/s	计量管内滤液 V_1/mL	滤液量 $V=(V_1-V_0)$/mL	t/V/(s/mL)

表 4-7　污泥比阻实验记录（加药剂）

时间 t/s	计量管内滤液 V_1/mL	滤液量 $V=(V_1-V_0)$/mL	t/V/(s/mL)

五、注意事项

（1）过滤称量烘干，放到布氏漏斗内，要先用蒸馏水润湿，而后再用真空泵抽吸，使滤纸贴紧不漏气。

（2）污泥倒入布氏漏斗内会有部分滤液流入量筒，所以在实验正式开始时，应记录量筒内滤液体积 V_0 值。

六、实验记录与数据处理

（1）将实验记录进行整理，t 与 t/V 相对应。

（2）以 V 为横坐标、t/V 为纵坐标绘图，求 b，如图 4-4 所示。或利用线性回归来解 b 值。

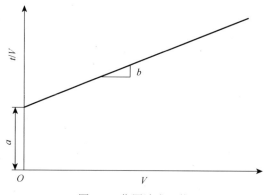

图 4-4　作图法求 b 值

（3）根据下式求 ω：

$$\omega = \frac{C_0 C_b}{C_b - C_0} \quad 或 \quad \omega = \frac{Q_0 - Q_y}{Q_y} \times C_b$$

式中：Q_0 为过滤污泥量，mL；Q_y 为滤液量，mL；C_b 为滤饼浓度，g/mL；C_0 为原污泥浓度，g/mL。

（4）按式（4-11）求各组污泥比阻值。

（5）对正交实验结果进行极差分析与方差分析，找出影响的主要因素和较佳条件。

七、思考题

判断生化污泥、消化污泥脱水性能好坏，并分析其原因。

实验 17　废水可生化性实验

一、实验目的

（1）了解工业污水可生化性的含义。

（2）掌握测定工业污水可生化性的实验方法。

二、实验原理

某些工业污水在进行生物处理时，由于含有生物难降解的有机物、抑制或毒害微生物生长的物质、缺少微生物所需要的营养物质和环境条件，生物处理常不能正常进行。因此需要通过实验来考察这些污水生物处理的可能性，研究某些组分可能产生的影响，确定进入生物处理设备的允许浓度。

如果污水中的组分对微生物生长无毒害抑制作用，微生物与污水混合后，立即大量摄取有机物合成新细胞，同时消耗水中的溶解氧。如果污水中的一种或几种组分对微生物生长有毒害抑制作用，微生物与污水混合后，其降解利用有机物的速率便会减慢或停止。可以通过实验测定活性污泥的呼吸速率，用氧吸收量累计值与时间的关系曲线，呼吸速率与时间的关系曲线来判断某种污水生物处理的可能性，以及某种有害有毒物质进入生物处理设备的最大允许浓度。

三、实验步骤

（1）从城市污水厂曝气池出口取活性污泥混合液，搅拌均匀后，在 6 个反应器内分别加约 1.3L 混合液，再加自来水约 3L，使每个反应器内浓度为 1~2g/L。

（2）开动充氧泵，曝气 1~2h，使微生物处于内源呼吸状态。

（3）除欲测内源呼吸速率的 1 号反应器外，其他 5 个反应器都停止曝气。

（4）静置沉淀，待反应器内污泥沉淀后，用虹吸去除上层清液。

（5）在 2~6 号反应器内均加入从污水厂初次沉淀池出口处取回的城市污水至虹吸前水位，测量反应器内水容积。

（6）继续曝气，并按表 4-8 计算和投加间甲酚。

表 4-8　各生化反应器内间甲酚浓度

生化反应器序号	1	2	3	4	5	6
间甲酚浓度/(mg/L)	0	0	100	300	600	1000

（7）混合均匀后用溶氧仪测定反应器内溶解氧浓度，当溶解氧浓度大于 6mg/L 时，立即取样测定呼吸速率（d[O]/dt）。以后每隔 30min 测定一次呼吸速率，3h 后改为每隔 1h 测定一次，5~6h 结束实验。

呼吸速率测定方法：

用 250mL 的广口瓶取反应器内混合液 1 瓶，迅速用装有溶解氧探头的橡胶塞塞紧瓶口（不能有气泡或漏气），将瓶子放在电磁搅拌器上，启动搅拌器，定期（0.5~1min）测定溶解氧浓度 ρ，并记录，测定 10min。然后以 ρ 对 t 作图，所得直线的斜率即微生物的呼吸速率。

四、实验记录与数据处理

记录实验操作条件：

实验日期_____年_____月_____日。

反应器序号_____。

间甲酚投加量_____g 或_____ mL。

污泥浓度_____g/L。

（1）测定 d[O]/dt 的实验记录可参考表 4-9。

表 4-9　溶解氧测定值

时间 t/min	1	2	3	4	5	6	7	8	9
溶解氧测定仪读数/(mg/L)									

（2）以溶解氧测定值为纵坐标、时间 t 为横坐标作图，所得直线斜率即 d[O]/dt（做 5h 测定可得到 9 个 d[O]/dt 值）。

（3）以呼吸速率 d[O]/dt 为纵坐标、时间 t 为横坐标作图，得 d[O]/dt 与 t 的关系曲线。

（4）用 d[O]/dt 与 t 的关系曲线，参考表 4-10 计算氧吸收量累计值 Q_u。表中 d[O]/dt×t 和 Q_u 可参考式（4-14）和式（4-15）计算：

$$(d[O]/dt \times t)_n = \left[(d[O]/dt)_n + (d[O]/dt)_{n-1}\right] \times \frac{t_n - t_{n-1}}{2} \qquad (4\text{-}14)$$

$$(Q_u)_n = (Q_u)_{n-1} + (d[O]/dt \times t)_n \qquad (4\text{-}15)$$

计算时，$n = 2$、3、4。

表 4-10　氧吸收累计值计算

序号	1	2	3	4	⋯	$n-1$	n
时间 t/h							
d[O]/dt/[mg/(L·min)]							
d[O]/dt×t/(mg/L)							
Q_u/(mg/L)							

（5）以氧吸收量累计值 Q_u 为纵坐标、时间 t 为横坐标作图，得到间甲酚对微生物氧吸收过程的影响曲线。

五、思考题

（1）什么是工业污水的可生化性？

（2）什么是内源呼吸？什么是生物耗氧？

（3）有毒有害物质对生物的抑制或毒害作用与哪些因素有关？

实验 18 曝气设备充氧能力测定实验

一、实验目的

活性污泥处理过程中曝气设备的作用是使空气、活性污泥和污染物三者充分混合，使活性污泥处于悬浮状态，促使氧气从气相转移到液相，从液相转移到活性污泥表面，保证微生物有足够的氧进行物质代谢。

通过本实验希望达到下述目的：掌握测定曝气设备的氧总传递系数（K_{La}）、充氧能力（OC）、动力效率（E），以及它们的计算方法。

二、实验原理

评价曝气设备充氧能力的实验方法主要是在不稳定的状态下进行的，即实验过程中溶解氧浓度是变化的，由零增加到饱和浓度。在生产现场用自来水或曝气池出水的上清液进行实验时，先用亚硫酸钠（或氮气）进行脱氧，使水中溶解氧降到零，然后再曝气，直到溶解氧升高到接近饱和水平。假定这个过程中液体是完全混合的，符合一级动力学反应，根据双膜理论及传质定理，水中溶解氧的变化可以用式（4-16）表示：

$$\frac{dc}{dt} = K_{La}(c_s - c) \tag{4-16}$$

式中：dc/dt 为氧转移速率，mg/(L·h)；K_{La} 为氧的总传递系数，h^{-1}（K_{La} 认为是一种混合系数，是气-液界面阻力和界面面积的函数）；c_s 为实验条件下自来水的溶解氧饱和浓度，mg/L；c 为相应于某一时刻 t 的溶解氧浓度，mg/L。

将式（4-16）积分得

$$\ln(c_s - c) = -K_{La} \times t + 常数 \tag{4-17}$$

式（4-17）表明，通过实验测得 c_s 和相应于某一时刻 t 的溶解氧 c 值后便可绘制出 $\ln(c_s - c)$ 与 t 的关系曲线，其斜率即 K_{La}（图 4-5）。另一种方法是先作 c 与 t 的关系曲线，再作对应于不同 c 值的切线得到 dc/dt，最后作 dc/dt 与 c 的关系曲线，也可求得 K_{La}，如图 4-6 所示。

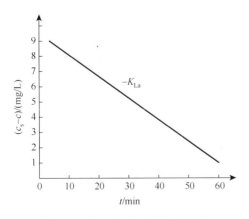

图 4-5 （$c_s - c$）与 t 的关系曲线

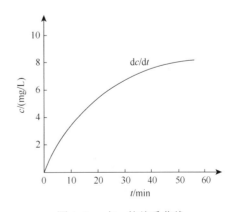

图 4-6 c 与 t 的关系曲线

三、实验装置、仪器与试剂

1. 装置和仪器

实验装置主要部分为模型曝气池及供氧、充氧设备，如图 4-7 所示。

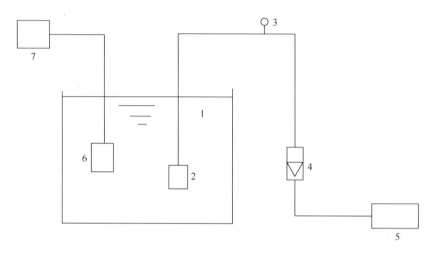

图 4-7　曝气设备充氧能力实验装置

1. 曝气池；2. 曝气头；3. 压力表；4. 气体流量计；5. 曝气泵；6. 溶解氧探头；7. 溶解氧仪

（1）模型曝气池 1 个，有机玻璃制。本实验中采用曝气体积为 5.0L。
（2）溶解氧测定仪 1 台。
（3）空气流量计 20～200mL/min（用 80mL/min）1 只。
（4）压力表 30～1000mmH$_2$O（2.94～9.8kPa）1 只。
（5）空压机 1 台。
（6）秒表 1 只。
（7）三角尺 1 把。

2. 试剂

（1）无水 Na$_2$SO$_3$（化学纯）。
（2）CoCl$_2$（化学纯）。

四、实验步骤

计算 CoCl$_2$ 和 Na$_2$SO$_3$ 的需要量：

$$Na_2SO_3 + 0.5O_2 \longrightarrow Na_2SO_4$$

$$\frac{Na_2SO_3}{0.5O_2} = \frac{126}{16} = 7.9$$

这说明还原 1mg 氧需要 7.9mg Na_2SO_3。当水温为 20℃时，氧的饱和浓度为 9mg/L，消耗的 Na_2SO_3 用量约为 71mg/L，根据池子的容积和自来水的溶解氧浓度可以计算 Na_2SO_3 的理论需要量，实际投加量应为理论值的 150%～220%。计算方法如下：

$$w_1 = V \times c_s \times 7.9 \times (150\% \sim 200\%) \tag{4-18}$$

式中：w_1 为 Na_2SO_3 的实际投加量，g；V 为曝气池体积，L。

催化剂氯化钴的投加量，按池子中的钴离子浓度维持为 0.05～0.5mg/L 计算。

实验具体步骤如下。

（1）曝气池中放入自来水 5.0L，并打开空气转子流量计，在一定流量和压力下进行曝气，0.5～1.0h 后，用溶解氧测定仪测定实验条件下自来水的溶解氧饱和浓度 c_s 和水温，继续曝气。

（2）取出一部分曝气池中的水溶解 Na_2SO_3 和 $CoCl_2$，并将溶液倒入曝气池中，使其迅速扩散。

（3）确定曝气池内测定点（或取样点）位置。在平面上测定点为池子中心点，在立面上布置在水深一半处。

（4）测量测定点的溶解氧浓度并记录，直至溶解氧达到饱和值时结束实验（0.5～1.0min 读数一次）。

（5）重复实验一次。

五、实验记录与数据处理

（1）实验基本参数。

实验日期：_____年_____月_____日。

模型曝气池体积 $V=$_____L。

水温_____℃，室温_____℃，室内大气压_____kPa。

气体流量_____L/h，空气压力_____Pa。

实验条件下自来水的 c_s_____mg/L。

测定点位置 _____。

$CoCl_2$ 投加量_____g。

Na_2SO_3 投加量_____g。

（2）参考表 4-11 记录不稳定状态下充氧实验测得的溶解氧值并进行数据整理。

表 4-11　不稳定状态充氧实验记录

t/min				
c/(mg/L)				
(c_s-c)/(mg/L)				

（3）以溶解氧浓度 c 为纵坐标，时间 t 为横坐标，用表 4-11 中的数据描点作 c 与 t 的关系曲线。

（4）根据 c 与 t 实验曲线计算相应于不同 c 值的 dc/dt，记录于表 4-12。

表 4-12 不同 c 值的 dc/dt

c/(mg/L)				
dc/dt/[mg/(L·min)]				

（5）分别以 $\ln(c_s-c)$ 和 dc/dt 为纵坐标、时间 t 为横坐标，绘制出两条实验曲线。

（6）计算氧总传递系数 K_{La}。

六、思考题

（1）实验期间为什么要保证供气量恒定？否则会产生什么结果？

（2）比较数据整理方法，哪一种误差小些？

（3）c_s 值偏大或偏小对实验结果的影响有哪些？

实验 19　膜法水处理实验

一、实验目的

（1）了解膜分离技术的原理及工艺流程。

（2）了解膜分离技术在水处理中的应用情况。

二、实验原理

膜分离技术是一项高新技术，应用领域十分广阔，目前已广泛应用于水处理、电子、食品、环保、化工、冶金、医药、生物、能源、石油、仿生等领域。

膜分离技术在水处理中的应用主要有：水的深度处理（纯水的制备、直饮水等）；废水回用；造纸废水、染料工业废水、含油废水、乳化油废水、电镀废水、食品工业废水等的处理。膜分离技术是一大类技术的总称，和水处理有关的主要包括微滤、超滤、纳滤和反渗透等。膜分离产品均是利用特殊制造的多孔材料的拦截能力，以物理截留的方式去除水中一定颗粒大小的杂质。在压力驱动下，尺寸较小的物质可以通过纤维壁上的微孔到达膜的另一侧，尺寸较大的物质则不能透过纤维壁而被截留，从而达到筛分溶液中不同大小组分的目的。

这些分离膜的"孔径"和分离的对象见表 4-13。

表 4-13 几类分离技术及其分离特性

膜孔径	微滤（0.05~2.0μm）	超滤（0.05~0.1μm）	纳滤（<0.02μm）	反渗透（<1nm）
截留物	细菌、悬浮物	蛋白质、病毒、胶体	杀虫剂、颜料、胶体	盐
透过物	蛋白质、病毒、盐、胶体	盐、杀虫剂	部分盐	极少量的单价离子，如钠离子、钾离子等

　　表 4-13 显示了水中各种杂质的大小和去除它们所使用的分离方法。反渗透主要用来去除水中溶解的无机盐；而超滤则可以去除病毒、大分子物质、胶体等；微滤一般能够去除水中的细菌、灰尘，具有很好的除浊效果。这些都是传统的过滤（如砂滤、多介质过滤等）无法实现的。因此，使用超滤或微滤替代传统的混凝、过滤，为下游反渗透膜提供最大限度的保护，成为近些年来的一个技术热点。

　　膜的分类：按孔径大小分为微滤膜、超滤膜、纳滤膜、反渗透膜等；按膜材料分为无机膜、有机膜；按膜组件的形式分为卷式膜、管式膜、平板膜、中空纤维膜等。

　　膜分离技术中存在的主要问题是膜的污染和浓差极化。膜污染主要是处理物料中的微粒、胶体、微生物或大分子与膜存在物理化学相互作用或机械作用而引起的在膜表面或膜孔内吸附和沉淀造成膜孔径变小或堵塞，使膜通量和膜的分离特性产生不可逆变化的现象。浓差极化是指被截留的溶质在膜表面处积聚，其浓度会逐渐升高，在浓度梯度的作用下，接近膜面的溶质又以相反方向向溶液主体扩散，平衡状态时膜表面形成溶质分布边界层，对溶剂等小分子物质的运动起阻碍作用。

三、实验装置与仪器

　　（1）实验仪器及材料：浊度仪、细菌测试片、取样瓶、1mL 刻度吸管、酒精灯等。
　　（2）实验装置及工艺流程如图 4-8 和图 4-9 所示。

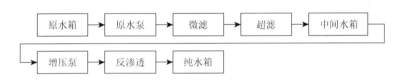

图 4-8　膜分离工艺流程

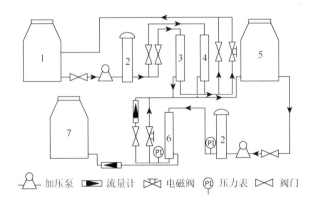

图 4-9　膜法污水深度处理工艺流程图

1. 自来水箱；2. 保安过滤器；3. 低温超滤膜；4. 高温超滤膜；5. 超滤水箱；6. 反渗透膜；7. 反渗透水箱

四、实验步骤

　　（1）按设备操作说明，运行设备半个小时以上，分别取超滤和反渗透出水。
　　（2）分别测水样的浊度及细菌总数。

细菌总数测试片使用说明

Petrifilm Aerobic Count（Petrifilm AC）测试片为预先制备好的培养基系统，它含有标准方法的营养基、一种冷水可溶性的凝胶剂及一种指示剂，利于菌落计数。Petrifilm AC 测试片用于细菌总数测定。

使用步骤：

（1）将测试片置于平坦表面处，揭开上层膜。

（2）使用吸管将 1mL 样液垂直滴加在测试片中央处。

（3）允许上层膜直接落下，切勿向下滚动上层膜。

（4）使压板隆起面朝下，放置在上层膜中央处。

（5）轻轻地压下，使样液均匀覆盖于圆形培养面积上，切勿扭转压板。

（6）拿起压板，静置至少 1min 以使培养基凝固。

（7）测试片的透明面朝上，可堆叠至多不能超过 20 片，对有一定湿度培养箱能保持最少水分损失是需要的。

（8）目视及用标准菌落计数器或其他的照明放大镜计数，可参考判读卡计算菌落数。

（9）可以分离菌做进一步鉴定，即掀起上层膜，由培养胶上挑取单个菌落。

培养方法：置于培养箱内，在（32±1）℃培养 48h。

五、思考题

（1）反渗透膜可以去除水中哪些物质？反渗透膜的出水水质可满足哪些应用？

（2）反渗透膜的影响因素有哪些？

实验 20　气浮实验

一、实验目的

（1）加深对基本概念及原理的理解。

（2）掌握加压溶气气浮实验方法，并能熟练操作各种仪器。

（3）通过对实验系统的运行，掌握加压溶气气浮的工艺流程。

二、实验原理

气浮法是目前水处理工程中应用日益广泛的一种水处理方法。该法主要用于处理水中相对密度小于或接近 1 的悬浮杂质，如乳化油、羊毛脂、纤维及其他各种有机的悬浮絮体等。气浮法的净水原理：使空气以微气泡的形式出现在水中，并自下而上慢慢上浮，在上浮过程中使气泡与水中污染物质充分接触，污染物质与气泡相互黏附，形成相对密度小于水的气水结合物悬升到水面，使污染物质以浮渣的形式从水中分离以去除。

要产生相对密度小于水的气水结合物，应满足以下条件：

（1）水中污染物质具有足够的憎水性。

（2）水中污染物质相对密度小于或接近 1。

（3）微气泡的平均直径应为 50～100μm。

（4）气泡与水中污染物质的接触时间足够长。

气浮净水法按照水中气浮气泡产生的方法可分为电解气浮、散气气浮和溶气气浮。溶气气浮又可分为加压溶气气浮和真空溶气气浮。由于散气气浮一般气泡直径较大，气浮效果较差，而电解气浮气泡直径远小于散气气浮和溶气气浮，但耗电较多。故在目前国内外的实际工程中，加压溶气气浮法应用前景最为广泛。

加压溶气气浮法就是使空气在一定压力的作用下溶解于水中，至饱和状态，然后突然把水的表面压力降到常压，此时溶解于水中的空气便以微气泡的形式从水中逸出。加压溶气气浮工艺由空气饱和设备、空气释放设备和气浮池等组成。其基本工艺流程有全溶气流程、部分溶气流程和回流加压溶气流程。目前工程中广泛采用有回流系统的加压溶气气浮法。该流程将部分废水进行回流加压，废水直接进入气浮池。

加压溶气气浮的影响因素很多，有水中空气的溶解量、气泡直径、气浮时间、气浮池有效水深、原水水质、药剂种类及其加药量等。因此，采用气浮净水法进行水处理时，常要通过实验测定一些有关的设计运行参数。

三、实验装置与试剂

1. 加压溶气气浮实验装置（图 4-10）

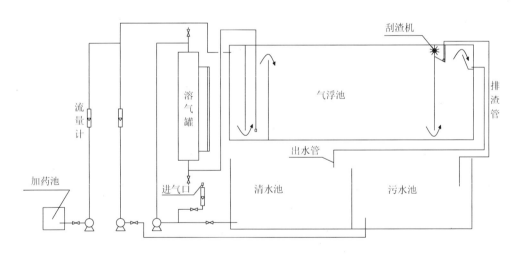

图 4-10　加压溶气气浮实验装置

2. 试剂

（1）硫酸铝。

（2）废水。

（3）水质（SS）分析所需的器材及试剂。

四、实验步骤

（1）首先检查气浮实验装置是否完好。

（2）把自来水加到回流加压水箱与气浮池中，至有效水深的90%高度。

（3）将含有悬浮物或胶体的废水加到污水池中，投加硫酸铝等混凝剂后搅拌混合。

（4）开启加压水泵，加压至0.3～0.5MPa。

（5）待溶气罐中的水位升至液位计中间高度，缓慢地打开溶气罐出水的阀门，使溶气罐的液位保持基本不变，液体流量为2～4L/min。

（6）待空气在气浮池中释放并形成大量微小气泡时，再打开污水池进水泵，废水进水量可按4～6L/min控制。

（7）开启射流器加压至0.3MPa（并开启加压水泵）后，其空气流量可先按0.1～0.2L/min控制。但考虑到加压溶气罐及管道中难免漏气，其空气量可按水面在溶气罐内的液面中间部分控制，多余的气可以通过溶气罐顶部的排气阀排除。

（8）测定废水与处理后水的水质。

（9）改变进水量、溶气罐内的压力、加压水量等，重复实验步骤（4）～（8），测定水的水质。

五、实验结果分析

（1）观察实验装置运行是否正常，气浮池内的气泡是否很微小，若不正常，是什么原因？怎样解决？

（2）计算不同运行条件下废水中污染物（以悬浮物表示）的去除率，以去除率为纵坐标、某一运行参数（如溶气罐的压力、气浮时间或气固比等）为横坐标，画出污染物去除率与其运行参数之间的定量关系曲线。

六、注意事项

（1）气浮压力必须保持0.3～0.5MPa。如低于0.3MPa时，将产生回流，此时需释放压力，重新启动设备。

（2）水箱必须加满，或水位至少高于加压水泵出水口，否则水泵中进入空气后，无法运行。

（3）释放器如发生堵塞时，需开大释放器阀门，对其冲洗。

（4）调节溶气压力时，需调节释放器阀门大小，来调节溶气压力。

（5）实验结束后，加压溶气需先打开放压阀，使其减压后，再将气水放空。

七、思考题

（1）气浮工艺一般适用于什么污水处理？

（2）怎样判断气浮工艺是否正常运行？

实验21　SBR 法水处理工艺

间歇式活性污泥处理系统又称序批式活性污泥处理系统,简称 SBR(sequencing batch reactor)工艺。本工艺最主要的特征是集有机污染物降解与混合液沉淀于一体,与连接式活性污泥法相比,工艺组成简单,无需设污泥回流设备,不设二次沉淀池,一般情况下,不产生污泥膨胀现象,在单一的曝气池内能够进行脱氮和除磷反应,易于自动控制,处理水的水质好。

一、实验目的

(1)了解 SBR 工艺曝气池的内部构造和主要组成。
(2)掌握 SBR 工艺各工序的运行操作要点。
(3)就某种污水进行动态实验,以确定工艺参数和处理水的水质。

二、实验装置的工作原理

SBR 工艺与传统活性污泥法的最大区别是:以时间分割的操作方式代替了传统的空间分割的操作方式;以非稳态的生化反应代替了传统的稳态生化反应;以静置的理论沉淀方式代替了传统的动态沉淀方式。SBR 工艺的核心是 SBR 反应器(池),该池将调节均匀化、初沉、生物降解、二沉等多重功能集于一池,通常情况下,它主要由反应池、配水系统、排水系统、曝气系统、排泥系统,以及自控系统组成。SBR 工艺在运行上的主要特征是顺序、间歇式的周期运行,其一个周期的运行通常可分为以下五个阶段:

(1)流入阶段。将待处理的污水注入反应池,注满后再进行反应。此时反应池起调节池调节均匀化的作用。另外,在注水的过程中也可以配合其他操作,如曝气、搅拌等以达到某种效果。

(2)反应阶段。污水达到反应器设计水位后,便进行反应。根据不同的处理目的,可采取不同的操作,如欲降解水中的有机物(去除 BOD)要进行硝化;吸收磷就以曝气为主要操作方式;若欲进行反硝化反应则应进行慢速搅拌。

(3)沉淀阶段。以理想静态的沉淀方式使泥水进行分离。由于是在静置的条件下进行沉淀,因而能够达到良好的沉淀澄清及污泥浓缩效果。

(4)排放阶段。经沉淀澄清后,将上清液作为处理水排放直至设计最低水位。有时此阶段在排水后可排放部分剩余污泥。

(5)待机阶段。此时反应器内残存高浓度活性污泥混合液。

整个运行如图 4-11 所示。

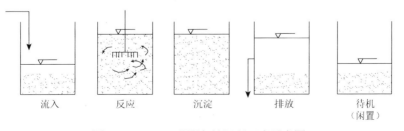

图 4-11　SBR 工艺曝气池运行工序示意图

这五个工序构成了一个处理污水的周期，可以根据需要调整每个工序的持续时间。进水、排水、曝气等均由可编程时间控制器设置的程序自动运行。

三、SBR 法的工艺特点

（1）生化反应推动力大，反应效率高，池内可处于好氧、厌氧交替状态，净化效果好。

（2）运行稳定，污水在理想状态下沉淀，沉淀效率高，排出水水质好。

（3）耐冲击负荷能力强，池内滞流的处理水对污水有稀释、缓冲的作用，可以有效抵抗水量和有机物的冲击。

（4）运行灵活，工序的操作可根据水质水量进行调整。

（5）构造简单，便于操作及维护管理。

（6）控制反应池中的溶解氧（dissolved oxygen，DO）、BOD_5，可有效控制活性污泥膨胀。

（7）适当控制运行方式可实现耗氧、缺氧、厌氧的交替，使其具有较好的脱氮、除磷效果。

（8）工艺流程简单，造价低，无需设二沉池及污泥回流系统，初沉池和调节池通常也可省略，占地面积小。

四、实验装置与仪器

（1）实验装置的组成和规格。

装置本体为一矩形水池，内有曝气管、浮动出水堰、进水管、排水管。

本装置采用间歇式 SBR 反应器，处理水量为 50L/批。

反应器外形尺寸：长×宽×高=800mm×400mm×400mm。

（2）溶解氧测定仪，氧化还原电位测定仪，测定污水水质 BOD_5、COD、SS、NH_3-N、TP 的仪器和化学药品。

五、实验步骤

（1）做好实验前的准备工作。

（a）使用前的检查。①检查关闭以下阀门：进水箱的排空阀门、空气泵的出气阀门、滗水器的出水电磁阀、SBR 反应器的排空阀门。②检查进水泵、空气泵、搅拌器、电磁阀的电源插头，是否插在相应的功能插座上。③检查关闭相应的功能插座上方的开关（有色点的一端翘起为"关"状态，有色点的一端处于低位为"开"状态）。

（b）学习使用数显时间控制器。了解四个时间控制器的控制功能（从左到右）：

第一只，进水自动控制：流入时间约 1h。

第二只，厌氧搅拌时间控制：厌氧时间 1.5～2.5h。

第三只，曝气时间控制：可根据需要任意设置（实验时设置 4～8h）。

静置沉淀时间控制是由曝气与滗水之间的暂停时间来控制：一般控制在 1～2h。

第四只，滗水时间控制：根据需要滗去多少上清液而设置。

闲置时间控制（活性搅拌时间控制）：在 SBR 的闲置期，开启搅拌器对活性污泥进行搅拌和活化，一般为 20～60min。

（c）活性污泥的培养和驯化。①将活性污泥培养液直接倒入 SBR 反应器中，并加入 1L 左右的活性污泥种源。②将每日够用一次的活性污泥培养液倒入进水箱（1/4 箱左右，每日添加）。③设置：SBR 曝气时间 23 小时 20 分钟；静置沉淀时间 30min；滗水时间 30s；闲置期时间（活化搅拌时间）10min。④启动 SBR 反应器让其自动工作。⑤当活性污泥培养到污泥体积的 20%～30%时，便可进行驯化工作。每天在培养液中加入一定量的实验废水进行驯化培养，加入量不断增加，直至活性污泥完全驯化。⑥如果采用人工配制易降解的实验废水进行实验，则无需驯化过程。

（2）将实验废水或人工配制实验废水倒入进水箱。

（3）设置好不同阶段的控制时间。

（4）将电源控制箱插头插上电源，开启总电源空气开关，打开各个功能开关。

（5）打开空气泵出气阀。

（6）可编程时间控制器按至自动状态，SBR 反应器进入自动工作状态。

（7）当设置的滗水时间到了以后，直接从电磁阀出水口取样，进行相关的检测项目测定，得到实验结果。

六、实验完毕后实验装置的复位

（1）关闭空气泵的出气阀。

（2）关闭功能插座上的所有开关。

（3）关闭电源控制箱上的空气开关，拔下电源插头。

（4）打开进水箱、SBR 反应器的所有排空阀门排水。

（5）用自来水清洗各个容器，排空所有积水，待下次实验备用。

七、注意事项

（1）程序控制器如长时间不用，则内部会无电，不能正常工作。此时，需按一下复位按钮，并将电源插上后，才能正常使用。

（2）切换开关形式为：按下是程序控制状态，按上是计算机控制状态。

八、思考题

（1）简述 SBR 法与传统活性污泥法的区别与联系。

（2）简述 SBR 法活性污泥运行过程。

（3）简述 SBR 法在工艺上的特点。

（4）简述滗水器的作用。

实验22　接触氧化池

一、实验目的

生物接触氧化池是生物膜法的一种主要设施，又称淹没曝气式生物滤池。池内设置填料，填料淹没在废水中，池底放置曝气装置，空气来自鼓风机。本实验装置是生物接触氧化池的展览和教学演示设备。通过本实验希望达到以下目的：

（1）了解接触氧化池的内部构造。

（2）掌握接触氧化池的启动方法，观察微生物生长情况，能看到气泡、水流、生物膜的状态。

（3）就某种污水利用该装置进行动态实验，以确定污水的可生化性和工艺参数。

二、实验装置的工作原理

接触氧化池构造如图4-12所示，在运行初期，少量的细菌附着于填料表面，由于细菌的繁殖逐渐形成很薄的生物膜。在溶解氧和食物都充足的条件下，微生物的繁殖十分迅速，生物膜逐渐增厚。溶解氧和污水中的有机物凭借扩散作用，为微生物所利用。但当生物膜达到一定厚度时，氧已经无法向生物膜内层扩散，好氧菌死亡，而兼性细菌、厌氧菌在内层开始繁殖，形成厌氧层，利用死亡的好氧菌为基质，并在此基础上不断发展厌氧菌。

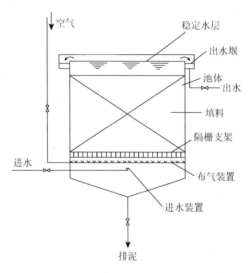

图4-12　接触氧化池结构示意图

经过一段时间后厌氧菌数量开始下降，加上代谢气体产物的逸出，使内层生物膜大块脱落。在生物膜已脱落的填料表面，新的生物膜又重新发展起来。在接触氧化池内，由于填料表面积较大，所以生物膜发展的每个阶段都是同时存在的，使去除有机物的能力稳定在一定的水平上。生物膜在池内呈立体结构，对保持稳定的处理能力有利。

淹没在废水中的填料上长满生物膜，废水在与生物膜接触过程中，水中的有机物均被微生物吸附、氧化分解及转化为新的生物膜。从填料上脱落的生物膜，随水流到二次沉淀池，通过沉淀与水分离，废水得到净化。微生物所需要的氧气来自水中，空气来自池子底部的布气装置，在气泡上升过程中，一部分氧气溶解在水里。

三、设备特点与参数

最大充氧量，$2m^3/h$。

处理水量：50L/h。

设备主体由有机玻璃制成，填料由化学纤维编结成束，呈绳状连接。

反应池尺寸：长×宽×高=410mm×410mm×940mm。

特点如下：

（1）对水冲击负荷（水力冲击负荷及有机浓度冲击负荷）的适应力强，在间歇运行条件下，还能保持良好的处理效率。

（2）有较高的生物浓度，污泥浓度可达 10～20g/L，故大大提高了 BOD 容积负荷处理效率，对低浓度的污水也能有效地进行处理。

（3）传质条件好，微生物对有机物的代谢速度比较快，缩短了处理时间。

（4）剩余污泥量少，污泥颗粒较大，易于沉淀。

（5）操作简单、运行方便、便于维护管理，不需污泥回流，能克服污泥膨胀问题，也不产生滤池蝇。

（6）生物膜的厚度随负荷的增高而增大，负荷过高，则生物膜过厚，引起填料堵塞，故负荷不宜太高。

四、实验装置的组成和规格

装置本体包括：①池体；②半软性填料 1 套；③陶瓷微孔曝气器 1 套。

配套装置包括：①污水进水泵 1 台；②废水配水箱 1 个；③静音充氧泵 1 台；④实验台架 1 套；⑤连接管道、阀门及电器开关等。

装置外形尺寸：长×宽×高=410mm×410mm×940mm。

五、实验步骤

1. 使用前的检查

（1）检查关闭以下阀门：接触氧化反应器的排空阀门、进水箱的排空阀门、空气泵的出气阀门、进水流量计调节阀。

（2）检查进水泵和空气泵的电源插头是否插在相应的功能插座上。

（3）检查关闭两个功能插座上方的控制开关（有色点的一端翘起为"关"状态，有色点的一端处于低位为"开"的状态）。

2. 生物膜的培养与驯化

（1）配制 100L 左右的生物膜培养液（浓度可以比活性污泥培养液低一些），直接倒入生物膜反应器，同时倒入 1L 左右的活性污泥作为接种源。

（2）插上电器控制箱的电源插头，开启总电源空气开关，开启空气泵开关，空气泵开始工作。慢慢开启空气泵的出气阀，调节到反应器的布气头均匀出气，气泡量又不太大为宜（气泡量太大不易挂膜）。曝气过程贯穿整个培养和实验过程不要停止。

（3）如此培养挂膜若干天后，就可以看到有生物膜附着在丝状弹性填料上。此时，每天可以适当排放掉一些沉在底部的污泥。

（4）配制正常浓度的生物膜培养液，倒入进水箱，开启进水泵控制开关，进水泵开始工作。调节进水流量计至停留时间为 6~8h 的进水流量，继续培养生物膜，直至生物膜挂膜完毕。

（5）每天适当地向培养液中添加一些待处理的废水，添加量每天增加，直至生物膜完全适应浓度的废水（实验废水的浓度不能太高，不能含有较多的毒性物质），驯化阶段完毕。

（6）如果采用无毒性的人工配制水进行实验，则无需进行驯化过程。

3. 进行实验

（1）将实验水倒入进水箱。

（2）确定实验所需的反应器停留时间，并计算进水流量。

（3）开启进水泵，调节进水流量计到所需的流量，让反应器处理实验水一定的时间，然后在反应器的溢流槽出水口进行取样，与原水一起进行相关项目的检测，最终取得实验结果。

4. 实验完毕装置的整理

（1）如果在结束本实验后短时间内还要使用该反应器，则可用生物膜培养液来维持反应器的活性状态。如果在结束本实验后较长时间内不再使用该反应器，则将空气泵的出气阀门开到最大，用气泡将生物膜冲刷下来。然后开启反应器的排开阀门，将水和污泥一起排出。

（2）关闭进水泵和空气泵的开关，关闭总电源空气开关，拔下总电源插头。

（3）打开进水箱的排空阀门，放干所有的积水。

（4）用自来水清洗反应器、填料和水箱，并放干所有的积水，待下次实验备用。

六、思考题

（1）该法处理污水有什么特点？

（2）该设备有什么优缺点？有什么需要改进的地方？

实验 23　颗粒自由沉淀实验

一、实验目的

（1）研究浓度较稀时的单颗粒沉淀规律，加深对其沉淀特点、基本概念的理解。

（2）掌握颗粒自由沉淀实验的方法，并能对实验数据进行分析、整理、计算和绘制颗粒自由沉淀曲线。

二、实验原理

浓度较稀的粒状颗粒的沉淀属于自由沉淀，其特点是静沉过程中颗粒互不干扰、等速下降，其沉速在层流区符合斯托克斯（Stokes）公式。但是由于水中颗粒的复杂性，颗粒粒径、颗粒相对密度很难或无法准确地测定，因而沉降效果、特性无法通过公式求得，只能通过静沉实验确定。

由于自由沉淀时颗粒是等速下沉，下沉速度与沉淀高度无关，因而自由沉淀可在一般沉淀柱内进行，但其直径应足够大，一般 $D \geqslant 100\text{mm}$，以免颗粒沉淀受柱壁干扰。

具有大小不同颗粒的悬浮物静沉总去除率（η）与截流速度（u_0）、颗粒质量分数的关系如下：

$$\eta = (1 - P_0) + \int_0^{P_0} \frac{u_s}{u_0}\mathrm{d}P \qquad (4\text{-}19)$$

式中：η 为沉淀效率；u_0 为理想沉淀池截流沉速；P_0 为所有沉速小于 u_0 的颗粒质量占原水中全部颗粒质量的分数；u_s 为小于截流沉速的颗粒沉速。

此种计算方法也称悬浮物去除率的累积曲线计算方法。

设在一水深为 H 的沉淀柱内进行自由沉淀实验。实验开始，沉淀时间为 0，此时沉淀柱内悬浮物分布是均匀的，即每个断面上颗粒的数量与粒径的组成相同，悬浮物浓度为 c_0（mg/L），此时去除率 η =0。

实验开始后，不同沉淀时间 t_i，颗粒沉淀速度 u_i 相应为

$$u_i = \frac{H}{t_i} \qquad (4\text{-}20)$$

式中：u_i 为颗粒沉淀速度，mm/s；H 为取样口至水面高度，mm；t_i 为沉淀时间，min。

此即为 t_i 时间内从水面下沉到池底（此处为取样点）的颗粒所具有的沉速。此时取样点处水样悬浮物浓度为 c_i，未被去除的颗粒所占的分数为

$$P_i = \frac{c_i}{c_0} \qquad (4\text{-}21)$$

式中：P_i 为悬浮颗粒剩余率；c_0 为原水（0 时刻）悬浮颗粒浓度，mg/L；c_i 为 t_i 时刻悬浮颗粒浓度，mg/L。

此时被去除的颗粒所占的分数为

$$\eta_i = 1 - P_i = 1 - \frac{c_i}{c_0} \qquad (4\text{-}22)$$

式中：η_i 为悬浮颗粒去除率。

需要说明的是，实际沉淀时间 t_i 内，由水中沉至池底的颗粒是由两部分颗粒组成，即沉速 $u \geqslant u_i$ 的那部分颗粒可能全部沉至池底。除此之外，颗粒沉速 $u < u_i$ 的那部分颗粒也有一部分能沉至池底。这是因为，这部分颗粒虽然粒径很小，沉速 $u < u_i$，但是这部分颗粒并不都在水

面,而是均匀分布在整个沉淀柱的高度内。因此,只要在水面下它们下沉至池底所用的时间能少于或等于具有沉速 u_i 的颗粒由水面降至池底所用的时间 t_i,那么这部分颗粒也能从水中被除去;沉速 $u < u_i$ 的颗粒虽然有一部分能从水中去除,但其中也是粒径大的沉到池底的多,粒径小的沉到池底的少,各种粒径颗粒去除率并不相同。因此式(4-22)未包含 $u < u_i$ 的那部分颗粒被去除。

注:本实验用浊度代替悬浮物浓度进行各种计算。

三、实验装置与仪器

(1)自由沉淀实验装置如图 4-13 所示。

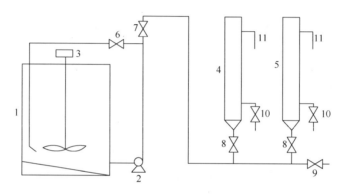

图 4-13　自由沉淀实验装置

1. 配水箱；2. 水泵；3. 搅拌装置；4. 1.2m 高有效水位沉淀柱；5. 0.9m 高有效水位沉淀柱；6. 水循环阀；7. 配水阀门；
8. 沉淀柱底部阀门；9. 排空阀门；10. 取样阀门；11. 溢流管

(2)浊度仪。

四、实验步骤

(1)准备实验原水。取河水或用细土和自来水配制水样,置于水箱中。

(2)开启循环管路阀门,启动水泵和搅拌装置。

(3)水箱内水质均匀后,开启配水阀门,水面高度达到所需高度后停泵;同时开动秒表记录时间,沉淀实验开始。

(4)当时间为 0min、2min、5min、10min、15min、30min、40min、60min 时,取水样测浊度(注意:取水样时,要先放掉管路前端的部分水样,以便冲洗取样口处的沉淀),在每次取样前后读出水面高度 H。相关数据记录在表 4-14 中。

表 4-14　颗粒自由沉淀实验记录

静沉时间 t/min	水样浊度/NTU	取样口至水面高度 H/mm
0		
2		

续表

静沉时间 t/min	水样浊度/NTU	取样口至水面高度 H/mm
5		
10		
15		
30		
40		
60		

五、数据处理

（1）计算悬浮物去除率 η、悬浮物剩余率 P、沉淀速度 u，将结果填入表 4-15。

（2）根据表 4-15 中数据，绘制 t-η 曲线、u-η 曲线、u-P 曲线。

表 4-15 颗粒自由沉淀实验成果表

取样口至水面高度 H/mm	静沉时间 t/min	悬浮物去除率 η /%	悬浮物剩余率 P/%	沉淀速度 u/(mm/s)
	2			
	5			
	10			
	15			
	30			
	40			
	60			

实验 24 普通快滤池

一、实验目的

（1）掌握普通快滤池过滤和反冲洗运转操作的方法。

（2）熟悉各部件的作用，掌握其主要的设计参数。

二、实验装置的工作原理

原水经过沉淀后，水中尚残留一些细微的悬浮杂质，需用过滤的方法去除。过滤就是以具有孔隙的粒状滤料层如石英砂等截留水中杂质，从而使水获得澄清的工艺过程。过滤后水的浊度不超过 1mg/L。滤池有多种形式，以石英砂作为滤料的普通滤池使用历史最悠久。过滤对生活饮用水的水厂来说是不可缺少的。

普通快滤池构造如图 4-14 所示，滤池内从下而上由大阻力配水系统、承托层、滤料层和排水槽等组成，每个滤池有 4 个阀门（进水阀、排水阀、冲洗水阀和清水阀）。当过滤时打开进水阀，水流从上而下穿过滤池，水中悬浮颗粒被滤料截住，清洁水由清水阀排出。当滤料堵塞严重，出水水质变差时，停止过滤，关闭进水阀和清水阀，反冲洗开始。此时打开冲洗水阀，冲洗水从滤池底部进入，自下而上穿过滤池，由于冲洗强度大到足以使滤层膨胀，从而将滤料间的杂质带入水流中，打开排水阀，冲洗水经排水槽排出池外。

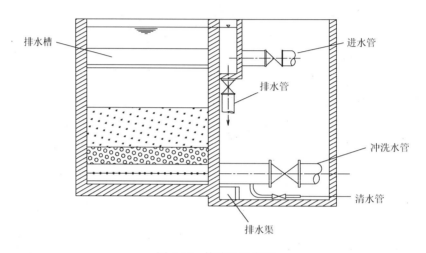

图 4-14　快滤池示意图

三、实验装置的组成和规格

本体包括单个普通快滤池的全部组成，如池体、大阻力配水系统、承托层、滤料、排水槽、进出水管道和阀门，反冲洗进出水管道和阀门等。

配套装置有配水箱、反冲洗水箱、木桌等。

装置分为三格，每格尺寸：长×宽×高=340mm×340mm×677mm。

进水管 DN15mm；反冲洗管 DN32mm。

四、实验步骤

1. 过滤过程

先打开进水管阀门，开启水泵，浊水经排水槽进入每格滤池。水流通过滤料层、大阻力配水系统进入底部空间。然后经排水渠流入清水池。

2. 反洗过程

关闭进水泵，关闭清水排水阀门，打开反冲洗排水口。开启水泵进行反冲洗，反冲洗水通过大阻力配水系统滤层底部，穿过滤料层，进入滤池，经由反冲洗排水管排入污水池。

五、思考题

（1）总结说明快滤池的主要优点及模型存在的问题，有哪些改进措施。
（2）试比较普通滤池与虹吸滤池和 V 型滤池的优缺点。

实验 25　虹 吸 滤 池

一、实验目的

虹吸滤池是对普通快滤池的改进，通常由数格滤池组成一个整体。它不同于普通快滤池的地方是以两根虹吸管——进水虹吸管和排水虹吸管来代替普通快滤池中的大型阀门，并由此导致构造上和工艺操作上的变化。本实验装置是虹吸滤池内部构造的演示模型。

通过对有机玻璃模型直接地观察，加深对虹吸滤池工作原理的理解，掌握虹吸管滤池的操作使用原理。

二、实验装置的工作原理

虹吸滤池是采用真空系统来控制进水虹吸管、排水虹吸管，并采用小阻力配水系统的一种新型滤池。工艺流程详见虹吸滤池工作原理图（图 4-15）。

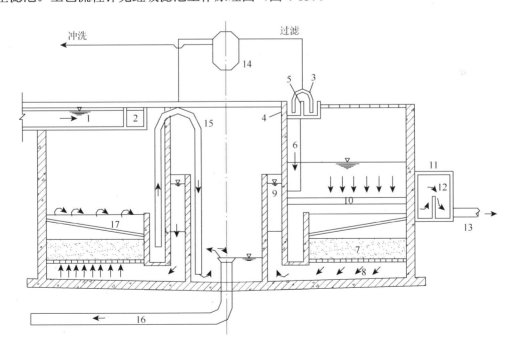

图 4-15　虹吸滤池的构造

1. 进水槽；2. 配水槽；3. 进水虹吸管；4. 单格滤池进水槽；5. 进水堰；6. 布水管；7. 滤层；8. 配水系统；9. 集水槽；
10. 出水管；11. 出水井；12. 出水堰；13. 清水管；14. 真空系统；15. 冲洗虹吸管；16. 冲洗排水管；17. 冲洗排水槽

虹吸滤池因完全采用虹吸真空原理，省去了各种阀门，只在真空系统中设置小阀门即可完成滤池的全部操作过程。虹吸滤池一般是由 6～8 格滤池组成一个整体，滤池底部的清水区和配水系统彼此相通，可利用其他滤格的滤后水来冲洗其中一格；又因这种滤池是小阻力配水系统，可利用出水堰高于排水槽一定距离的滤后水位作为反冲洗的动力（反冲洗水头），因此此种滤池不需专设反冲洗水泵。图 4-15 中右半部表示过滤情况，左半部表示反冲洗过程，反冲洗是来自本组滤池其他数格滤池的过滤水，因此一组滤池的分格数必须满足当一格滤池冲洗时，其余数格滤池过滤总水量必须满足该格滤池冲洗强度要求，公式表示为

$$q \leqslant \frac{nQ}{F} \tag{4-23}$$

式中：q 为冲洗强度，L/(s·m^2)；Q 为每格滤池过滤流量，L/s；F 为单格滤池面积，m^2；n 为组滤池分格数。

式（4-23）也可用滤速表示：

$$n \geqslant \frac{3.9q}{v} \tag{4-24}$$

式中：v 为滤速，m/h。

由于一格滤池冲洗时，一组滤池总进水流量仍保持不变，故在一格滤池冲洗时，其余数格滤池的滤速将会自动增大。

虹吸滤池的主要优点：无需大阀门及相应的开闭控制设备；无需冲洗水塔或冲洗水泵；由于出水堰顶高于滤料层，故过滤时不会出现负水头现象。

虹吸滤池的主要缺点：由于滤池构造特点，池深比普通快滤池大；冲洗强度受其余几格滤池水量影响，故冲洗效果不像普通快滤池稳定。

三、实验设备与仪器

实验装置：本体包括单个虹吸滤池的全部组成，如池体，小阻力配水系统、滤料层、进水虹吸管、进水槽、进水堰、集水槽、出水堰、真空系统、冲洗虹吸管、冲洗排水槽等。

配套装置有：污水配水箱 1 个；进水泵 1 台；实验台架 1 个；连接的管道阀门等。

装置外部尺寸：长×宽×高=800mm×626mm×780mm。

四、实验步骤

1. 过滤过程

先打开进水虹吸管阀门，启动真空泵，使其产生虹吸，则原水由进水管流入配水槽，经虹吸管流入水封槽，水流溢过堰口后，经进水斗进入每格滤池。水流通过滤料层、小阻力配水系统进入底部空间。然后经连通管进入出水槽，再由出水管流入清水池。

2. 反洗过程

随着过滤水头损失的增加，当某一格滤池水位上升到最高水位时，即应进行反洗。首先破

坏虹吸作用，停止进水，则滤池中水位逐渐下降，池速降低；当滤池内水位下降速度显著变慢时，再用抽气泵，使排水虹吸管产生虹吸。

开始阶段，滤池内剩余浑水通过排水虹吸管排走，当池内水位低于出水管的管口标高时，反冲洗开始。当滤池水面降至排水槽顶端时，反冲洗强度达最大值。滤料洗净后，破坏排水虹吸，冲洗停止，仍用水泵使进水虹吸管恢复工作。

五、思考题

（1）测出一格滤池的冲洗膨胀与冲洗强度的变化值。

（2）测出进水虹吸管与排水虹吸管虹吸形成时间（min）。

（3）观察反冲洗时水位变化规律。

（4）通过实验，总结说明此种滤池的主要优点及模型存在的问题，有哪些改进措施。

实验 26　V 型滤池

一、实验目的

V 型滤池的特点是石英砂滤料粒径比较均匀，滤层含污能力较强。与其他滤料相比，在同样滤速时，过滤周期较长；在相同过滤周期时，滤速可以提高。一些城市水厂，在改造原有滤池时，采用了均粒滤料，取得了良好效果，如生产水量增加、过滤周期长、水头损失增长慢、反冲洗耗水量少于普通快滤池。本实验装置是 V 型滤池，内部构造与处理净化的模拟实验装置。

通过对池体的直观观察，加深对 V 型滤池工作原理的理解，掌握气水反冲程度的操作与使用。

二、实验装置的工作原理

V 型滤池构造如图 4-16 所示。

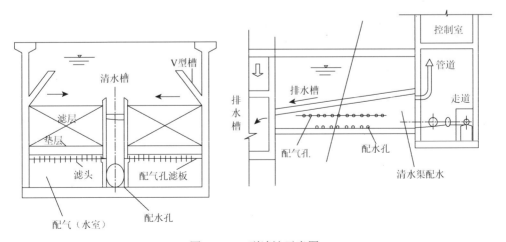

图 4-16　V 型滤池示意图

进水由 V 型槽均匀流入池内，排水槽设在中间便于表面冲洗水就近流入排水渠，排水渠的一侧有排水阀。排水槽下层为清水渠，清水渠同时作为气冲和水冲总渠，沿渠的孔口可将空气和水均匀分布到每个滤池的配气（水）室。

过滤时，待滤水由进水总渠经水气动隔膜阀和方孔后，溢过堰口再经侧孔进入 V 型槽，V 型槽底小孔和槽顶溢流堰溢流，均匀进入滤池，而后经过砂滤层和长柄滤头流入底部空间，再经方孔汇入中央气水分配渠内，最后沿管道经水封井、出流堰、清水渠流入清水池，滤速选用 7～20m/h，视原水水质变化自动调节出水蝶阀开启来实现等速过滤。

反冲洗时，首先要关闭进水阀，但两侧方孔常开，故仍有一部分水继续进入 V 型槽，并经槽底小孔进入滤池。而后开启排水阀，将池面水从排水槽中排出至滤池水面与 V 型槽顶相平。冲洗操作可采用："气冲→气-水同时冲→水冲"三步，也可采用："气-水同时反冲→水冲"两步。

三步冲洗过程：

（1）启动鼓风机，打开进气阀，空气经气、水分配渠的上部小孔均匀进入滤池底部，由长柄滤头喷出，将滤料表面杂质擦洗下来并悬浮于水中。由 V 型槽小孔继续扫洗，将杂质推向中央排水渠。

（2）启动冲洗水泵、打开冲洗水阀，此时空气和水同时进入气、水分配渠，再经方孔、小孔和长柄滤头均匀进入滤池，使滤料进一步冲洗，同时继续横向冲洗。

（3）停止气冲，单独用水再反冲洗几分钟，加上横向扫洗，最后将悬浮于水中杂质全部冲入排水槽。

采用气水反冲洗，在冲洗时的冲洗强度见表 4-16。

表 4-16　气水反冲洗在冲洗时的冲洗强度

冲洗类型	冲洗强度/[L/(m³·s)]	冲洗历时/min
气冲	14～17	4
气冲 + 水冲	（14～17）+（4）	4
水冲	（4）	2
横向扫洗	1.4～2.0	开始至结束

因水流反洗强度小，故滤料不会膨胀。总的反洗时间约为 10min。其主要特点有：

（1）可采用较粗滤料、较厚的滤层以增大过滤周期。由于反冲洗滤层不膨胀，故整个滤层在深度方向的粒径分布基本均匀，不发生水力分级现象（此为"均质滤料"），提高滤层含污能力。一般采用石英砂，有效粒径 $d_{10}=1.95～1.50mm$，不均匀系数 $K_{80}=1.2～1.6$，滤层厚度为 0.95～1.5m。

（2）气、水反冲再加始终存在的横向表面扫洗，冲洗效果好，大大减少了冲洗水量。

三、实验装置的组成和规格

本体包括 V 型滤池的全部组成，即池体、小阻力配水系统、配气空滤板、气吸管、水冲洗水管、滤料层、进水 V 型槽、排水槽、清水渠、排水渠等。

配套实验装置有：进水与反冲洗泵一台、空气压缩机一台、废水水箱一个、反洗水箱一个、排水软管一根、实验台架一套、连接的管道、阀门等。

气冲洗强度15～20L/(m²·s)，冲洗时间3min，水冲洗强度8～10L/(m²·s)，冲洗时间4～5min。

装置外形尺寸：长×宽×高=820mm×550mm×700mm。

四、实验仪器

浊度仪、滤纸、天平、pH计等。

五、思考题

（1）V型滤池的V型槽有什么作用？

（2）气冲有什么优点？需要注意什么？

（3）总结V型滤池的主要优点、模型存在的问题及改进措施。

实验27　机械反应斜板沉淀池

一、实验目的

（1）通过模型的模拟实验，进一步了解斜板沉淀池的构造及工作原理。

（2）掌握斜板沉淀池的运行操作方法。

（3）了解斜板沉淀池运行的影响因素。

二、实验原理

给水处理中澄清工艺通常包括混凝、沉淀和过滤，处理对象主要是水中悬浮物和胶体杂质。原水加药后，经混凝使水中悬浮物和胶体形成大颗粒絮凝体，而后通过沉淀池进行重力分离。机械反应斜板（斜管）沉淀池就是混凝、沉淀两种功能的净水构筑物。本模型就是展示机械反应池和斜板（斜管）沉淀池内部构造的演示装置。

斜板沉淀池是由与水平面呈一定角度（一般60°左右）的众多斜板放置于沉淀池中构成的，其中的水流方向从下向上（或从上向下）流动或水平方向流动，颗粒则沉淀于斜板底部，当颗粒累积到一定程度时，便自动滑下。

斜板沉淀池在不改变有效容积的情况下，可以增加沉淀池面积，提高颗粒的去除效率，将斜板于水平面搁置到一定角度放置有利于排泥，因而斜板沉淀池在生产实践中有较高的应用价值。

按照斜板沉淀池中的水流方向，斜板沉淀池可分为以下四种类型。

1. 异向流斜板沉淀池

水流方向与污泥沉降方向不同，水流向上流动，污泥向下滑，异向流斜板沉淀池是最常用的沉淀池之一。

2. 同向流斜板沉淀池

水流方向与污泥沉降方向相同，与异向流相比，同向流斜板沉淀池由于水流方向与沉降方向相同，因而有利于污泥的下滑，但其结构较复杂，应用不多。

3. 横向流斜板沉淀池

斜板沉淀池在长度方向布置其斜板，水流沿池长方向横向流过，沉淀物沿斜板滑落，其沉淀过程与平流式沉淀池类似。

4. 双向流斜板沉淀池

在沉淀池中，既有同向流斜板又有异向流斜板组合而成的斜板沉淀池。

三、实验装置

1. 机械反应池

机械反应池就是利用电动机减速装置驱动搅拌器对水进行搅拌，将池内分成三格，每格均安装一台搅拌器，为适应絮凝体由大到小形成规律，第一格内搅拌强度最大，而后逐渐减小。

2. 斜板（斜管）沉淀池

斜板（斜管）沉淀池由于改善水力条件，增加沉淀面积，因此是一种高效的沉淀装置。常用异向流斜板（斜管）沉淀池，工作原理是：在反应池已成絮体的水流，从池下部配水区进入，从下而上穿过斜管区，沉淀颗粒沉于斜管上，然后沿斜管滑下，由于水流方向和污泥流向相反，所以称为异向流。清水经池上部进入集水槽，流向池外。

实验装置的组成和规格：斜板倾角 60°；机械搅拌转速 55r/min（可调）；处理水量 100～200L/h；水力停留时间 1～2h。

本体由机械絮凝池和斜板（斜管）沉淀池两部分组合在一起，包括池体和池内所有的装置（图 4-17）。

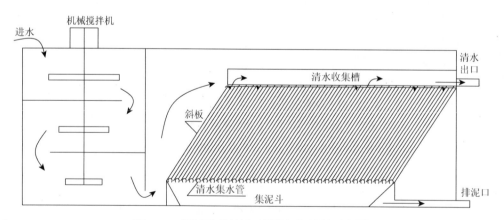

图 4-17　机械反应斜板（斜管）沉淀池示意图

四、实验步骤

（1）用清水注满沉淀池，检查是否漏水，水泵与阀门等是否正常完好。

（2）一切正常后，测量并记录原水的 pH、温度、浊度。

（3）将混凝剂投入絮凝池中，使水出现矾花。

（4）打开电源，启动水泵电机，将水样打入机械反应斜板（斜管）沉淀池，并调整流量。流量调整要适当，过大会降低沉淀效果。具体选择视具体废水水质而定。

（5）待处理完毕，手动停机，取样化验，并开泵抽洗内腔。

（6）测定进出水样悬浮性固体量。悬浮性固体的测定方法如下：首先调烘箱至（105±1）℃，叠好滤纸放入称量瓶中，打开盖子，将称量瓶放入 105℃ 的烘箱烘至恒量。然后将已恒量的滤纸取出放在玻璃漏斗中，过滤水样，并用蒸馏水冲净，使滤纸上得到全部悬浮性固体，最后将带有滤渣的滤纸移入称量瓶，烘干至恒量。

（7）悬浮性固体计算：

$$c = \frac{(w_2 - w_1) \times 1000 \times 10}{V} (\mathrm{mg/L}) \tag{4-25}$$

式中：w_1 为称量瓶质量 + 滤纸质量，g；w_2 为称量瓶质量 + 滤纸质量 + 悬浮性固体质量，g；V 为水样体积，100mL。

（8）计算不同流速条件下，沉淀物的去除率。设进水悬浮物浓度 c_0，出水的悬浮物浓度 c_i：

$$E = \frac{c_0 - c_i}{c_0} \times 100\% \tag{4-26}$$

（9）定期从污泥斗中排泥。

五、实验记录与数据处理

（1）根据测得的进出水浊度计算去除率。

（2）将实验中测得的各个技术指标填入表 4-17 中。

表 4-17　实验记录表

序号	原水			投药		浊度			观察悬浮矾花层变化情况
	pH	水温/℃	流量/(L/h)	名称	投药量/(mg/L)	进水	出水	去除率/%	
1									
2									
3									
4									
5									

六、思考题

（1）机械反应斜板（斜管）沉淀池与其他沉淀池相比较有什么优点？
（2）机械反应斜板（斜管）沉淀池的运行方式是怎样的？

七、可能故障及处理

1. 空气开关经常跳闸

水泵电机或电机烧毁短路，或启动电容损坏，找出故障更换维修，或换新泵。

2. 漏电保护器动作

本机水泵电机或控制器处有短路现象，找出故障维修或更换。

3. 水泵不上水

水泵水管堵塞，或自吸灌水管灌水太少。

实验 28 平流式沉淀池

一、实验目的

（1）通过对有机玻璃装置直接观察，加深对其构造的认识，了解各部分的名称和功能。
（2）掌握沉淀池中水的流向，了解其沉淀的原理。

二、实验装置的工作原理

平流式沉淀池是一种大型的沉淀池，在给水和污水处理中均有广泛应用。用于生物处理后的工业废水、生活污水沉淀和只加药絮凝污水的沉淀。本实验装置是平流式沉淀池内部构造的演示与实验装置（图 4-18）。平流式沉淀池呈长方形，污水从池的一端，水平方向缓慢流过池子，从池的另一端流出。可沉悬浮物在沉淀区逐渐沉向池底，在池的底部设污泥斗，其他部位池底有倾向污泥斗的坡度。

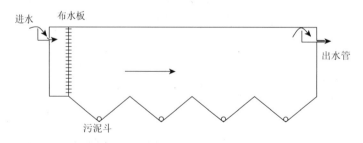

图 4-18 平流式沉淀池示意图

平流式沉淀池应用较多，废水一般来自絮凝池，絮体约在池前端 1/3 池长度内最多，下沉污泥由集泥斗收集后经排泥管排出，清水经水槽流出。平流式沉淀池宜采用长、狭、浅的池型，可减少短流，保持稳定运行，平流式沉淀池的储泥斗单独设置排泥管，独立排泥，保证沉泥的浓度。平流式沉淀池对水质、水量变化的适应性强，处理效果稳定，结构简单，池深度较浅，造价较低，管理方便，沉淀效果好，因此是一种常用的沉淀池形式。

平流式沉淀池各部位作用如下：

（1）进水槽的作用是使水流均匀地分布在整个进水断面上，尽可能减少扰动。一般做法是使水流从反应池直接流入沉淀池。

（2）沉淀后的水应尽量在出水区均匀流出。出水堰是沉淀效果好坏的重要条件，它不仅控制池内水面的高度，而且对池内水流的均匀分布有影响。

（3）为了阻挡浮渣，应设置挡板。

（4）沉淀区是可沉颗粒与水进行分离的区域。沉淀区的长度 L 取决于水平流速 v 和停留时间 t，即 $L=vt$。沉淀池的宽度取决于流量 Q、池深 H 和水平流速 v，即 $B=Q/Hv$。沉淀区的长、宽、深之间的相互关系应综合研究决定，并核算表面负荷率。一般长宽比小于 4，长深比应不小于 10。

（5）及时排除沉于池底的污泥是使沉淀池工作正常、保证出水水质的一项重要措施。为了便于排泥，沉淀池多采用斗形底。污泥斗的数量和大小应根据原水浊度、沉淀池尺寸等通过技术先进性与经济合理性比较确定。

（6）污泥斗底部设有排泥管，当阀门开启时，在静水压力作用下，斗中污泥排出池外。

三、实验仪器

测定浊度（NTU）和悬浮物浓度（SS）仪器，化学药剂。

四、实验步骤

（1）用清水注满沉淀池，检查是否漏水，水泵与阀门等是否正常完好。

（2）一切正常后，测量并记录原水的 pH、温度、浊度。

（3）将混凝剂投入原水，使水出现矾花。

（4）打开电源，启动水泵电机，将水样打入平流式沉淀池，并调整流量。流量调整要适当，过大会降低沉淀效果。具体选择视具体废水水质而定。

（5）待处理完毕，手动停机，取样化验。

（6）测定进出水样悬浮性固体量。悬浮性固体的测定方法如下：首先调烘箱至（105±1）℃，叠好滤纸放入称量瓶中，打开盖子，将称量瓶放入 105℃ 的烘箱烘至恒量。然后将已恒量的滤纸取出放在玻璃漏斗中，过滤水样，并用蒸馏水冲净，使滤纸上得到全部悬浮性固体，最后将带有滤渣的滤纸移入称量瓶，烘干至恒量。

（7）悬浮性固体计算：

$$c=\frac{(w_2-w_1)\times1000\times10}{V}(\mathrm{mg/L}) \tag{4-27}$$

式中：w_1 为称量瓶质量 + 滤纸质量，g；w_2 为称量瓶质量 + 滤纸质量 + 悬浮性固体质量，g；V 为水样体积，100mL。

（8）计算不同流速条件下，沉淀物的去除率。设进水悬浮物浓度 c_0，出水的悬浮物浓度 c_i：

$$E = \frac{c_0 - c_i}{c_0} \times 100\% \qquad (4\text{-}28)$$

（9）定期从污泥斗中排泥。

五、实验记录与数据处理

（1）根据测得的进出水浊度计算去除率。

（2）将实验中测得的各个技术指标填入表 4-18 中。

表 4-18　实验记录表

序号	原水			投药		浊度			观察悬浮矾花层变化情况
	pH	水温/℃	流量/(L/h)	名称	投药量/(mg/L)	进水	出水	去除率/%	
1									
2									
3									
4									
5									
6									

六、思考题

（1）平流式沉淀池与其他沉淀池相比较有什么优点？

（2）平流式沉淀池的运行方式是怎样的？

实验 29　竖流式沉淀池

一、实验目的

（1）通过对有机玻璃装置直接观察，加深对其各部分的形状、位置的了解。

（2）掌握水的流动方式，熟悉导流筒、挡板、出水槽、污泥区的作用。

二、实验装置的工作原理

沉淀池是分离悬浮物颗粒的一种主要处理构筑物，通常按水流方向来区分，有平流式、竖流式和辐流式三种。竖流式沉淀池适合于处理小型给水或污水处理工程。本实验装置是竖流式沉淀池的内部构造的演示。

竖流式沉淀池构造见示意图（图 4-19）。池型多为圆形，水从设在池中心的导流筒进入，再从下部经过反射板均匀地、慢慢地进入水池内。污水是在池的下部向上做竖向流动，而水中的悬浮颗粒是在承受竖直向上的水流速度与颗粒本身的重力产生的颗粒的下沉速度这两个速度的差值作用下产生运动。当可沉淀颗粒属于自由沉淀类型时，其沉淀效果要比平流式低一些。当应用于絮凝沉淀和区域沉淀时，由于"悬浮差"作用，竖流式沉淀池更具有独特的作用。

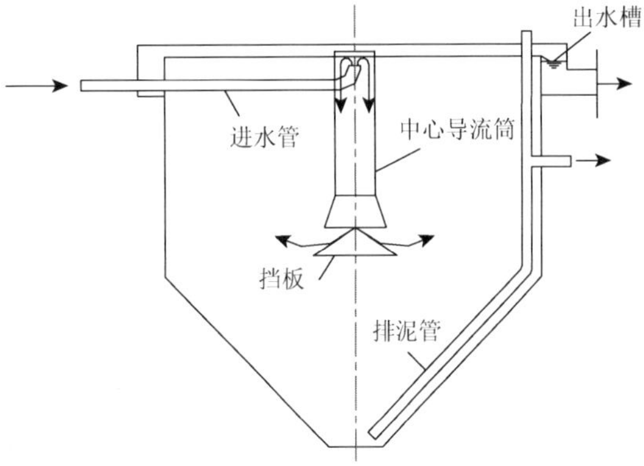

图 4-19　竖流式沉淀池示意图

三、实验装置的组成和规格

装置工作电压：AC220V；总功率：100W。

池体外形尺寸：直径×高＝400mm×600mm。

水力停留时间：1～2.5h。

处理水量：10～25L/h。

池体材质：有机玻璃制。

本体包括竖流沉淀池的全部组成，即池体、进水管、中心导流筒、挡板、出水槽、出水管、排泥管、放空管。

配套装置有：配水箱一只（PVC 制，有效容积 50L），进水泵一个，不锈钢进水泵一个，流量计一个，实验台架一台，连接的管道、阀门等，电器控制开关一套。

四、实验仪器

测定浊度和悬浮物的仪器和设备，如浊度仪、烘箱、天平、漏斗、抽滤设备、滤纸等。

五、实验步骤

（1）用清水注满沉淀池，检查是否漏水，水泵与阀门等是否正常完好。

（2）一切正常后，测量并记录原水的 pH、温度、浊度。

（3）将混凝剂投入原水，使水出现矾花。

（4）打开电源，启动水泵电机，将水样打入竖流式沉淀池，并调整流量。流量调整要适当，过大会降低沉淀效果。具体选择视具体废水水质而定。

（5）待处理完毕，手动停机，取样化验，并开泵抽洗内腔。

（6）测定进出水样悬浮性固体量。悬浮性固体的测定方法如下：首先调烘箱至（105±1）℃叠好滤纸放入称量瓶中，打开盖子，将称量瓶放入 105℃的烘箱烘至恒量。然后将已恒量的滤纸取出放在玻璃漏斗中，过滤水样，并用蒸馏水冲净，使滤纸上得到全部悬浮性固体，最后将带有滤渣的滤纸移入称量瓶，烘干至恒量。

（7）悬浮性固体计算：

$$c = \frac{(w_2 - w_1) \times 1000 \times 10}{V} (\mathrm{mg/L}) \tag{4-29}$$

式中：w_1 为称量瓶质量＋滤纸质量，g；w_2 为称量瓶质量＋滤纸质量＋悬浮性固体质量，g；V 为水样体积，100mL。

（8）计算不同流速条件下，沉淀物的去除率。设进水悬浮物浓度 c_0，出水的悬浮物浓度 c_i：

$$E = \frac{c_0 - c_i}{c_0} \times 100\% \tag{4-30}$$

（9）定期从污泥斗中排泥。

六、实验记录与数据处理

（1）根据测得的进出水浊度计算去除率。

（2）将实验中测得的各个技术指标填入表 4-19 中。

表 4-19　实验记录表

序号	原水			投药		浊度			观察悬浮矾花层变化情况
	pH	水温/℃	流量/(L/h)	名称	投药量/(mg/L)	进水	出水	去除率/%	
1									
2									
3									
4									
5									

七、思考题

（1）竖流式沉淀池与其他沉淀池相比较有什么优点？

（2）竖流式沉淀池的运行方式是怎样的？

第五章　大气污染控制工程实验

实验 30　模拟有机废气的催化净化

一、实验目的

从涂料、印刷、喷漆、电缆、制鞋等行业的生产过程排放出含有多种有机物的废气，其中大多数为挥发性有机物（VOCs）。这些废气的排出将对大气环境造成严重污染。催化燃烧法净化废气中 VOCs 可在较低温度下进行，且不产生二次污染，不受组分浓度限制，因此应用广泛。本实验用乙醇模拟有机废气，通过本实验应达到下列要求：

（1）学会自行设计并安装实现催化反应的简易工艺流程及装置，掌握有关仪器设备的使用方法。

（2）学会催化剂活性测定的基本方法，并学习选择和评价催化剂。

（3）学会工艺条件的实验方法，通过实验选择适宜的工艺参数，为催化反应装置的设计提供依据。

二、实验原理

有机废气在一定的温度下可发生氧化反应，生成无害的二氧化碳和水，直接燃烧有机废气所需温度较高，并伴有火焰产生。若采用适合的氧化型催化剂，则可使燃烧温度降低，在较低的温度下将有机物氧化分解为二氧化碳和水，且无火焰产生。

催化反应必须在一定的温度下才能发生，只有温度达到某一值时，催化反应才能以明显的速度进行，这个温度称为催化剂的起燃温度，起燃温度的高低及有机废气转化率的大小是评价催化剂活性的标志。

三、实验装置

1. 设备参数

不锈钢管式反应器	内径：20mm 长度：550mm 最高使用压力：0.25MPa 加热功率：3.5kW 最高使用温度：700℃ 控温精度：±0.5%FS（full scale 满量程）
AI 人工智能调节器	测量精度：±0.5%FS
预热器	最高使用温度：200℃ 控温精度：±0.5%FS 加热功率：0.5kW

2. 工艺流程

实验装置流程如图 5-1 所示。

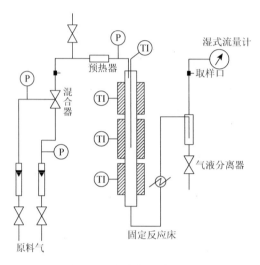

图 5-1　实验装置流程图

四、实验步骤

（1）反应气的加入。打开"气体 1 截止阀"、"气体 2 截止阀"，调节转子流量计上的调节旋钮至所需流量。注意观察各气体压力，以及反应器内压力的变化。如需进行预热则根据需要开启"预热器加热开关"，调节"预热电流调节"，对预热器温度进行控制。

（2）加热控制。本装置共有三组加热器，开启"上段加热开关"、"中段加热开关"、"下段加热开关"，根据需要温度不同，调节"上段电流调节"、"中段电流调节"、"下段电流调节"，对反应器温度进行控制。为了达到最佳温度控制，在使用前应对 AI 人工智能调节器进行设定。

（3）当开始反应时，应控制测量热点温度的热电偶在催化剂床层的温度最高处（指放热反应）。反应初期应每小时检查热点温度一次；系统反应稳定后，应每天至少检查热点温度一次。

（4）结束实验。反应结束后，将各加热电流均调至 0，按催化剂要求通入原料气或惰性气体对系统进行降温，待反应器降至催化剂要求范围时，停止通气。

五、实验记录与数据处理

1. 实验数据的记录

（1）色谱工作条件记录：

使用仪器类型：　　　　　监测器：　　　　　氢气：

型号：　　　　　　　　　灵敏度：　　　　　空气：

柱类型：　　　　　　　　载气类型：　　　　检测器温度：

柱规格：　　　　　　　　载气流量：　　　　进样器温度：

　　　　　　　　　　　　　　　　　　　　柱温：

（2）标样记录（取 2μL 稀释到 100mL）于表 5-1。

表 5-1　标样记录

样品	色谱峰面积	平均值	浓度/（mg/m³）
标样 1			
标样 2			
标样 3			

（3）催化操作记录于表 5-2。

表 5-2　催化净化实验记录

温度/℃	峰面积	浓度/（mg/m³）	净化效率/%
150			
180			
200			
220			
240			
260			
280			
300			

2. 实验数据的处理

（1）气体中乙醇浓度的计算：

$$\rho_i = \rho_0 s_i / s_0$$

式中：ρ_i 为乙醇的浓度，mg/m³；ρ_0 为乙醇标准样品的浓度，mg/m³；s_0 为乙醇标准样品的峰面积，mV·s；s_i 为乙醇的峰面积，mV·s。

（2）催化剂产品基本参数：实验得出催化剂起燃温度_____℃，空速_____h⁻¹。

3. 实验结果

实验结果列于表 5-3。

表 5-3　实验结果及计算值

序号	净化效率/%	温度/℃	空速/h⁻¹
1			
2			
3			
4			

六、思考题

（1）影响催化净化的效果有哪些？
（2）当进一步提高模拟有机废气浓度时会产生什么结果？

实验 31　废气吸附处理实验

活性炭吸附广泛用于大气污染、水质污染和有毒气体的净化领域。吸附法净化气态污染物是一种简便的方法。利用活性炭的物理吸附性能和大的比表面积，可将废气中污染气体分子吸附在活性炭上，达到净化的目的。

本实验采用填充床吸附器，用活性炭作为吸附剂，吸附净化浓度约为 500×10^{-6}（体积分数）的模拟 SO_2 烟气，得出吸附净化穿透曲线，并由此计算动态吸附量、失效时间、传质区高度等。

一、实验目的

（1）深入理解吸附法净化有害废气的原理和特点。
（2）加深对吸附过程和穿透曲线的理解。
（3）掌握活性炭吸附法的工艺流程和吸附装置的特点。
（4）掌握通过实验手段获得吸附床参数的方法。
（5）训练工艺实验的操作技能，掌握主要仪器设备安装和使用。
（6）掌握活性炭吸附法中的样品分析和数据处理的技术。
（7）学习活性炭吸附剂的再生吸附实验。

二、实验原理

活性炭是基于其较大的比表面积和较好的物理性能而吸附气体中的 SO_2，产生物理吸附作用的力主要是分子间的引力。含污染物的气体通过活性炭床层，由于吸附速率的影响，形成一个传质吸附区，在稳定后，传质区沿气流方向向前推进。床尾气流浓度一开始保持不变，达到破点后，逐渐升高直到接近进口浓度。

三、实验步骤

（1）首先检查设备有无异常（漏电、漏气等），一切正常后开始操作。
（2）启动气泵电源，开始进气，将进气流量计调节至 $1.5 \sim 2m^3/h$。
（3）先将 SO_2 气体流量计打开，再启动进气电磁阀，打开钢瓶阀门并调节进气浓度（0.1%～0.5%）。

（4）进行 SO_2 气体吸附净化实验，通过改变其气体浓度、气量变化、不同吸附剂等对其吸附效率的影响。

（5）待吸附剂饱和以后，停止吸附操作，转入高温脱附阶段，此时需先将有机气体电磁阀关闭。停止进气，然后再打开再生加热器，再生时间约需 n 个小时。对其完全脱附后，停止再生加热。待反应器降温至常温后，重新进行吸附操作。

（6）实验完毕后，关闭压缩机，切断电源，清洗、整理仪器药品。

四、实验记录与数据处理

1. 实验基本参数记录

吸附器直径 d=_____mm。

活性炭装填高度 H=_____mm；　装填量 m_{AC}=_____g。

操作条件：_____。

进口气体浓度 y_0=_____10^{-6}（体积分数）。

气体流量 G=_____L/min。

室温 T=_____K。

环境大气绝对压力 p=_____Pa。

2. 实验数据处理

（1）记录实验数据并分析结果。

切换时刻 τ_0=_____。

最低出口浓度生成时刻 τ_0=_____。

实验停止时刻 τ'=_____。

τ 与 SO_2 浓度的关系见表 5-4。

表 5-4　τ 与 SO_2 浓度的关系表

实验时间	SO_2 出口浓度（体积分数）/10^{-6}	净化效率 η/%
τ_0		
$\tau_0 + 1\Delta\tau$		
$\tau + 2\Delta\tau$		
⋮		
τ'		

（2）根据实验结果绘出 SO_2 吸附穿透曲线。由实验结果图定出穿透时间 τ_B（设穿透点浓度 y_B 为进口浓度的 10%）和饱和时间 τ_E（设饱和点浓度 y_E 为进口浓度的 70%）。

（3）根据吸附穿透曲线（图 5-2），确定实验所用床层的传质区高度 z_a（m）、到达破点时刻吸附装置的吸附饱和度 a 及该吸附床的活动性。

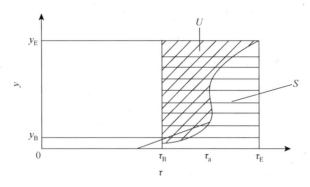

图 5-2　理想状态下的吸附穿透曲线

提示：通过图形积分，采用式（5-1）得出吸附传质区的不饱和度为

$$E = \frac{U}{S} = \frac{U}{y_0 V_a} = \frac{\int_{V_B}^{V_E} (y_0 - y) \mathrm{d}V}{y_0 V_a} \tag{5-1}$$

式中：U 为图中斜线阴影部分面积，表示吸附传质区的剩余吸附总量；S 为图中横线阴影部分面积，表示吸附传质区总体饱和吸附容量；V_B 为达到破点的累积体积，m^3；V_E 为达到饱和点的累积体积，m^3；V_a 为传质区移动一个传质区长度时间段内累计气体体积，$V_a = V_B - V_E$，m^3；y_0 为气体进口浓度，10^{-6}；y 为气体出口浓度，10^{-6}。

通过式（5-2）计算 z_a：

$$z_a = \frac{z V_a}{V_E - (1-E)V_a} \tag{5-2}$$

式中：z 为吸附床层总长度，m。

通过式（5-3）计算吸附饱和度 a：

$$a = \frac{z - E z_a}{z} \tag{5-3}$$

$$V_B = (\tau_B - \tau_0) \times G \times 10^{-3} \tag{5-4}$$

达到破点时的吸附量 $A_B(g)$ 为

$$A_B = \frac{M_{SO_2}(y_0 - y_B) \times 10^{-6} \times V_B \times p}{RT} \tag{5-5}$$

式中：R 为摩尔气体常量，8.31J/(mol·K)；M_{SO_2} 为 SO_2 的摩尔质量，64g/mol。

动活性用式（5-6）计算：

$$动活性 = \frac{A_B}{m_{AC}} \tag{5-6}$$

式中：m_{AC} 为实验用活性炭质量，g。

五、思考题

（1）通过该实验系统测定不同长度吸附柱的破点时间，再利用希洛夫方程确定吸附柱的传质参数（利用备用采样点），设计实验过程。

（2）若要测定气体进口浓度的变化对吸附容量的影响，应该怎样设计实验？

（3）在什么样的条件下可以使用希洛夫方程进行吸附床层的计算？根据实验结果，若设计一个炭层高度为 0.5m 的吸附床层，则保护时间为多少？

（4）吸附温度对吸附效率有什么影响？

（5）再生温度与再生时间的关系如何？

实验 32 SO_2 的碱液吸收实验

一、实验目的

（1）了解用吸收法净化废气中 SO_2 的原理和效果。

（2）改变空塔速度，观察填料塔内气液接触和液泛现象。

二、实验原理

本实验采用填料吸收塔，用 5% NaOH 或 Na_2CO_3 溶液吸收 SO_2。含 SO_2 的气体可采用吸收法净化。由于 SO_2 在水中溶解度不高，常采用化学吸收法。吸收 SO_2 的吸收剂种类较多，本实验采用 NaOH 或 $NaCO_3$ 溶液作为吸收剂，吸收过程发生的主要化学反应为

$$2NaOH + SO_2 \longequal Na_2SO_3 + H_2O$$

$$Na_2CO_3 + SO_2 \longequal Na_2SO_3 + CO_2$$

$$Na_2SO_3 + SO_2 + H_2O \longequal 2NaHSO_3$$

本实验过程中通过测定填料吸收塔进出口气体中 SO_2 的含量，即可近似计算吸收塔平均净化效率，进而了解吸收效果。气体中 SO_2 含量的测定可采用 SO_2 测定仪。

本实验通过测出填料塔进出口气体的全压，即可计算填料塔的压降，若填料塔的进出口管道直径相等，用 U 形管压差计测出其静压差即可求出压降。

三、实验装置

实验装置如图 5-3 所示。

设备特点：

（1）配有微计算机尾气检测系统（能在线检测处理尾气的浓度变化，并具有数据采集与打印输出功能）。

（2）设备配有微计算机风量检测系统（能在线检测各段的风压、风速、风量，并具有数据采集与打印输出功能）。

（3）设备带有配气系统（包括废气流量计、SO_2 钢瓶等），配气浓度可精确控制调节。

（4）设备带有气体混合系统，使风管内的气体浓度分布均匀、取样检测更精确。

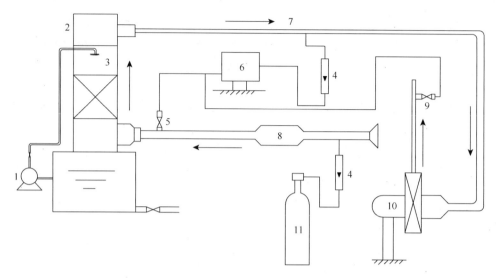

图 5-3　填料吸收实验装置流程示意图

1. 耐碱泵；2. SO_2 吸收塔；3. 喷淋装置；4. 转子流量计；5. 进气取样口；6. SO_2 微计算机在线数据检测仪；7. 抽气取样口；8. 气体混合装置；9. 尾气取样口；10. 风机；11. SO_2 瓶

（5）处理风量、气体浓度等可自行调节。

（6）能直接观察气体接触状况与液泛现象，吸收效率高，实验性强。

（7）气体浓度、处理气量、填料、液气比与吸收液浓度可自行调节。

吸收液从储液槽由水泵并通过转子流量计，由填料塔上部经喷淋装置喷入塔内，流经填料表面由塔下部排出，回入储液槽。空气由高压离心风机与 SO_2 气体相混合，配制成一定浓度的混合气。SO_2 来自钢瓶，并经流量计计量后进入进气管。含 SO_2 的空气从塔底部进气口进入填料塔内，通过填料层后，气体经除雾器后由塔顶排出。

吸收塔的平均净化效率（η）可由式（5-7）近似求出：

$$\eta = \left(1 - \frac{c_2}{c_1}\right) \times 100\% \tag{5-7}$$

式中：c_1 为标准状态下吸收塔入口处气体中 SO_2 的质量浓度，mg/m^3；c_2 为标准状态下吸收塔出口处气体中 SO_2 的质量浓度，mg/m^3。

四、实验步骤

（1）按图 5-3 正确连接实验装置，检查系统是否漏气，并在储液槽中注入配制好的 5%碱溶液。

（2）打开吸收塔的进液阀，调节液体流量，使液体均匀喷淋，并沿填料表面缓慢流下，以充分润湿填料表面，当液体由塔底流出后，将液体流量调解至 400L/h。

（3）启动高压离心风机，调节气体流量，使塔内出现液泛。仔细观察此时的气液接触状况，并记录液体液泛时的气速。

（4）逐渐减少气体流量，在液泛现象消失后。即在接近液泛现象，吸收塔能正常工作时，开启 SO_2 气瓶，并调节其流量，使气体中 SO_2 的含量为 0.01%～0.5%（体积分数）。

（5）经数分钟，待塔内操作完全稳定后，按表 5-5 的要求开始测量并记录有关数据。

（6）用 SO_2 测定仪测定吸收塔上下 SO_2 的浓度。

（7）在液体流量不变，并保持其他 SO_2 浓度在大致相同的情况下，改变气体的流量，按上述方法，测取 4～5 组数据。

（8）实验完毕后，先关掉 SO_2 气瓶，待 1～2min 后停止供液，最后停止鼓入空气。

五、实验记录与数据处理

将实验测的数据和计算的结果等填入表 5-5 中。

大气压力＿＿＿＿＿＿＿kPa；室温＿＿＿＿＿＿℃；液泛气速＿＿＿＿＿＿m/s。

表 5-5　实验结果汇总表

测定次数	液体流量 /(kmol/h)	气体流量 Q/(kmol/h)	液气比	塔内气体平均压力 p/Pa	净化效率 η/%	压降 Δp/Pa

六、思考题

（1）通过该实验，你认为实验中还存在什么问题？应做哪些改进？

（2）还有哪些比本实验更好的脱硫方法？

实验 33　数据采集旋风除尘实验

一、实验目的

（1）了解旋风除尘器结构。

（2）对影响旋风除尘器性能的主要因素有较全面的了解。

二、实验原理

旋风除尘器是使含尘气流做高速旋转运动，借助离心力的作用将颗粒物从气流中分离并收集下来的除尘装置。

旋风除尘器内的气流情况如图 5-4 所示。进入旋风除尘器的含尘气流沿筒体内壁边旋转边下降，同时有少量气体沿径向运动到中心区域中，当旋转气流的大部分到达锥体底部附近时，则开始转为向上运动，中心区域边旋转边上升，最后由出口管排出，同时也存在着离心的径向运动。通常将旋转向下的外圈气流称为外旋涡，而把锥体底部的区域称为回流区或混流区。烟气中所含颗粒物在旋转运动过程中，在离心力的作用下逐步沉降在除尘器的内壁上，并在外旋涡的推动和重力作用下，大部分颗粒物逐渐沿锥体内壁降落到灰斗中。此外，进口气流中的少部分气流沿筒体内壁旋转向上，到达上顶端盖后又继续沿出口管外壁旋转下降，最后到达出口管下端附近被上升的气流带走，通常把这部分气流称为上旋涡。随着上旋涡，将有少量细颗粒物被内旋涡向上带走。同样，在混流区内也有少部分细颗粒物被内旋涡向上带起，并被部分带走。

旋风除尘器就是通过上述方式完成颗粒物的捕集的。捕集到的颗粒物位于除尘器底部的灰斗中，从除尘器排出后气体中仍会含有部分细小颗粒物。

旋风除尘器的形式多。按气流进入的方式不同，可大致分为切向进入和轴向进入两大类。轴向进入式是靠导流叶片促使气流旋转的，因此也称导流叶片旋转式。轴向进入式又可分为逆流式和直流式。切向进入式又分为直入式和蜗壳式等形式：直入式的入口管外壁与筒体相切；而蜗壳式的入口管内壁与筒体相切。

旋风除尘器适用于净化粒径大于 3μm 的非黏性、非纤维的干燥粉尘。它是一种结构简单、操作方便、耐高温、设备费用和阻力较高（80～160mm 水柱）的净化设备，旋风除尘器在净化设备中应用最为广泛。改进型的旋风分离器在部分装置中可以取代尾气过滤设备。

三、实验装置

实验装置如图 5-4 所示。

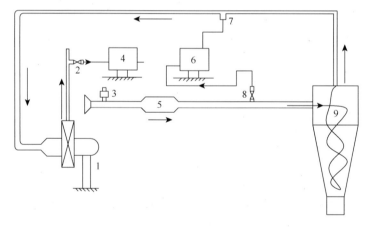

图 5-4　旋风除尘器结构示意图

1. 风机；2. 尾气取样口；3. 粉尘配灰装置；4、6. 微计算机在线数据检测仪；5. 气体混合装置；7. 抽气口；8. 进气取样口；
9. 数据采集旋风除尘装置

四、实验步骤

（1）打开风机，调到一定风速，然后启动粉尘配灰装置，慢慢调大，直到明显看到旋风区有粉尘旋降。

（2）等装置稳定后，读取风量、进出口粉尘浓度、进出口压力等数据。

本实验采用静压法测定静电除尘器的压力损失，由于本实验装置中除尘器进、出口接管的

断面积相等，气流动压相等，所以除尘器压力损失等于进、出口接管断面静压之差，即

$$\Delta p = p_{si} - p_{so}$$

（3）改变系统风量，重复上述实验，确定旋风除尘器在各种工况下的性能。

（4）实验结束时，先关闭粉尘配灰装置，等 2~3min 后再关闭风机。

五、实验记录与数据处理

计算旋风除尘器在各种工况下的除尘效率并填入表 5-6。

表 5-6　除尘器效率测定结果记录表

测定 次数	风量 $Q/(m^3/h)$	除尘器进口气体 含尘浓度 $G_i/(g/m^3)$	除尘器出口气体 含尘浓度 $G_o/(g/m^3)$	压力损失 $\Delta p/Pa$	除尘器效率 $\eta/\%$

六、思考题

旋风除尘器的除尘效率随处理气量的变化规律是什么？它对静电除尘器的选择和运行控制有何意义？

实验 34　数据采集板式静电除尘实验

一、实验目的

（1）了解电除尘器的电极配置和供电装置，观察电晕放电的外观形态。

（2）了解静电除尘器结构。

（3）对影响静电除尘性能的主要因素有较全面的了解。

二、实验原理

电除尘器的除尘原理是使含尘气体的粉尘微粒，在高压静电场中荷电，荷电尘粒在电场的作用下，趋向集尘极和放电极，带负电荷的尘粒与集尘极接触后失去电子，成为中性而黏附于集尘极表面上，为数很少的带电荷尘粒沉积在截面很小的放电极上。然后借助于振打装置使电极抖动，将尘粒脱落到除尘的集灰斗内，达到收尘目的。

三、实验装置

板式静电除尘器（图 5-5）主要由集尘极、电晕极、高压静电电源、高压变压器、离心风机及机械振打装置等组成。电晕极挂在两块集尘板中间，放电电压可调，集尘板与支撑架都必须接地。

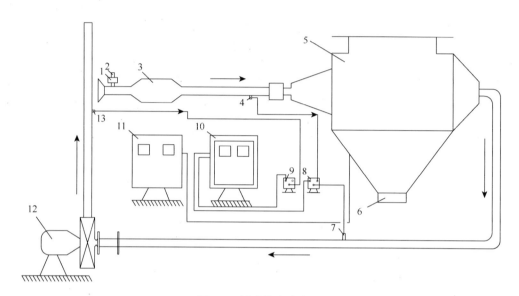

图 5-5　板式静电除尘器

1. 粉尘盒；2. 搅动配灰电机；3. 气尘混合装置；4. 进气抽样口；5. 静电除尘箱；6. 卸灰口；7. 抽气取样口；8. 进气浓度检测仪；9. 尾气浓度检测仪；10. 微计算机数据检测仪；11. 高压静电电源；12. 风机；13. 尾气取样口

四、实验步骤

（1）打开风机，调到一定风速。

（2）先检查高压控制器设备是否接地，如未接地请先将其接地。

（3）检查无误后，将控制器的电流插头插入交流 220V 插座中。将"电源开关"旋柄扳于"开"的位置。控制器接通电源后，低压绿色信号灯亮。

（4）将电压调节手柄逆时针转到零位，轻轻按动高压"启动"按钮，高压变压器输入端主回路接通电源。这时高压红色信号灯亮，低压信号灯灭。

（5）顺时针缓慢旋转电压调节手柄，使电压慢慢升高。待电压升至 5kV 时，打开保护开关。

（6）启动粉尘配灰装置，慢慢调大，直至明显看到除尘区有粉尘旋降。

（7）等设备稳定后，读取并记录 U、I、风量、进出口粉尘浓度，读完后立即将保护开关闭合，继续升压。以后每升高 5kV 读取并记录一组数据，读数时操作方法和第一次相同，当开始出现火花时停止升压。

（8）停机时将调压手柄旋回零位，按动停止按钮，则主回路电源切断。这时高压信号灯灭，绿色低压信号灯亮。再将电源开关关闭，即切断电源。

（9）断电后，高压部分仍有残留电荷，必须使高压部分与地短路消去残留电荷，再按要求做下一组的实验。

（10）改变系统风量，重复上述实验，确定静电除尘器在各种工况下的性能。

（11）改变电场电压，重复上述实验，确定静电除尘器在各种工况下的性能。

五、实验记录与数据处理

计算静电除尘器在各种工况下的除尘效率并计入表 5-7。

表 5-7　除尘器效率测定结果记录表

测定次数	风量/(m³/s)	电场电压 U/V	电场电流 I/A	除尘器进口气体含尘浓度 G_i/(g/m³)	除尘器出口气体含尘浓度 G_o/(g/m³)	除尘器效率 η/%

六、思考题

（1）静电除尘器的除尘效率随处理气量的变化规律是什么？它对静电除尘器的选择和运行控制有什么意义？

（2）影响起始电晕电压和火花电压的主要因素是什么？

（3）电场电压与电流的变化与除尘效率的关系是什么？

实验 35　数据采集机械振打袋式除尘实验

一、实验目的

（1）了解袋式除尘器的构造与除尘机理。

（2）掌握测定设备除尘效率的方法。

二、实验原理

含尘气流从进气管进入，从下部进入圆筒形滤袋，在通过滤料的孔隙时，粉尘被捕食于滤料上，透过滤料的清洁气体由排气管排出。沉积在滤料上的粉尘，可在振动的作用下从滤料表面脱落，落入灰斗中。因为滤料本身网孔较大，所以新鲜滤料的除尘效率较低，粉尘因截流、慢性碰撞、静电和扩散等作用，逐渐在滤袋表面形成粉尘层，常称为粉层初层。初层形成后，它成为袋式除尘器的主要过滤层，提高了除尘效率。滤布只不过起着形成粉层初层和支撑它的骨架作用，但随着粉尘在滤袋上积聚，滤袋两侧的压力差增大，会把已附在滤料上的细小粉尘挤压过去，使除尘效率显著下降。另外，若除尘器阻力过高，还会使除尘系统的处理气量显著下降，影响生产系统的排风效果。因此，除尘器阻力达到一定数值后，要及时清灰。

三、实验装置

本实验采用机械振打除尘器。该除尘器共 6 条滤袋，总过滤面积为 0.26m^2。实验滤料选用 208 工业涤纶绒布。本实验系统流程如图 5-6 所示。

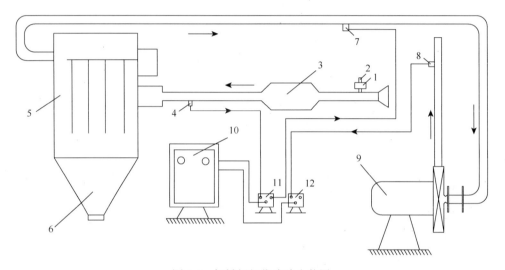

图 5-6　机械振打袋式除尘装置

1. 粉尘盒；2. 搅动配灰电机；3. 气尘混合装置；4. 进气抽样口；5. 数据采集机械振打袋式除尘装置；6. 卸灰口；7. 抽气取样口；8. 尾气取样口；9. 风机；10. 微计算机数据检测仪；11. 进气浓度检测；12. 尾气浓度检测

四、实验步骤

（1）打开风机，调到一定风速，然后启动粉尘配灰装置，调到一个较小的粉尘进量。

（2）待装置稳定后，读取风量、进出口粉尘浓度、进出口压力等数据。

本实验采用静压法测定静电除尘器的压力损失，由于本实验装置中除尘器进、出口接管的断面积相等，气流动压相等，所以除尘器压力损失等于进、出口接管断面静压之差，即

$$\Delta p = p_{si} - p_{so}$$

（3）改变系统风量，重复上述实验，确定除尘器在各种工况下的性能。

（4）实验结束时，先关闭粉尘配灰装置，等 2～3min 后再关闭风机。

五、实验记录与数据处理

计算袋式除尘器在各种工况下的除尘效率并填入表 5-8。

表 5-8　袋式除尘器效率测定结果记录表

测定次数	风量 $Q/(m^3/h)$	除尘器进口气体含尘浓度 $G_i/(g/m^3)$	除尘器出口气体含尘浓度 $G_o/(g/m^3)$	压力损失 $\Delta p/Pa$	除尘器效率 $\eta/\%$

六、思考题

根据袋式除尘器压力损失，说明为什么要定时清灰。

第六章 固体废物处理与处置实验

实验 36 固体废物的采样和制样

一、实验目的

固体废物主要来源于人类的生产和生活，它可分为工业固体废物、城市垃圾（包括下水道污泥）、农业废物和危险废物等。由于经济的迅速发展和人口的急剧增长，固体废物的产量迅速增长，成分也日趋庞杂，其污染问题已经成为世界性环境公害之一。固体废物处理与资源化研究越来越受到重视。

进行固体废物的实验与分析，首先始于试样的采样和制样。由于固体废物量大、种类繁多且混合不均匀，因此与水质和大气实验分析相比，很难从废物如此不均匀的批量中采集有代表性的试样。为满足实验或分析的要求，对采集的样品还必须进行一定的处理，即固体废物的制样。通过本实验达到以下目的：

（1）了解固体废物采样和制样的目的和意义。

（2）掌握固体废物采样和制样的基本方法。

（3）根据固体废物的性质及分析需要，学会制定采样和制样的方案。

二、实验原理

固体废物是由多种物质组成的混合体，应根据固体废物的性质及实验分析要求进行采样和制样。

1. 份样数的确定

份样数是指由一批固体废物中的一个点或一个部位按规定量取出的样品个数。可由公式法或查表法确定。

当份样间的标准偏差和允许误差已知时，可按式（6-1）计算份样数：

$$n \geqslant (ts/\Delta)^{1/2} \tag{6-1}$$

式中：n 为必要的份样数；s 为份样间的标准偏差；Δ 为采样允许误差；t 为选定置信水平下的概率度。

取 $n \to \infty$ 时的 t 值作为最初 t 值，以此算出 n 的初值。将对应于 n 初值的 t 值代入，不断迭代，直至算得的 n 值不变，此值即为必要的份样值。

当份样间的标准偏差与允许误差未知时，可按表 6-1～表 6-3 经验确定份样数。

2. 份样量的确定

表 6-1　批量大小与最少份样数　　　　　　　　　单位：固体（t）；液体（m³）

批量大小	最少份样数	批量大小	最少份样数
<1	5	≥100	30
≥1	10	≥500	40
≥5	15	≥1000	50
≥30	20	≥5000	60
≥50	25	≥10000	80

表 6-2　储存容器数量与最少份样数

容器数量	最少份样数	容器数量	最少份样数
1~3	所有	344~729	7~8
4~64	4~5	730~1000	8~9
65~126	5~6	1001~1331	9~10
217~343	6~7		

表 6-3　人口数量与生活垃圾分析用最少份样数

人口数量/万人	<50	50~100	100~200	>200
最少份样数	8	16	20	30

按表 6-4 确定每个份样应采的最小质量。所采的每个份样量应大致相等，其相对误差不大于 20%。表 6-4 中要求的采样铲容量为保证在一个地点或部分能够取到足够数量的份样量。

表 6-4　份样数和采样铲容量

最大粒径/mm	最少份样量/kg	采样铲容量/mL	最大粒径/mm	最少份样量/kg	采样铲容量/mL
>150	30		20~40	2	800
100~150	15	16000	10~20	1	300
50~100	5	7000	<10	0.5	125
40~50	3	1700			

对于液态批废物的份样量以不小于 100mL 的采样瓶（或采样器）所盛量为宜。

3. 采样技术

1）简单随机采样

当对一批废物了解很少，且采样的份样比较分散也不影响分析结果时，对其不作任何处理，不进行分类也不进行排队，而是按照其原来的状况从中随机采取份样。

2）系统采样法

在一批废物以运输带、管道等形式连续排放移动的过程中，按一定的质量或时间间隔采份样，份样间的间隔按式（6-2）计算：

$$T \leqslant Q / n \quad 或 \quad T' \leqslant 60Q / Gn \tag{6-2}$$

式中：T 为采样质量间隔，t；T' 为采样时间间隔，min；Q 为批量，t；n 为份样数；G 为每小时排出量，t/h。

采第一份样时，不准在第一间隔的起点开始，可在第一间隔内任意确定。

3）分层采样法

一批废物分次排出或某生产工艺过程的废物间歇排出过程中，可分 n 层采样，根据每层的质量，按比例采取份样。

第 i 层采样份数按式（6-3）计算：

$$n_i = nQ_i/Q \tag{6-3}$$

式中：n_i 为第 i 层采样份数；n 为份样数；Q_i 为第 i 层废物质量，t；Q 为批量，t。

4）两段采样法

简单随机采样、系统采样、分层采样都是一次就直接从批废物中采取份样，称为单阶段采样。当一批废物由许多车、桶、箱、袋等容器盛装时，由于各容器件比较分散，所以要分阶段采样。首先从这批废物总容器件数 N_0 中随机抽取 n_1 件容器，然后再从 n_1 件的每一个容器中采 n_2 个份样。

推荐当 $N_0 \leqslant 6$ 时，取 $n_1 = N_0$；当 $N_0 > 6$ 时，按式（6-4）计算：

$$n_1 \geqslant 3N_0^{1/3}（小数进整数） \tag{6-4}$$

推荐第二阶段的采样数 $n_2 \geqslant 3$，即 n_1 件容器中的每个容器均随机采上中下最少 3 个份样。

5）采点法

对于堆存、运输中的固态固体废物和大池（坑、塘）中的液态固体废物，可按对角线形、梅花形、棋盘形、蛇形等点分布确定采样点（采样位置）。

对于粉末状、小颗粒的固体废物，可按垂直方向、一定深度的部位确定采样点（采样位置）。

对于容器内的固体废物，可按上部（表面下相当于总体积的 1/6 深处）、中部（表面下相当于总体积的 1/2 深处）、下部（表面下相当于总体积的 5/6 深处）确定采样点（采样位置）。

根据采样方式（简单随机采样、分层采样、系统采样、两段采样等）确定采样点（采样位置）。

4. 制样技术

制样的目的是从采取的小样或大样中获取最佳量、最有代表性、能满足实验和分析要求的样品。固体废物样品制备包括以下四个不同操作。

1）粉碎

经破碎或研磨以减小样品的粒径。用机械方法或人工方法破碎或研磨，是样品分阶段达到相应排料的最大粒径。

2）筛分

使样品保证 95% 以上处于某一粒径范围。根据粉碎阶段排料的最大粒径，选择相应的筛号，分阶段筛出一定粒径的样品。

3）混合

使样品达到均匀。用机械设备或人工转堆法，使过筛的一定粒径范围的样品充分混合，以达均匀分布。

4）缩分

将样品缩分成两份或多份，以减少样品的质量。样品的缩分可以采用圆锥四分法，即将样品置于平整、洁净的台面（地板革）上，堆成圆锥形，每铲自圆锥的顶尖落下，使样品均匀地沿锥尖散落，注意勿使圆锥中心错位，反复转锥至少三次，使样品充分混匀，然后将圆锥顶端轻轻压平，摊开物料后，用十字分样板自上压下，分成四等份，任取对角的两等份，重复操作数次，直至不少于 1kg 试样。

液态废物制样主要为混匀、缩分。缩分采用二分法，每次减量一半直至实验分析用量的 10 倍。

三、实验仪器与材料

（1）尖头钢铲。

（2）尖头镐。

（3）采样铲（采样器）。

（4）具盖采样桶或内衬塑料的采样袋等。

四、实验步骤

（1）采样前准备。为了使采集的样品具有代表性，在采集之前要调查研究生产工艺过程、废物类型、排放数量、堆积历史、危害程度和综合利用情况。如采集有害废物则应根据其有害特性采取相应的安全措施。

（2）根据固体废物的特性确定采样份样数和份样量，安排采样方法及布设采样点。

（3）采样，同时认真填写采样记录表。

（4）根据需要制样，并填写制样记录表。

固体废物采样和制样记录表见表 6-5 和表 6-6。

表 6-5　固体废物采样记录表

采样时间：＿＿＿＿年＿＿＿＿月＿＿＿＿日　　　　　　　　采样地点：＿＿＿＿＿＿

样品名称		废物来源	
份样数		采样法	
份样量		采样人	
采样现场简述			
废物产生过程简述			
采样过程简述			
样品可能含有的主要有害成分			
样品保存方式及注意事项			

表 6-6　固体废物制样记录表

采样时间：＿＿＿＿年＿＿＿＿月＿＿＿日　　　　　　　　　　　采样地点：＿＿＿＿＿＿

样品名称		送样人	
样品量		制样人	
制样目的			
样品性状简述			
制样过程简述			
样品保存方式及注意事项			

五、思考题

（1）固体废物的制样方法有哪些？

（2）环境中固体废物的来源有哪些？

（3）怎样确定固体废物的份样数和份样量？为什么份样量与粒径有关？

（4）固体废物采集后应该怎样处理才能保存？

（5）怎样才能使采集的固体样品具有代表性？

实验 37　固体废物化学性质测定实验

一、实验目的

固体废物基本性质参数包括物理性质参数（含水率、容重）、化学性质参数（挥发分、灰分、可燃分、发热值、元素组成等）和生物性质参数。这些参数是评定固体废物性质、选择处理处置方法、设计处理处置设备等的主要依据，也是科研、实际生产中经常需要测量的参数，因此需要掌握它们的测定方法。本实验要求掌握测定挥发分、灰分、可燃分三个基本参数的方法。

二、实验原理

1. 灰分和挥发分

挥发分又称挥发性固体含量，是指固体废物在 600℃下的灼烧减量，常用 VS（％）表示。它是反映固体废物中有机物含量的一个指标参数。灰分是指固体废物中既不能燃烧，也不会挥发的物质，用 A（％）表示。它是反映固体废物中无机物含量的一个指标参数。挥发分和灰分一般同时测定。

2. 可燃分

将固体废物试样在 815℃的温度下灼烧，在此温度下除了试样中有机物质均被氧化外，金属也成为氧化物，灼烧损失的质量就是试样中的可燃物含量，即可燃分，用 CS（％）表示。

可燃分反映了固体废物中可燃烧成分的量，它既是反映固体废物中有机物含量的参数，也是反映固体废物可燃烧性能的指标参数，是选择焚烧设备的重要依据。

三、实验仪器与材料

1. 实验仪器

（1）烘箱。
（2）马弗炉。
（3）电子天平。
（4）带刻度的 1L 量杯。
（5）坩埚。

2. 实验材料

实验所用固体废物可根据实际情况选用人工配制的固体废物，也可以是实际生产的固体废物。

四、实验步骤

1. 灰分和挥发分

测定步骤如下：
（1）准备 2 个坩埚，分别称取其质量，并记录下来。
（2）各取 50g 烘干好的试样（绝干），分别加入准备好的 2 个坩埚中（重复样）。
（3）将盛放有试样的坩埚放入马弗炉中，在 600℃下灼烧 2h，然后取出冷却。
（4）分别称量并计算含灰量，最后结果取平均值：

$$A = \frac{R-C}{S-C} \times 100\% \tag{6-5}$$

式中：A 为试样灰分含量，%；R 为灼烧后坩埚和试样的总质量，g；S 为灼烧前坩埚和试样的总质量，g；C 为坩埚的质量，g。
（5）挥发分 VS（%）计算：

$$VS = (1-A) \times 100\% \tag{6-6}$$

2. 可燃分

其分析步骤基本同挥发分的测定步骤，所不同的是灼烧温度。
（1）准备 2 个坩埚，分别称取其质量，并记录下来。
（2）各取 50g 烘干好的试样（绝干），分别加入准备好的 2 个坩埚中（重复样）。
（3）将盛放有试样的坩埚放入马弗炉中，在 815℃下灼烧 1h，然后取出冷却。
（4）分别称量并计算含灰量，最后结果取平均值：

$$A' = \frac{R - C}{S - C} \times 100\% \tag{6-7}$$

式中：A' 为试样灰分含量，%；R 为灼烧后坩埚和试样的总质量，g；S 为灼烧前坩埚和试样的总质量，g；C 为坩埚的质量，g。

（5）可燃分 CS（%）计算：

$$CS = (1 - A') \times 100\%$$

3. 结果整理

根据上述实验，完成表 6-7。

表 6-7　固体废物基本性质参数测得结果

序号	测定参数	第 1 次	第 2 次	第 3 次	平均值	备注
1	灰分/%					
2	挥发分/%					
3	可燃分/%					

五、思考题

（1）固体废物灰分、挥发分和可燃分之间的关系是什么？

（2）固体废物灰分、挥发分和可燃分测定的意义是什么？

实验 38　厨房垃圾好氧堆肥化处理实验

一、实验目的

堆肥化是有机废弃物无害化处理与资源化利用的重要方法之一。通过本实验，使学生了解影响堆肥化的因素，知道如何准备堆肥材料、如何在进行堆肥过程控制和获取相关实验数据，以及如何判断堆肥的稳定化。

二、实验原理

堆肥化是指利用自然界中广泛存在的微生物，通过人为的调节和控制，促进可生物降解的有机物向稳定的腐殖质转化的生物化学过程。堆肥化的产物称为堆肥，但有时也把堆肥化简单地称为堆肥。

通过堆肥化处理，可以将有机物转变成有机肥料或突然调节剂，实现废弃物的资源化转化，且这些堆肥化的最终产物已经稳定化，对环境不会造成危害。因此，堆肥化是有机废弃物稳定化、资源化和无害化处理的有效方法之一。好氧堆肥的生化反应过程如图 6-1 所示。

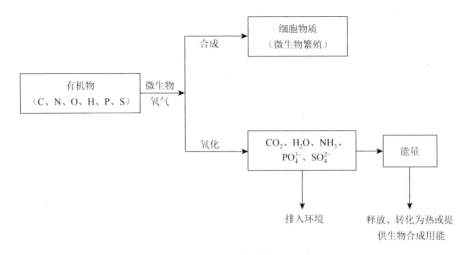

图 6-1　好氧堆肥的生化反应过程

三、实验仪器与材料

1. 实验材料

所用堆肥材料取自学校学生食堂的厨房垃圾，包括各种蔬菜和水果的根、茎、叶、皮、核等，以及少量剩饭、剩菜。此外，还需一些锯末，用于调节含水率和碳氮比（C/N）。

2. 堆肥反应器

反应器直径 200mm，高 500mm，有效工作体积 15.7L。由一台 200W 气泵供气，带温度和氧传感器，可自动测量堆肥温度、进气和排气中 O_2 浓度，并与数据检测记录仪和计算机相连，实现温度和 O_2 浓度数据的自动记录分析。

3. 测定内容

（1）初始和堆肥结束时，堆肥材料的含水率（MC）、总固体（TS）、挥发性固体（VS）、碳氮比（C/N）。
（2）堆肥过程中，堆肥材料的温度、进气和排气中 O_2 浓度。

4. 分析和记录仪器

烘箱、马弗炉、天平、TOC 和 TN 测定仪、数据检测记录仪、计算机、便携式 O_2/CO_2 测定仪。

5. 实验时间

由于本实验需要延续较长的时间，并且在整个过程中都需要进行数据采集和分析，故把整个实验分成两部分。第一部分是垃圾的准备和装料；第二部分是过程中和结束时的数据采集、检测和结果分析。

四、实验步骤

1. 准备材料

从学校学生食堂收集厨房垃圾，切碎成大小为 1～2cm 后，先测定其含水率、总固体、挥发性固体、碳氮比，根据测定结果进行材料的调理，主要调节材料的含水率和碳氮比，通过添加锯末调节含水率至 60%，碳氮比为 20～30。影响堆肥化过程的因素很多，这些因素主要包括通风供氧量、含水率、温度、有机质含量、颗粒度、碳氮比、碳磷比、pH 等。对厨房垃圾而言，本实验只对含水率和碳氮比进行调节。

2. 装料和通气

把经过调节准备好的堆肥材料装入反应器中，盖好上盖，开始启动气泵通气。通过气体流量计控制通风量在 $0.2m^3/$（$min \cdot m^3$ 物料）左右，或控制排气中 O_2 浓度为 14%～17%。

3. 温度和 O_2 采集记录

由温度和氧传感器测量堆肥温度、进气和排气中 O_2 浓度，由数据检测记录仪记录数据，设定 1h 测定 1 次。

4. 翻堆

观察堆肥温度的变化，当堆肥温度由环境温度上升到最高温度（60～70℃），之后下降到接近环境温度不再变化时，终止通气，把堆肥材料取出，进行第一次翻堆，把材料充分翻动、混合后再放回反应器中，盖好上盖，重新启动气泵通气。

5. 稳定化判断

当堆肥温度再次上升到一定温度，之后又下降到接近环境温度时，并且进气和排气中 O_2 浓度基本相同时，表明堆肥的好氧生物降解活动已基本结束。此时，用便携式 O_2/CO_2 测定仪测定堆肥物料的相对耗氧速率（相对耗氧速率是指单位时间内氧在气体中体积浓度的减少值，单位：$\Delta O_2\%/min$），若相对耗氧速率基本在 $0.02\Delta O_2\%/min$ 左右时，说明堆肥已达到稳定化。

6. 检测指标

从反应器中取出堆肥物料，测定含水率、总固体、挥发性固体、碳氮比等。

7. 结果分析

堆肥化的主要目的是使有机废弃物达到稳定化，不再对环境有污染危害，同时生产有价值的产品。因此，在堆肥结束后需要对堆肥是否已达稳定化及卫生安全性进行判定。

堆肥稳定化常用堆肥"腐熟度"来判定。堆肥的腐熟度的判定标准有多种，常见的有感观标准、挥发性固体、碳氮比、温度、化学需氧量、耗氧速率等。研究表明，这些判定指标具有一致性，即当某一指标达稳定值时，其他指标均达到自身稳定值，因此只需根据具体情况选择若干指标测定即可，而不需对所有指标进行测定。本实验依据感观标准和相对耗氧速率进行判定，而用总固体、挥发性固体、碳氮比作为参考指标（表 6-8），考察在堆肥达稳定时三个参考指标的变化情况。

堆肥的安全性主要考虑其无害化卫生要求。在此方面，我国对堆肥温度、蛔虫卵死亡率和粪大肠菌数有规定要求。但一般情况下，通过监测堆肥过程中堆肥温度的变化，保证堆肥过程中大于 55℃持续 5d 以上，就可以杀灭大部分有害病原菌，基本满足安全卫生要求，因此本实验通过监测堆温进行卫生安全性判定。

表 6-8 堆肥稳定化和卫生安全性评判指标表

	观察和测量结果		判定标准		备注
感观标准	颜色		颜色	茶褐色或黑色	
	气味		气味	无恶臭气味	
	手感		手感	手感松软易碎	
相对耗氧速率 /($\Delta O_2\%$/min)			0.02 左右		
总固体（TS）	初始值/kg				
	最终值/kg				
	减少率/%		（一般为 30%～50%）		
挥发性固体（VS）	初始值/kg				
	最终值/kg				
	减少率/%		（一般为 30%～50%）		
碳氮比（C/N）	初始值/kg				
	最终值/kg				
	减少率/%		（一般为 30%～50%）		
卫生安全性	大于 55℃堆温持续时间/d		大于 5d		绘制堆肥过程中温度变化曲线，在曲线上标注出大于 55℃堆温的持续时间

实验 39 粉煤灰中有效硅的测定实验

一、实验目的

掌握紫外分光光度计测量有效硅的原理和检测方法。

二、实验原理

硅是高等植物中重要的无机组成成分，被公认为植物体的有益元素，但是自然界中大部分硅都是非常稳定的结晶状态与不定形，植物无法吸收利用。有效硅指能溶于水或弱酸中被农作物吸收利用的硅。目前测定有效硅含量的方法有重量法、滴定法、光度法、电感耦合等离子体原子发射光谱法（ICP-AES）等。

分光光度法的测定原理是：在酸性溶液中，单硅酸与钼酸铵生成黄色的硅钼杂多酸，然后以草酸掩蔽磷，用抗坏血酸将其还原为硅钼蓝络合物，其颜色深度与有效硅的浓度呈正比，于波长 700nm 下测定吸光度值，化学反应式如下：

$$H_2SiO_3 + 12MoO_4^{2-} + 24H^+ \xrightarrow{\hspace{2cm}} H_8[Si(Mo_2O_7)_6] + 9H_2O$$

$$H_8[Si(Mo_2O_7)_6] + 2C_6H_8O_6 \xrightarrow{\hspace{2cm}} H_8[Si(Mo_2O_5(Mo_2O_7)_5] + 2C_6H_6O_6 + 2H_2O$$

通过吸光度的大小，可以检测出粉煤灰中农作物有效硅的含量。

三、实验仪器与试剂

1. 实验仪器

紫外可见分光光度计，SHA-CA 型恒温往复振荡器。

2. 实验试剂

钼酸铵（分析纯），抗坏血酸（分析纯），草酸（分析纯），HCl（优级纯），H_2SO_4（优级纯），硅标准储备液 $\rho(Si)=1000\mu g/mL$，实验用水为二次蒸馏水。

四、实验步骤

（1）称取实验室研制的 2g 粉煤灰样品（精确至 0.0002g）于干燥的 1000mL 容量瓶中，准确加入 600mL 浸取剂（0.5mol/L HCl），在 28～30℃的恒温往复振荡器上振荡 30min，然后用浸取剂定容摇匀后，立即过滤，滤液用来测有效硅。

（2）配制所需溶液。

（a）50ppm Si 储备液：取 2.5mL Si 标准溶液（1000ppm）至 50mL 容量瓶，定容。

（b）0.3mol/L H_2SO_4 溶液：取 1.6mL 浓 H_2SO_4 至 100mL 容量瓶（预先加水），定容。

（c）5%钼酸铵溶液：称取 5.3g 钼酸铵固体配成 100mL 溶液。

（d）5%草酸溶液：称取 7g 草酸固体配成 100mL 溶液。

（e）15g/L 抗坏血酸溶液：称取 1.5g 抗坏血酸，用 6mol/L H_2SO_4 溶解，6mol/L H_2SO_4 定容至 100mL。

（3）标准曲线的绘制。

（a）Si 标准曲线各点的浓度见表 6-9。

表 6-9　Si 系列标准溶液的浓度

Si 标准溶液浓度/(mg/L)	0	0.5	1	1.5	2	2.5
取储备液的体积/mL	0	0.5	1	1.5	2	2.5

（b）分别取 0mL、0.5mL、1mL、1.5mL、2mL、2.5mL 的 Si 储备液（50ppm）于 6 支 50mL 比色管中，加入少量水；然后分别加入 5mL 0.3mol/L H_2SO_4 溶液，放置 15min；5mL 5%钼酸铵溶液，摇匀，放置 5min 后再加入 5mL 5%草酸溶液、5mL 15g/L 抗坏血酸溶液。用水定容，

摇匀，放置显色 20min 后于波长 700nm 下测定吸光度。

（c）以空白校正后的吸光度为纵坐标，以其对应的硅含量为横坐标，绘制校准曲线。

（4）样品测定。

将盐酸溶液稀释 125 倍（注：不同样品有不同的稀释倍数，此倍数仅是当次测试样品的倍数）。

取所需量的样品于 50mL 比色管，按照与校准曲线相同的步骤测量吸光度。

五、结果计算

有效硅的含量按照下式计算：

$$\rho_{Si} = \frac{A_s - A_b - a}{b}$$

式中：ρ_{Si} 为样品中硅的质量浓度，mg/L；A_s 为水样的吸光度；A_b 为空白实验的吸光度；a 为校准曲线的截距；b 为校准曲线的斜率。

粉煤灰中 SiO_2 的含量：

$$w_{SiO_2} = \frac{\rho_{Si} \cdot n \cdot 60}{2000 \cdot 28} \cdot 100$$

式中：n 为稀释倍数。

实验 40　粉煤灰中有效钙和镁的测定实验

一、实验目的

掌握原子吸收火焰发射光谱仪的工作原理及其测定钙和镁的方法。

二、实验原理

钙、镁是作物生长发育必需的中量营养元素。钙是细胞壁和胞间层的组成部分。同时在碳水化合物和蛋白质的合成过程以及植物体内生理活动的平衡中起着至关重要的作用。它不仅能促进原生质胶体凝聚，降低水合度，还能使原生质黏性增大，增强植物的抵抗干旱、抗热能力。镁是植物合成叶绿素必不可少的元素。此外，镁还是植物体内酶的重要活化剂，对植物体内多种代谢活动有促进作用。镁作为核糖体的组成成分，会影响线粒体的发育，从而影响能量的产生。粉煤灰中含有大量的钙和镁，可为植物的生长提供营养。

采用火焰原子吸收分光光度法测定粉煤灰中钙、镁含量，其原理为：试样溶液中的钙、镁在微酸性介质中，以一定量的锶盐作释放剂，在贫燃性空气-乙炔焰中原子气化，所产生的原子蒸气吸收从钙、镁空心阴极灯射出的特征波长 422.7nm 和 285.2nm 的光，吸光度与钙、镁基态原子浓度成正比。

三、实验仪器与试剂

1. 实验仪器

SHA-CA 型恒温往复振荡器，原子吸收分光光度计，附有空气-乙炔燃烧器及钙、镁空心阴极灯。

2. 实验试剂

氯化锶（$SrCl_2·6H_2O$，分析纯），HCl（优级纯）。钙标准储备液 $\rho(Ca)=1000\mu g/mL$，镁标准储备液 $\rho(Mg)=1000\mu g/mL$，实验用水为二次蒸馏水。

四、实验步骤

（1）称取实验室研制的 2g 粉煤灰样品（精确至 0.0002g）于干燥的 1000mL 容量瓶中，准确加入 600mL 浸取剂（0.5mol/L HCl），在 28～30℃的恒温往复振荡器上振荡 30min，然后用浸取剂定容摇匀后，立即过滤，滤液用来测钙和镁。

（2）配制如下溶液。

（a）（1＋1）盐酸溶液。

（b）氯化锶溶液：$\rho(SrCl_2·6H_2O) = 60.9g/L$，称取 60.9g 氯化锶溶于 300mL 水和 420mL 盐酸溶液中，用水定容至 1000mL，混匀。

（c）钙标准溶液：$\rho(Ca) = 50\mu g/mL$，吸取钙标准储备液 2.5mL 至 50mL 容量瓶，用蒸馏水定容。

（d）镁标准溶液：$\rho(Mg) = 50\mu g/mL$，吸取镁标准储备液 2.5mL 至 50mL 容量瓶，用蒸馏水定容。

（3）标准曲线的绘制。

（a）Ca 工作曲线的绘制。

配制如表 6-10 所示的 Ca 系列标准溶液（50mL 容量瓶）。

表 6-10　Ca 系列标准溶液的浓度

Ca 标准溶液浓度/(mg/L)	0	2	4	6	8	10
取 Ca 储备液体积/mL	0	2	4	6	8	10

分别吸取钙标准溶液 0mL、2mL、4mL、6mL、8mL、10mL 于 6 个 50mL 的容量瓶中，分别加入 2mL（1＋1）盐酸溶液和 5mL 氯化锶溶液，用水定容，混匀。在选定最佳工作条件下，于波长 422.7nm 处，使用贫燃性空气-乙炔火焰，以钙含量为 0 的标准溶液为参比溶液调零，测定各标准溶液的吸光度。以标准系列溶液钙的质量浓度（$\mu g/mL$）为横坐标，相应吸光度为纵坐标，绘制工作曲线。

（b）Mg 工作曲线的绘制。

配制如表 6-11 所示的 Mg 系列标准溶液（50mL 容量瓶）。

表 6-11 Mg 系列标准溶液的浓度

Mg 标准溶液浓度/(mg/L)	0	0.1	0.2	0.4	0.6	0.8
取 Mg 储备液体积/mL	0	0.1	0.2	0.4	0.6	0.8

分别吸取镁标准溶液 0mL、0.1mL、0.2mL、0.4mL、0.6mL、0.8mL 于 6 个 50mL 的容量瓶中，分别加入 2mL（1+1）盐酸溶液和 5mL 氯化锶溶液，用水定容，混匀。在选定最佳工作条件下，于波长 285.2nm 处，使用贫燃性空气-乙炔火焰，以镁含量为 0 的标准溶液为参比溶液调零，测定各标准溶液的吸光度。以标准系列溶液镁的质量浓度（μg/mL）为横坐标，相应吸光度为纵坐标，绘制工作曲线。

（4）样品测定。

分别吸取一定体积的试样溶液于 50mL 容量瓶中，加入 2mL 盐酸溶液和 5mL 氯化锶溶液，用水定容，混匀。在与测定系列标准溶液相同的仪器条件下，测定其吸光度，在工作曲线上查出相应钙、镁的质量浓度 ρ_1、ρ_2（μg/mL）。

五、结果计算

液体试样钙、镁含量以质量浓度 $\rho(\mathrm{Ca})$、$\rho(\mathrm{Mg})$（μg/mL）表示，按下式计算：

$$\rho(\mathrm{Ca})= \rho_1 \cdot D$$
$$\rho(\mathrm{Mg})= \rho_2 \cdot D$$

式中：D 为稀释倍数。

第七章　物理污染控制实验

实验 41　城市区域环境噪声监测

一、实验目的

（1）掌握城市区域环境噪声的监测方法。
（2）熟悉声级计的使用。
（3）掌握对非稳态的无规噪声监测数据的处理方法。

二、实验原理

A 声级能够较好地反映人耳对噪声的强度和频率的主观感觉，对于一个连续的稳定噪声，它是一种较好的评价方法。但是，噪声通常是无规律的，对于起伏不定或时断时续的噪声，采用 A 声级显然不合适。为此，人们提出了用噪声能量平均的方法来评价非稳态的噪声对人的影响，这就是时间平均声级或等效连续声级，用 L_{eq} 表示。这里仍用 A 计权，故也称等效连续 A 声级，用 L_{Aeq} 表示。

等效连续 A 声级定义为在声场中某一定位置上，用某一段时间能量平均的方法，将间歇出现的变化的 A 声级以一个连续不变的 A 声级来表示该段时间内噪声的声级，并称这个 A 声级为此时间段的等效连续 A 声级，即

$$L_{eq} = 10 \times \lg \left\{ \frac{1}{T} \left[\frac{P_A(t)}{P_0} \right]^2 dt \right\} = 10 \times \lg \left(\frac{1}{T} \int_0^T 10^{0.1 L_A} dt \right) \tag{7-1}$$

式中：$P_A(t)$ 为瞬时 A 计权声压；P_0 为参考声压，$2 \times 10^{-5} Pa$；L_A 为变化 A 声级的瞬时值，dB；T 为某段时间的总量，h 或 min。

实际测量噪声是通过不连续的采样进行测量，假如采样时间间隔相等，则

$$L_{eq} = 10 \times \lg \left(\frac{1}{N} \sum_{i=1}^{n} 10^{0.1 L_{Ai}} \right) \tag{7-2}$$

式中：N 为测量的声级总个数；L_{Ai} 为采样到的第 i 个 A 声级，dB。

对于连续的稳定噪声，等效连续声级就等于测得的 A 声级。

昼夜等效声级表示一昼夜 4h 噪声的等效作用，用来评价区域环境噪声。由于人们对夜间噪声比较敏感，因此在计算一天 24h 的等效声级时，要对夜间的噪声加上 10dB 的计权，得到的昼夜等效声级以符号 L_{dn} 表示。其中，昼间等效用 L_d 表示，指的是在早上 6 点后到晚上 10 点前这段时间的等效值，可以将在这段时间内的 L_{eq} 通过式（7-3）计算出来；夜间等效用 L_n

表示，指的是在晚上 10 点后到次日早上 6 点前这段时间的等效值，可以将在这段时间内的 L_{eq} 通过式（7-4）计算出来。

$$L_{d} = 10 \times \lg \left(\frac{1}{N} \sum_{i=1}^{n} 10^{0.1 L_{eqi}} \right) \tag{7-3}$$

$$L_{n} = 10 \times \lg \left(\frac{1}{N} \sum_{i=1}^{n} 10^{0.1 L_{eqi}} \right) \tag{7-4}$$

$$L_{dn} = 10 \times \lg \left[\frac{1}{24} \left(16 \times 10^{L_d/10} + 8 \times 10^{(L_n+10)/10} \right) \right] \tag{7-5}$$

式中：L_d 为白天的等效声级；L_n 为夜间的等效声级；L_{eqi} 为一小段时间的等效值；N 为等效值的个数；16 为白天小时数（6:00～22:00）；8 为夜间小时数（22:00 至次日 6:00）。

三、实验仪器

AWA5636-2 型积分声级计（图 7-1），风速仪，HS6020 型声级校准器。

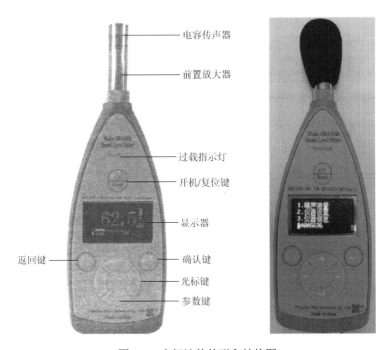

图 7-1　声级计的外形和结构图

1. 使用前的准备

（1）检查电容传声器和前置放大器是否已安装好。

（2）检查电池是否已装好，如未安装则应推开声级计背面电池盖板，接正确极性安装好电池。

（3）必要时，应使用声级校准器对声级计进行校准。

（4）声级计应定期（如一年）送计量部门检定，以保证声级计的准确性。

2. 校准

仪器若较长时间不用，或更换传声器，或经过检修，则需进行校准。HS6020 型声级校准器外部基准信号源进行声学校准，这种校准是对包括传声器在内的声级计的整机校准。HS6020 型声级校准器产生一个频率为 1000Hz、94dB 的稳定信号。校准程序有 5 步：

（1）除下风罩，将声级计各开关置于：量程选择"60～105"挡；时间计权"F"挡；读数标志"10s"。

（2）将电源开关置于"开"，此时显示器上有数字显示，预热 60s。

（3）将声级校准器套在传声器上，启动校准器。

（4）用小螺丝刀调整灵敏度调节器，使显示值为"93.8dB"。

（5）小心取下校准器，套上风罩。

四、实验步骤

（1）监测点选择。将要监测的城市区域全区域划分为不少于 100 个网格，监测点选在网格中心，若中心点不宜测量，可移至附近能测量的位置。

（2）准备好声级计，顺序到各点测量。

（3）读数方式用"F"挡，每隔 10s 读一个瞬时 A 声级，连续读取 100 个数据。读数的同时要判断和记录附近主要噪声来源和天气条件。

五、数据处理

环境噪声是随时间起伏的无规则噪声，测量结果一般用统计值或等效声级表示。

（1）有关符号的定义和含义。

L_{10} 表示有 10%的时间超过的噪声级，相当于噪声的平均峰值。

L_{50} 表示有 50%的时间超过的噪声级，相当于噪声的平均值。

L_{90} 表示有 90%的时间超过的噪声级，相当于噪声的本底值。

（2）将各测点的测量数据按由大到小顺序排列，找出 L_{10}、L_{50}、L_{90} 并求出等效声级 L_{eq}：

$$L_{eq} = 10 \times \lg \left(\frac{1}{100} \sum_{i=1}^{100} 10^{L_i/10} \right) \tag{7-6}$$

若符合正态分布，则

$$L_{eq} = L_{50} + \frac{d^2}{60} \tag{7-7}$$

其中：

$$d = L_{10} - L_{90} \tag{7-8}$$

六、注意事项

（1）声级计使用的电池电压不足时应更换。更换时，电源开关应置于"关"，长时间不用应将电池取出。

（2）每次测量前均应仔细校准声级计。

（3）在测量中改变任何开关位置后都必须按一下复位按钮，以消除开关换挡时可能引起的干扰。

（4）在读取最大值时，若出现过量程或欠量程标志，应改变量程开关的挡位，重新测量。

（5）测量天气应无雨雪，为防止风噪声对仪器的影响，在户外测量时要在传声器上装上风罩，风力超过四级以上时应停止测量。传声器的护罩不能随意拆下。

（6）注意反射对测量的影响，一般应使传声器远离反射面 2～3m，手持声级计应尽量使身体离开话筒，传声器离地面 1.2m，距人体至少 50cm。

（7）快挡"F"用于稳态噪声，如表头指示数字超过 4dB，则用慢挡"S"。读数不稳时可读中间值。

（8）HY602 有自动切断开关，按一次启动按钮，约 30s 后自动停机。如 30s 内未校准好声级计，需再按一次校准器启动按钮。校准时要确保校准器与传声器密合。

七、思考题

（1）等效声级的意义是什么？

（2）影响噪声测定的因素有哪些？如何注意？

实验 42　城市道路交通噪声监测

一、实验目的

（1）掌握城市道路交通噪声的监测方法。

（2）分析道路交通噪声声级与车流量、路况等的关系及变化规律。

（3）分析城市道路交通噪声的年度变化规律和变化趋势。

（4）掌握对非稳态的无规噪声监测数据的处理方法。

二、实验原理

由于环境交通噪声是随时间而起伏的无规则噪声，因此测量结果一般用统计值或等效声级来表示。

（1）A 声级。指 A 计权网络测得的声压级，用 L_A 表示，单位 dB（A）。

（2）等效连续 A 声级，简称等效声级，指在规定测量时间 T 内 A 声级的能量平均值，用

$L_{\text{Aeq}, T}$ 表示（简写为 L_{eq}），单位 dB（A），是声级的能量平均值。除特别申明，一般噪声限值等均为 L_{eq}，即

$$L_{\text{eq}} = \frac{1}{T} \int_0^T 10^{L_t/10} \mathrm{d}t \qquad (7\text{-}9)$$

式中：L_t 为时刻 t 的瞬时 A 声级；T 为规定的测量时间段。

（3）昼夜间等效声级。在昼间时段内测得的等效连续 A 声级，用 L_{d} 表示，单位 dB（A），昼间 6：00～22：00 时段。在夜间时段内测得的等效连续 A 声级，用 L_{n} 表示，单位 dB（A），夜间 22：00～6：00 时段。

（4）累积百分声级。用于评价测量时间段内噪声强度时间统计分布特征的指标，指占测量时间段一定比例的累积时间内 A 声级的最小值，用 L_N 表示，单位 dB（A）。最常用 L_{10}、L_{50} 和 L_{90}。

如果数据采集是按等时间间隔进行的，则 L_N 也表示有 $N\%$ 的数据超过的噪声级。

标准偏差：

$$\delta = \frac{1}{n-1} \sum_{i=1}^n (L - L_i)^2 \qquad (7\text{-}10)$$

式中：L_i 为测得的第 i 个声级；L 为测得声级的算术平均值；n 为测得声级的总个数。

如果数据符合正态分布，其累积分布在正态概率坐标上为一直线，即可用近似公式：

$$L_{\text{eq}} = L_{50} + \frac{d^2}{60}$$

$$d = L_{10} - L_{90}$$

标准偏差：

$$\delta = 1/2(L_{16} - L_{84})^2$$

三、实验仪器

AWA5636-2 型积分声级计（图 7-1），风速仪，HS6020 型声级校准器。

四、实验步骤

1. 仪器检查

检查声级计是否能正常使用，并用声级校准器校准，示值偏差≤0.5dB。

2. 气象条件选择

测量天气应无雨雪、雷电，风速 5m/s 以下。

3. 测量地点选择

测量地点原则上应选择在两个交通道路口之间的交通线上，距任一路口的距离大于 50m，

路段不足 100m 的选路段中点，测点位于人行道上，距路面（含慢车道）20cm 处，距离任何反射物（地面除外）至少 3.5m 外测量，距离地面 1.2m 高度以上。

4. 监测时间段选择

测量时间段选在每天的两个交通高峰时间，即 7：30～9：00、16：30～18：00；每个点连续测定两天，每次连续监测 20min。

5. 测量方法

（1）每组配置一台声级计，到选择地点进行监测。

（2）读数方式采用慢挡，每隔 5s 读一个瞬时 A 声级，连续读取 200 个数据，同时记录大型车和中小型车的流量及天气情况。

五、数据处理

交通噪声是随时间而起伏的无规则噪声，测量结果一般用等效连续 A 声级或统计声级来表示。

1. 等效连续 A 声级的计算

将表格中所得各监测数据按能量叠加法则进行累加得到 L_{eq}，按式（7-11）计算等效连续 A 声级：

$$L_{eq} = 10 \times \lg\left(\frac{1}{n}\sum_{i=1}^{n}10^{L_i/10}\right) \qquad (7\text{-}11)$$

式中：L_i 为每 5s 的瞬时 A 声级。

2. 统计声级的计算

将所测得的 200 个数据从大到小排列，找出第 10% 个数据即为 L_{10}，第 50% 个数据为 L_{50}，第 90% 个数据为 L_{90}。即将 200 个数据按从大到小的顺序排列，第 20 个数据即为 L_{10}，第 100 个数据即为 L_{50}，第 180 个数据即为 L_{90}。按下式求出等效声级 L_{eq} 及标准偏差 δ：

$$L_{eq} = L_{50} + \frac{d^2}{60}（其中：d = L_{10} - L_{90}） \qquad L_{NP} = L_{eq} + d$$

$$\delta = \frac{1}{2}\left(L_{16} - L_{84}\right)^2$$

式中：L_{NP} 为噪声污染级。

六、结果评价

道路交通噪声强度等级划分为"一级"～"五级"，可分别对应评价为"好"、"较好"、"一般"、"较差"、"差"。道路交通噪声强度等级划分见表 7-1。

表 7-1　道路交通噪声强度等级划分

等级	一级	二级	三级	四级	五级
昼间平均等效声级/dB	≤68.0	68.1~70.0	70.1~72.0	72.1~74.0	>74.0
夜间平均等效声级/dB	≤58.0	58.1~60.0	60.1~62.0	62.1~64.0	>64.0

七、思考题

（1）在无机动车辆通过时，监测点处的本底噪声约为多少？

（2）什么情况下可以使用统计声级计算等效连续 A 声级？

（3）实验中使用等效连续 A 声级与统计声级两种方法计算出的 L_{eq} 数值是否一致？

实验 43　工业企业噪声监测

一、实验目的

（1）掌握工业企业噪声的监测方法。

（2）熟悉声级计的使用。

（3）掌握对工业企业噪声监测数据的处理方法。

二、实验原理

工业企业噪声可能是稳态噪声或非稳态噪声。若被测声源是稳态噪声，则测量 A 声级，记为 dB（A）；若被测声源是非稳态噪声，测量有代表性时段的等效声级或测量不同 A 声级下的暴露时间，计算等效连续 A 声级。对于测量结果的评价，各个测点的结果应单独评价。同一测点的结果，也要按昼间、夜间分别评价。最大声级 L_{max} 直接评价。

三、实验仪器

AWA5636-2 型积分声级计（图 7-1），声级频谱仪，HS6020 型声级校准器。

四、实验步骤

1. 仪器检查

检查声级计是否能正常使用，并用声级校准器校准，示值偏差≤0.5dB。

2. 测量地点选择

在测量工业企业噪声时，应将传声器放在操作人员的耳朵位置（人离开）。若在车间内各处 A 声级相差不大（小于 3dB），则只需在车间内选择 1~3 个测点。若车间各处声级波动较大（大于 3dB），只需按声级大小，将车间分成若干区域，任意两个区域的声级差应大于或等于 3dB，每个区域内的声级波动必须小于 3dB，每个区域取 1～3 个测点。这些区域必须包括所有工人经常工作和活动的地方和范围。测量时要注意减少环境因素对测量结果的影响，如应注意避免或减少气流、电磁场、温度和湿度等因素对测量结果的影响。

3. 测量方法

（1）每组配置一台声级计，到选择地点进行监测。

（2）读数方式采用 F 挡，取平均读数。

五、数据处理

测量结果记录于表 7-2 和表 7-3。在表 7-3 中，测量的 A 声级的暴露时间必须填入对应的中心声级下面，以便计算。例如，78～82dB（A）的暴露时间填在中心声级 80 之下，83～87dB（A）的暴露时间填在中心声级 85 之下。

表 7-2 工业企业噪声测量记录表

_____厂_____车间，厂址_____　　　　　　　　　　　　　　日期：____年____月____日

测量仪器	名称	型号		校准仪器名称型号						备注		

车间设备状况	机器名称	型号	功率	运转状态		备注
				开/台	停/台	

设备分布测点示意图												

数据记录	测点	声级/dB		倍频带声压级/dB									
				31.5	63	125	250	500	1k	2k	4k	8k	16k

表 7-3 等效连续声级记录表

	测点	中心声级										等效连续声级
		80	85	90	95	100	105	115	120	125	130	
暴露时间/min												

续表

测点	中心声级										等效连续声级
	80	85	90	95	100	105	115	120	125	130	
暴露时间/min											

六、注意事项

（1）在对一个工业企业的噪声进行监测之前要对这个工厂的运行工况以及这个工厂的地址的布置进行详细调查。第一步要做的是要在工厂正常生产情况下，对于生产的负荷情况进行准确记录，这样得到的监测结果才是真实可靠的；一般来说，对于工业企业厂界噪声监测点位置的选取，需要综合考虑声源位置、周围噪声敏感建筑物的布局，以及毗邻的区域类别。但是必须包括距噪声敏感建筑物较近，以及受被测声源影响大的位置。

（2）要了解这个工厂的平面布置图，从而了解噪声产生的源头的情况，以及工艺生产设备所在的场地和这些设备工作时间段；如果无法测量实际排放状况时，如声源在距离地面很远的高空中或企业非常人性化地装了声屏障，除了布设一般点位外，还要在疗养院外 1m 处另设测点。如果间距小于 1m，那就在疗养院的室内测量。点位设在距任一反射面至少 0.5m 以上，距地面高度 1.2m 处，受噪声影响方向的窗户开启状态下测量。

（3）测点数量的确定也很复杂，按照标准中测点布设原则，同时结合厂界大小、声源分布、厂界周边情况和厂界外有无敏感点确定。另外监测目的不同，测点数量、周期差别也很大。对于建设项目竣工验收监测，中小项目测点间距 50~100m，大型项目测点间距 100~300m，噪声变化较大的地段，还需要适当加密。

（4）要对工厂周围的环境比较敏感的地点进行了解，像医院和学校等这些需要保持安静的场所也要对这些场所的其他噪声的来源进行标注。

（5）厂界测试一般不少于连续两昼夜，如遇特殊情况酌情增加频次。例如，外界有敏感目标，且容易产生噪声污染事件的项目；易产生夜间突发噪声的项目；或易造成数据超标，需要进行背景噪声监测的项目。

（6）注意测量背景噪声时，应注意排除一些外界的干扰，包括夏季虫鸣鸟叫及其他自然声音。若被测声源是稳态噪声，测量 1min 的等效声级；若被测声源是非稳态噪声，测量有代表性时段的等效声级，如果这个时段不好把握，就在正常工作时段连续监测。对于在晚上偶尔发出噪声的影响情况下，监测时需要进行最大声级的测量。

（7）对于测量结果的评价，各个测点的结果应单独评价。同一测点的结果，也要按昼间、夜间分别评价。最大声级 L_{max} 直接评价。另外，监测结果按照数值修约规则，取整后再进行评价。

（8）测量天气应无雨雪、雷电，风速 5.5m/s 以下。

《工业企业厂界环境噪声排放标准》(GB 12348—2008),厂界噪声排放限值见表7-4～表7-6。

表 7-4 工业企业厂界环境噪声排放限值 单位:dB(A)

边界处声环境功能区类型	时段	
	昼间	夜间
0	50	40
1	55	45
2	60	50
3	65	55
4	70	55

表 7-5 结构传播固定设备室内噪声排放限值(等效声级) 单位:dB(A)

噪声敏感建筑物环境所处功能区类别	A 类房间		B 类房间	
	昼间	夜间	昼间	夜间
0	40	30	40	30
1	40	30	45	35
2、3、4	45	35	50	40

注:A 类房间是指以睡眠为主要目的,需要保证夜间安静的房间,包括住宅卧室、医院病房、宾馆客房等;B 类房间是指主要在昼间使用,需要保证思考与精神集中、正常讲话不被干扰的房间,包括学校教室、办公室、住宅中卧室以外的其他房间等。

表 7-6 结构传播固定设备室内噪声排放限值(倍频带声压级) 单位:dB

噪声敏感建筑物环境所处功能区类别	时段	房间类别	室内噪声倍频带声压级限值				
			31.5Hz	63Hz	125Hz	250Hz	500Hz
0	昼间	A、B 类房间	76	59	48	39	34
	夜间	A、B 类房间	69	51	39	30	24
1	昼间	A 类房间	76	59	48	39	34
		B 类房间	79	63	52	44	38
	夜间	A 类房间	69	51	39	30	24
		B 类房间	72	55	43	35	29
2、3、4	昼间	A 类房间	79	63	52	44	38
		B 类房间	82	67	56	49	34
	夜间	A 类房间	72	55	43	35	29
		B 类房间	76	59	48	39	34

七、思考题

(1)你所监测的该企业噪声状况是否符合《工业企业厂界环境噪声排放标准》(GB 12348—2008)?

（2）为了更好地执行《工业企业厂界环境噪声排放标准》（GB 12348—2008），你对该厂的噪声防治和控制有什么建议？

实验 44　城市区域环境振动的测量

一、实验目的

（1）学习环境振动的监测方法。
（2）掌握环境振动测量仪的使用、监测布点与测量方法。
（3）学会环境振动监测数据的处理及报告编制。

二、实验原理

环境振动指特定环境条件引起的所有振动，通常是由远近许多振动源产生的振动组合，属于一种无规则的随机振动，其频率范围为 1～80Hz，描述振动强度的物理量有位移（振幅）s、速度 v 和加速度 a 等，它们都是频率的函数，在测量中只需测量其中一个量（位移、速度或加速度），就可通过微分或积分求出另两个量。例如，常利用压电加速度计测量振动的加速度，再利用合适的积分器（频率滤波器）进行一次积分求得振动速度，二次积分求得位移。描述环境振动的一些术语如下。

1. 振动加速度级（vibration acceleration level）

加速度与基准加速度之比的以 10 为底的对数乘以 20，记为 VAL，单位为分贝（dB）。

$$VAL = 20 \times \lg(a / a_0)$$

式中：VAL 为振动加速度级，dB；a 为振动加速度有效值，m/s^2；a_0 为基准加速度，$a_0 = 10^{-6}$m/s^2。

2. 振动级（vibration level）

按 GB/T 13441.1—2007 规定的全身振动不同频率计权因子修正后得到的振动加速度级，简称振动级，记为 VL，单位为分贝（dB）。

3. Z 振级（vibration level of whole body in the Z direction）

按 GB/T 13441.1—2007 规定的全身振动 Z 计权因子修正后得到的振动加速度级，记为 VL$_Z$，单位为分贝（dB）。

4. 累计百分 Z 振级（vibration level of whole body in the Z direction for percent N）

在规定的测量时间 T 内，有 $N\%$ 时间的 Z 振级超过某一 VL$_Z$ 值，这个 VL$_Z$ 值称为累计百分 Z 振级，记为 VL$_{ZN}$，单位为分贝（dB）。

5. 等效连续 Z 振级（equivalent continuous vibration level of whole body in the Z direction）

在某规定时间内 Z 振级的能量平均值，用 VL$_{Zeq}$ 表示，单位为分贝（dB）。

6. 稳态振动（steady-state vibration）

观测时间内振级变化≤3dB 的环境振动。

7. 冲击振动（impact vibration）

具有突发性振级变化的环境振动。

8. 无规振动（random vibration）

未来任何时刻不能预先确定振级的环境振动。

9. 铁路振动（railway vibration）

由铁路列车运行所引起的轨道外轨两侧 30m 以外的环境振动。

三、实验仪器

AWA6256B + 噪声振动测量仪。

1. 仪器构成

环境振动仪器一般由拾振器、放大器、衰减器、频率计权、频率限止电路、检波-平均、指示器等部分组成。仪器具体构成如图 7-2 所示。

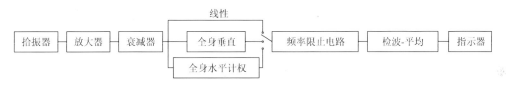

图 7-2　环境振动仪器的组成

2. 仪器要求

用于测量环境振动的仪器，其性能必须符合 ISO 8041—2005 有关条款的规定。测量系统每年至少送计量部门校准一次。

四、实验步骤

（1）布点。按照布点原则，选取符合测量条件的有代表性的监测点位，记录周围的环境情况和气象条件。

（2）确定测量位置。测点置于各类区域建筑物室外 0.5m 以内振动敏感处。必要时，测点置于建筑物室内地面中央。

（3）将仪器开关置于"ON"挡。现场测量前，先使用仪器内部电气信号进行校准，使仪器电灵敏度保持不变，并将校准结果进行记录。

（4）检查仪器供电是否正常，若电池电量不足，需立即充电或更换电池后方可使用。检查测量仪器基本工作状态。

（5）将振动仪频率计权特性置于"Z"计权，将时间计权特性置于"快"挡。安装好拾振器。测量过程中应确保拾振器平稳地安放在平坦、坚实的地面上，避免置于如地毯、草地、砂地或雪地等松软的地面上。拾振器的轴线应当垂直地面，即拾振器的灵敏度方向应与测量方向一致。所测量的铅垂向 Z 振级，其读数方法和评价量如下：

（a）本测量方法采用的仪器时间计权常数为 1s。

（b）稳态振动。每个测点测量一次，取 5s 内的平均示数作为评价量。

（c）冲击振动。取每次冲击过程中的最大示数为评价量。对于重复出现的冲击振动，以 10 次读数的算术平均值为评价量。

（d）无规振动。每个测点等间隔地读取瞬时示数，采样间隔不大于 5s，连续测量时间不少于 1000 s，以测量数据的 VL_{Z10} 值为评价量。

（e）铁路振动。读取每次列车通过过程中的最大示数，每个测点连续测量 20 次列车，以 20 次读值的算术平均值为评价量。

五、测量条件

（1）测量时振源应处于正常工作状态。

（2）测量应避免足以影响环境振动测量值的其他环境因素，如剧烈的温度梯度变化、强电磁场、强风、地震或其他非振动污染源引起的干扰。

六、数据处理

环境振动测量按待测振源的类别，选择表7-7～表7-9中的对应表格逐项记录。测量交通振动，必要时应记录车流量。

表 7-7　稳态或冲击振动测量记录表

测量地点		测量日期		
测量仪器		测量人员		
振源名称及型号		振动类别	稳态	
			冲击	
测点位置图示		地面状况		
		备注		

数据记录 VL_Z（dB）

编号	1	2	3	4	5	6	7	8	9	10	平均值

表 7-8　无规振动测量记录表

测量地点		测量日期	
测量仪器		测量人员	
取样时间		取样间隔	
主要振源			
测点位置图示		地面状况	
		备注	

数据记录 VL_Z（dB）

编号	1	2	3	4	5	6	7	8	9	10	11

续表

编号	1	2	3	4	5	6	7	8	9	10	11
处理结果											

表 7-9　铁路振动测量记录表

测量地点		测量日期	
测量仪器		测量人员	
测点位置图示		地面状况	
		备注	

数据记录 VL_Z（dB）

序号	时间	客/货/机车	上行/下行	VL_Z	序号	时间	客/货/机车	上行/下行	VL_Z
1					11				
2					12				
3					13				
4					14				
5					15				
6					16				
7					17				
8					18				
9					19				
10					20				
处理结果									

实验 45　电磁辐射监测

　　交变电场的周围会产生交变的磁场。由于磁场的变化，其周围产生新的电场。它们的运动方向是互相垂直的。这种交变的电场与磁场的总和，就是电磁场。这种变化的电场与磁场交替地产生，由近及远，互相垂直（也与自己的运动方向垂直），并以一定速度在空间传播的过程中不断地向周围空间辐射能量，这种辐射的能量称为电磁辐射。人们日常生活、生产过程中会接触到各种辐射源，如广播电视发射系统、无线通信发射/雷达系统、高压送变电系统、工业/科学/医疗用电磁辐射设备、电气化铁路交通系统、家用电器等。电磁辐射会导致电磁干扰，对人类生活环境和生产环境造成危害。

一、实验目的

（1）掌握电磁辐射仪的测定原理和测量方法。
（2）了解电磁辐射的危害和相关的防护措施。
（3）掌握电磁辐射的监测方法。

二、实验原理

按照国家规定《电磁辐射防护规定》、国家标准《电磁环境控制限值》（GB 8702—2014）及行业标准《辐射环境保护管理导则 电磁辐射监测仪器和方法》（HJ/T 10.2—1996）、《辐射环境保护管理导则 电磁辐射环境影响评价方法与标准》（HJ/T 10.3—1996）所规定的监测方法。

三、实验仪器

NF-5035 手持式低频电磁场辐射检测仪，HF-60105 高频电磁场辐射检测仪，CA43 射频电磁辐射测量仪。

四、实验步骤

（一）常规电磁辐射监测

1. 电磁辐射污染源监测

1）环境条件
应符合行业标准和仪器标准中规定的使用条件。测量记录表应注明环境温度、相对湿度。
2）测量仪器
可使用各向同性响应或有方向性电场探头或磁场探头的宽带辐射测量仪。采用有方向性探头时，应在测量点调整探头方向以测出测量点最大辐射电平。
测量仪器工作频带应满足待测场要求，仪器应经计量标准定期鉴定。
3）测量时间
在辐射体正常工作时间内进行测量，每个测点连续测 5 次，每次测量时间不应小于 15s，并读取稳定状态的最大值。若测量读数起伏较大时，应适当延长测量时间。
4）测量位置
测量位置取作业人员操作位置，距地面 0.5m、1m、1.7m 三个部位。
辐射体各辅助设施（计算机房、供电室等）作业人员经常操作的位置，测量部位距地面 0.5～1.7m。辐射体附近的固定哨位、值班位置等。

5）数据处理

计算出每个测量部位平均场强值（若有几次读数）。

根据各操作位置的 E（H，P_d）值按国家标准《电磁环境控制限值》（GB 8702—2014）或其他部委制定的安全限值作出分析评价。

2. 环境电磁辐射测量方法

1）测量条件

气候条件：气候条件应符合行业标准和仪器标准中规定的使用条件。测量记录表应注明环境温度、相对湿度。

测量高度：离地面 1.7～2m 高度。也可根据不同目的，选择测量高度。

测量频率：电场强度测量值＞50dB（μV/m）的频率作为测量频率。

测量时间：测量时间为 5：00～9：00、11：00～14：00、18：00～23：00 城市环境电磁辐射的高峰期。24h 昼夜测量，昼夜测量点不应少于 10 点。测量间隔时间为 1h，每次测量观察时间不应小于 15s，若指针摆动过大，应适当延长观察时间。

2）布点方法

（1）典型辐射体环境测量布点。对典型辐射体，如某个电视发射塔周围环境实施监测时，则以辐射为中心，按间隔 45° 的八个方位为测量线，每条测量线上选取距场源分别 30m、50m、100m 等不同距离定点测量，测量范围根据实际情况确定。

（2）一般环境测量布点。对整个城市电磁辐射测量时，根据城市测绘地图，将全区划分为 1×1（km²）的小方格，取方格中心为测量位置，按上述方法在地图上布点后，应对实际测点进行考察。考虑地形地物影响，实际测点应避开高层建筑物、树木、高压线及金属结构等，尽量选择空旷地方测试。允许对规定测点进行调整，测点调整最大为方格边长的 1/4，对特殊地区方格允许不进行测量。需要对高层建筑进行测量的，应在各层阳台或室内选点测量。

3）测量仪器

（1）非选频式辐射测量仪。具有各向同性响应或有方向性探头的宽带辐射测量仪属于非选频式辐射测量仪。用有方向性探头时，应调整探头方向以测出最大辐射电平。

（2）选频式辐射测量仪。各种专门用于 EMI 测量的场强仪，干扰测试接收机，以及用频谱仪、接收机、天线自行组成测量系统经标准场校准后可用于此目的。测量误差应小于 ±3dB，频率误差应小于被测频率的 10^{-3} 数量级。该测量系统经模/数转换微机连接后，通过编制专用测量软件可组成自动测试系统，达到数据自动采集和自动测试，测量仪可设置于平均值（适用于较平稳的辐射测量）或准峰值（适用于脉冲辐射测量）检波方式。每次测试时间为 8～10min，数据采集取样率为 2 次/s，进行连续取样。

4）数据处理

如果测量仪器读出的场强瞬时值的单位为分贝，dB（μV/m），则选择式（7-12）换算成以 V/m 为单位的场强：

$$E_i = 10^{\frac{x}{20}-6} \ (\text{V/m}) \tag{7-12}$$

式中：x 为场强仪读数，dB（μV/m），然后依次按下列各公式计算：

$$E = \frac{1}{n}\sum_{i=1}^{n}E_i \ \text{(V/m)} \tag{7-13}$$

$$E_s = \sqrt{\sum E^2} \ \text{(V/m)} \tag{7-14}$$

$$E_G = \frac{1}{M}\sum E_s \ \text{(V/m)} \tag{7-15}$$

式中：E_i 为在某测量位、某频段中被测频率 i 的测量场强瞬时值，V/m；n 为 E_i 值的读数个数；E 为在某测量位、某频段中各被测频率 i 的场强平均值，V/m；E_s 为在某测量位、某频段中各被测频率的综合场强，V/m；E_G 为在某测量位，在 24h（或一定时间）内测量某频段后的总的平均综合场强，V/m；M 为在 24h（或一定时间）内测量某频段的测量次数。

测量的标准误差仍用通常公式计算。

如果测量仪器用的是非选频式的，不用式（7-14）。

（二）交流输变电工程电磁辐射环境监测

1. 监测对象

110kV 及以上电压等级的交流输变电工程。

2. 监测因子

工频电场强度（kV/m）、工频磁场强度（μT）。

3. 环境条件

无雨无雾无雪的天气，环境湿度 80% 以下。

4. 监测具体方法

监测仪器的探头应架设在地面以上 1.5m 处，其他高度应注明。

工频电场强度监测时，监测人员与监测仪器探头的距离 ≥2.5m。监测仪器探头与固定物体的距离应不小于 1m。

工频磁场强度监测时，监测探头可以用一个小的电介质手柄支撑，并可由监测人员手持。采用一维探头监测时，应调整探头使其位置在监测最大值的方向。

5. 监测布点

1）架空输电线路

地点：平坦、远离树木、没有其他电力线路、通信线路及广播线路的空地上。

路径：导线中央挡距弧垂最低位置的横截面方向，如图 7-3 所示。单回路输电线路应以弧垂最低位置中相导线对地投影点为起点，同塔多回输电线路应以弧垂最低位置挡距对应两杆塔中央连线对地投影为起点，监测点均用分布在边相导线两侧的横截面方向上。对于挂线方式以杆塔对称排列的输电线路，只需在杆塔一侧的横截面方向上布置监测点。

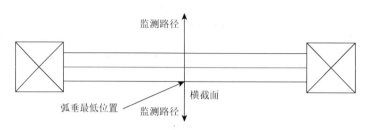

图 7-3　架空输电线路下方工频电场和磁场监测布点图

监测点间距一般为 5m，顺序测至距离边向导线对地投影 50m。在测量最大值时，两相邻监测点的距离≤1m。

2）地下输电电缆

断面监测路径以地下输电电缆线路中心正上方的地面为起点，沿垂直于线路方向进行，测点间距 1m，顺序测至电缆管廊两侧边缘各外延长 5m。

3）变电站（开关站、串补站）

断面监测路径应选择在变电站电压等级最高区域的围墙外侧，在空地上（如前所述），避开进出线，以围墙为起点，监测点间距 5m，顺序测至距围墙 50m。

各侧围墙外 5m 处均需布置监测点，包括靠近配电区域、主变区域和进出线路的位置。

4）建（构）筑物

在建筑物外监测，应选择在建筑物靠近输变电工程的一侧，且距离建筑物≥1m 处布点。

在建筑物内监测，应在距离墙壁或其他固定物体 1.5m 外的区域处布点。如不能满足上述距离要求，则取房屋立足平面中心位置作为监测点，但监测点与周围固定物体间的距离≥1m。

在建筑物的阳台或平台监测，应在距离墙壁或其他固定物体 1.5m 外的区域布点。如不能满足上述距离要求，则取阳台或平台立足平面中心位置作为监测点。

6. 数据记录与处理

在输变电工程正常运行时间内进行监测，每个测点连续测 5 次，每次检测时间≥15s，并读取稳定状态的最大值。

求出每个监测位置的 5 次读数的算术平均值作为监测结果。

第八章　环境工程微生物实验

实验46　培养基的制备和灭菌

一、实验目的

（1）掌握培养基的配制、分装方法。
（2）学习常用玻璃器皿的包扎技术。
（3）掌握各种实验室灭菌方法及技术。

二、实验原理

培养基是供微生物生长、繁殖、代谢的混合养料。由于微生物具有不同的营养类型，对营养物质的要求也各不相同，加之实验和研究的目的不同，所以培养基的种类很多，使用的原料也有差异，但从营养角度分析，培养基中一般含有微生物所必需的碳源、氮源、无机盐、生长素及水分等。另外，培养基还应具有适宜的 pH、一定的缓冲能力、一定的氧化还原电位及合适的渗透压。

培养基的种类很多，可以根据微生物种类和实验目的不同分成若干类型。

1. 按照培养基的成分来分

培养基按其所含成分，可分为合成培养基、天然培养基和半合成培养基三类。

（1）合成培养基。合成培养基的各种成分完全是已知的各种化学物质。这种培养基的化学成分清楚，组成成分精确，重复性强，但价格较贵，而且微生物在这类培养基中生长较慢，如高氏一号合成培养基、察氏培养基等。

（2）天然培养基。由天然物质制成，如蒸熟的马铃薯和普通牛肉汤，前者用于培养霉菌，后者用于培养细菌。这类培养基的化学成分很不恒定，也难以确定，但配制方便，营养丰富，所以常被采用。

（3）半合成培养基。在天然有机物的基础上适当加入已知成分的无机盐类，或在合成培养基的基础上添加某些天然成分，如培养霉菌用的马铃薯葡萄糖琼脂培养基。这类培养基能更有效地满足微生物对营养物质的需要。

2. 按照培养基的物理状态分

培养基按其物理状态可分为固体培养基、液体培养基和半固体培养基三类。

（1）固体培养基。是在培养基中加入凝固剂，有琼脂、明胶、硅胶等。固体培养基常用于微生物分离、鉴定、计数和菌种保存等方面。

（2）液体培养基。液体培养基中不加任何凝固剂。这种培养基的成分均匀，微生物能充分接触和利用培养基中的养料，适于作生理等研究，由于发酵率高，操作方便，也常用于发酵工业。

（3）半固体培养基。是在液体培养基中加入少量凝固剂而呈半固体状态。可用于观察细菌的运动、鉴定菌种和测定噬菌体的效价等方面。

3. 按照培养基用途分

培养基按用途可分为基础培养基、加富培养基、选择培养基和鉴别培养基。

（1）基础培养基。含有一般细菌生长繁殖需要的基本的营养物质。最常用的基础培养基是天然培养基中的牛肉膏蛋白胨培养基。

（2）加富培养基。是在基础培养基中加入某些特殊营养物质，如血、血清、动植物组织提取液，用以培养要求比较苛刻的某些微生物。

（3）选择培养基。是根据某一种或某一类微生物的特殊营养要求或对一些物理、化学抗性而设计的培养基。利用这种培养基可以将所需要的微生物从混杂的微生物中分离出来。

（4）鉴别培养基。是在培养基中加入某种试剂或化学药品，使微生物培养后会发生某种变化，从而区别不同类型的微生物。

三、实验仪器与试剂

1. 器皿及材料

高压蒸气灭菌锅、干燥箱、电炉、药物天平、培养皿、试管、刻度移液管、锥形瓶、烧杯、量筒、漏斗、试管架、玻璃珠、石棉网、药匙、铁架、表面皿、铁丝筐、剪刀、酒精灯、线绳、牛皮纸或报纸、纱布、乳胶管、pH 试纸和棉花等。

2. 药品试剂

牛肉膏、蛋白胨、酵母粉、葡萄糖、麦芽提取物、氯化钠、1mol/L 氢氧化钠溶液、1mol/L 盐酸和琼脂等。

四、实验步骤

（一）营养肉汤培养基和麦芽汁培养基的配制

营养肉汤培养基配方：牛肉膏 0.5%、蛋白胨 1.0%、NaCl 0.5%、琼脂 2.0%，pH 7.0～7.2。
麦芽汁培养基配方：蛋白胨 0.5%、葡萄糖 1%、酵母粉 0.3%、麦芽提取物 0.3%、琼脂 2.0%，pH 6.2。

1. 计算称量

根据配方，计算出培养基中各种药品所需要的量，然后分别称（量）取。

2. 溶解

一般情况下，几种药品可一起倒入烧杯内，先加入少于所需要的总体积水进行加热溶解（但在配制化学成分较多的培养基时，有些药品，如磷酸盐和钙盐、镁盐等混在一起容易产生结块、沉淀，故宜按配方依次溶解。个别成分如能分别溶解，经分开灭菌后混合，则效果更为理想）。加热溶解时，要不断搅拌。如有琼脂在内，更应注意。待完全溶解后，补足水分到需要的总体积。

3. 调节 pH

用滴管逐滴加入 1mol/L NaOH 或 1mol/L HCl，边搅动边用精密的 pH 试纸测其 pH，直到符合要求为止。pH 也可用 pH 计来测定。

4. 过滤

要趁热用四层纱布过滤。

5. 分装

按照实验要求进行分装。装入试管中的量不宜超过试管高度的 1/5，装入锥形瓶中的量以烧瓶总体积的一半为限。在分装过程中，应注意勿使培养基沾污管口或瓶口，以免弄湿棉塞，造成污染。

6. 加塞

培养基分装好以后，在试管口或烧瓶口应加上一只棉塞。棉塞的作用有二：一方面阻止外界微生物进入培养基内，防止由此而引起的污染；另一方面保证有良好的通气性能，使微生物能不断地获得无菌空气。因此，棉塞质量的好坏对实验的结果有很大影响。

7. 灭菌

在塞上棉塞的容器外面再包一层牛皮纸，放入高压蒸气灭菌锅内灭菌。培养基的灭菌时间和温度，需按照各种培养基的规定进行，以保证灭菌效果和不损坏培养基的必要成分。一般培养基常用 $1kg/cm^2$（121℃）蒸气压经 15～20min 即可达到灭菌的效果。肉汤培养基在 121℃ 下灭菌 15min；麦芽汁培养基在 115℃ 下灭菌 20min。灭菌后如需制成斜面培养基，应在培养基冷却至 50～60℃时，将试管搁置呈一定的斜度，斜面高度不超过试管总高度的 1/3～1/2（图 8-1）。

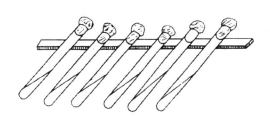

图 8-1　斜面培养基的摆法

培养基经灭菌后，应保温培养 2～3d，检查灭菌效果，无菌生长者方可使用。

（二）玻璃器皿的准备

1. 洗涤

玻璃器皿在使用前必须洗涤干净。培养皿、试管、锥形瓶等可用洗衣粉加去污粉洗刷并用自来水冲洗。移液管先用洗涤液浸泡，再用水冲洗干净。洗刷干净的玻璃器皿自然晾干或放入干燥箱中烘干、备用。

2. 包装

（1）移液管的包装。在距其粗头顶端约 0.5cm 处，用细铁丝或牙签将少许棉花塞入构成 1～1.5cm 长的棉花，起过滤作用，棉花要塞得松紧适宜，吸时既能通气，又不使棉花滑入管内。然后将塞好棉花的移液管的尖端，放在 4～5cm 宽的长纸条一端，移液管与纸条约呈 30°夹角，折叠包装包住移液管的尖端，用左手将移液管压紧，在桌面上向前挫转，纸条螺旋式地包在移液管外面，余下的纸折叠打结（图 8-2）。按实验要求，可单支包装或多支包装，待灭菌。

（2）培养皿的包装。培养皿由一底一盖组成一套，用牛皮纸或报纸将 10 套培养皿（皿底朝里，皿盖朝外，5 套、5 套相对而放）包好。或装入培养皿灭菌筒内。

（3）棉塞的制作。按试管口或锥形瓶口大小估计用棉量，将棉花铺成中间厚、周围逐渐变薄的近正方形，折一个角后（呈五边形）卷成卷（图 8-3），一手握粗端，将细端塞入试管或锥形瓶口内，棉塞不宜过松或过紧，用手提棉塞，以管、瓶不掉为宜。

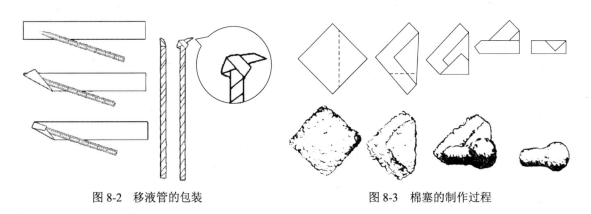

图 8-2　移液管的包装　　　　　　　　　图 8-3　棉塞的制作过程

3. 灭菌

灭菌是用物理或化学的方法来杀死或除去物品上或环境中的所有微生物。培养皿、移液管及其他玻璃器皿一般可采用干热灭菌法和高压蒸气灭菌法。

采用干热灭菌法时先将包装好的上述物品放入电热干燥箱中，将温度调至 160～170℃后维持 2h，结束时把干燥箱的调节旋钮调回零处，待温度降到 50℃左右，将物品取出。此过程中温度的变化不超过 170℃，避免燃烧。

如采用高压蒸气灭菌法，则将物品放在高压蒸气灭菌锅内，在压力 1.05kg/cm² （15 磅/英寸²）、温度 121.5℃下保持 15～30min 进行灭菌。

五、思考题

（1）培养基是根据什么原理配制成的？肉膏蛋白胨琼脂培养基的不同成分各起到什么作用？

（2）配制培养基的基本步骤有哪些？应该注意什么问题？

（3）培养基配好后，为什么必须立即灭菌？如何检查灭菌后的培养基是无菌的？

（4）试管口、吸管口的棉花塞和锥形瓶口的纱布有什么作用？覆盖的防潮纸又有什么作用？

（5）进行高压蒸气灭菌操作应注意哪些事项？可能导致灭菌不完全的因素有哪些？

（6）干热灭菌完毕后，在什么情况下才可开箱取物？为什么？

实验 47　显微镜的使用及微生物基本形态的观察

实验目的

（1）了解普通光学显微镜的基本构造和工作原理。

（2）掌握普通光学显微镜，重点是油镜的使用技术和维护。

（3）学习细菌、酵母、霉菌形态的观察。

（4）掌握微生物的染色技术。

（5）学会微生物的一般制片方法。

Ⅰ　显微镜的使用

17 世纪荷兰人列文虎克制造了第一台显微镜，首次把微生物世界展现在人类面前，得以观察微生物的形态、大小等基本特性。显微镜的问世对微生物学的奠基和发展起到了不可估量的作用。随着科学技术的发展，显微镜的种类越来越多，有普通光学显微镜、相差显微镜、荧光显微镜、暗视野显微镜及电子显微镜和原子力显微镜。微生物学实验中最常用的是普通光学显微镜。

一、显微镜的基本结构及油镜的工作原理

现代普通光学显微镜利用目镜和物镜两组透镜系统来放大成像，故又常称为复式显微镜。它们由机械系统和光学系统两大部分组成（图 8-4）。

1. 机械系统

机械系统包括镜座、镜臂、镜筒、物镜转换器、载物台、调节器等。

（1）镜座。它是显微镜的基座，可使显微镜平稳地放置在平台上。

（2）镜臂。用以支持镜筒，也是移动显微镜时手握的部位。

（3）镜筒。它是连接接目镜（简称目镜）和接物镜（简称物镜）的金属圆筒。镜筒上端插入目镜，下端与物镜转换器相接。镜筒长度一般固定，通常是 160mm。有些显微镜的镜筒长度可以调节。

（4）物镜转换器。它是一个用于安装物镜的圆盘，位于镜筒下端，其上装有 3～5 个不

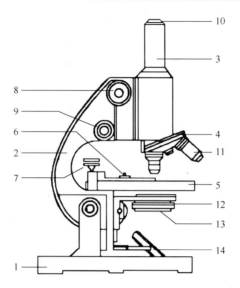

图 8-4　普通光学显微镜的构造

1. 镜座；2. 镜臂；3. 镜筒；4. 转换器；5. 载物台；6. 压片夹；7. 标本移动器；8. 粗调螺旋；9. 细调螺旋；10. 目镜；11. 物镜；
12. 虹彩光阑（光圈）；13. 聚光器；14. 反光镜

同放大倍数的物镜。为了使用方便，物镜一般按由低倍到高倍的顺序安装。转动物镜转换器可以选用合适的物镜。转换物镜时，必须用手旋转圆盘，切勿用手推动物镜，以免松脱物镜而致损坏。

（5）载物台。载物台又称镜台，是放置标本的地方，呈方形或圆形。载物台上装有压片夹，可以固定被检标本；有标本移动器，转动螺旋可以使标本前后和左右移动。有些标本移动器上刻有标尺，可指示标本的位置，便于重复观察。

（6）调节器。调节器又称调焦装置，由粗调螺旋和细调螺旋组成，用于调节物镜与标本间的距离，使物像更清晰。粗调螺旋转动一圈可使镜筒升降约 10mm，细调螺旋转动一圈可使镜筒升降约 0.1mm。

2. 光学系统

光学系统包括目镜、物镜、聚光器、反光镜等。

（1）目镜。它的功能是把物镜放大的物像再次放大。目镜一般由两块透镜组成。上面一块称接目透镜，下面一块称场镜。在两块透镜之间或在场镜下方有一光阑。由于光阑的大小决定着视野的大小，故它又称为视野光阑。标本成像于光阑限定的范围之内，在光阑上粘一小段细发可用作指针，指示视野中标本的位置。在进行显微测量时，目镜测微尺被安装在视野光阑上。目镜上刻有 5×、10×、15×、20× 等放大倍数，可按需选用。

（2）物镜。它的功能是把标本放大，产生物像。物镜可分为低倍镜（4× 或 10×）、中倍镜（20×）、高倍镜（40×～60×）和油镜（100×）。一般油镜上刻有"OI"（oil immersion）或"HI"（homogeneous immersion）字样，有时刻有一圈红线或黑线，以示区别。物镜上通常标有放大倍数、数值孔径（numerical aperture，NA）、工作距离（物镜下端至盖玻片间的距离，mm）及盖玻片厚度等参数（图 8-5）。以油镜为例，100/1.25 表示放大倍数为 100 倍，NA 为 1.25；160/0.17 表示镜筒长度 160mm，盖玻片厚度等于或小于 0.17mm。

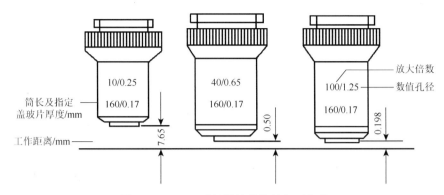

图 8-5　XSP-I6 型显微镜物镜的主要参数

（3）聚光器。聚光器又称聚光镜，它的功能是把平行的光线聚焦于标本上，增强照明度。聚光器安装在镜台下，可上下移动。使用低倍物镜（简称低倍镜）时应降低聚光器，使用油镜时则应升高聚光器。聚光器上附有虹彩光阑（俗称光圈），通过调整光阑孔径的大小，可以调节进入物镜光线的强弱（物镜焦距、工作距离与光圈孔径之间的关系如图 8-6 所示）。在观察透明标本时，光圈宜调得相对小一些，这样虽会降低分辨力，但可增强反差，便于看清标本。

（4）反光镜。它是普通光学显微镜的取光设备，其功能是采集光线，并将光线射向聚光器。反光镜安装在聚光器下方的镜座上，可以在水平与垂直两个方向上任意旋转。反光镜的一面是凹面镜，另一面是平面镜。一般情况下选用平面镜，光量不足时可换用凹面镜。

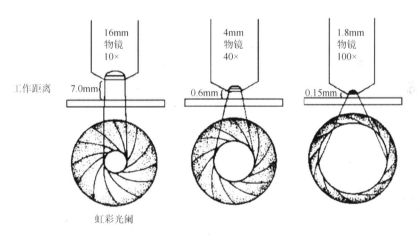

图 8-6　物镜焦距、工作距离与光圈孔径之间的关系

在显微镜的光学系统中，物镜的性能最为关键，它直接影响着显微镜的分辨率。而在普通光学显微镜通常配置的几种物镜中，油镜的放大倍数最大，对微生物学研究最为重要。与其他物镜相比，油镜的使用比较特殊，需在载玻片与镜头之间加滴镜油，这主要有如下两方面的原因。

（1）增加照明亮度。油镜的放大倍数可达 100×，放大倍数这样大的镜头，焦距很短，直径很小，但所需要的光照强度却最大。从承载标本的玻片透过来的光线，因介质密度不同（从玻片进入空气，再进入镜头），有些光线会因折射或全反射，不能进入镜头，致使在使用油镜时会因射入的光线较少，物像显现不清。所以为了不使通过的光线有所损失，在使用油镜时需在油镜与玻片之间加入与玻璃的折射率（$n=1.55$）相仿的镜油（通常用香柏油，其折射率$n=1.52$）。

（2）增加显微镜的分辨率。显微镜的分辨率或分辨力（resolution or resolving power）是指显微镜能辨别两点之间的最小距离的能力。从物理学角度看，光学显微镜的分辨率受光的干涉现象及所用物镜性能的限制，分辨力 D 可表示为

$$D = \lambda/2NA$$

式中：λ 为光波波长；NA 为物镜的数值孔径。

光学显微镜的光源不可能超出可见光的波长范围（$0.4\sim0.7\mu m$），而数值孔径值则取决于物镜的镜口角和玻片与镜头间介质的折射率，可表示为

$$NA=n\times\sin\alpha$$

式中：α 为光线最大入射角的半数，它取决于物镜的直径和焦距，一般来说在实际应用中最大只能达到 120°；n 为介质折射率。由于香柏油的折射率（1.52）比空气及水的折射率（分别为1.0 和 1.33）要高，因此以香柏油作为镜头与玻片之间介质的油镜所能达到的数值孔径（NA一般为 $1.2\sim1.4$）要高于低倍镜、高倍镜等干镜（NA 都低于 1.0）。若以可见光的平均波长 $0.55\mu m$来计算，数值孔径通常在 0.65 左右的高倍镜只能分辨出距离不小于 $0.4\mu m$ 的物体，而油镜的分辨率却可达到 $0.2\mu m$ 左右。

二、实验步骤

1. 取镜

显微镜是光学精密仪器，使用时应特别小心。从镜箱中取出时，一手握镜臂，一手托镜座，放在实验台上。使用前首先要熟悉显微镜的结构和性能，检查各部零件是否完全合用，镜身有无尘土，镜头是否清洁。做好必要的清洁和调整工作。

2. 调节光源

（1）将低倍物镜旋到镜筒下方，旋转粗调螺旋，使镜头和载物台距离约为 0.5cm。

（2）上升聚光器，使之与载物台表面相距 1mm 左右。

（3）左眼看目镜调节反光镜镜面角度（在天然的光线下观察，一般用平面反光镜；若以灯光为光源，则一般多用凹面反光镜）。开闭光圈，调节光线强弱，直至视野内得到最均匀、最适宜的照明。

一般染色标本油镜观察时，光度宜强，可将光圈开大，聚光器上升到最高，反光镜调至最强；未染色标本，在低倍镜或高倍镜观察时，应适当地缩小光圈，下降聚光器，调节反光镜，使光度减弱，否则光线过强不易观察。

3. 低倍镜观察

低倍镜（8×或10×）视野面广，焦点深度较深，为易于发现目标确定检查位置，故应先

用低倍镜观察为宜。操作步骤如下：

（1）先将标本玻片置于载物台上（注意标本朝上），并将标本部位处于物镜的正下方，转动粗调螺旋，上升载物台使物镜至距标本约 0.5cm 处。

（2）左眼看目镜，同时逆时针方向慢慢旋转粗调螺旋使载物台缓慢上升，至视野内出现物像后，改用细调螺旋，上下微微转动，仔细调节焦距和照明，直至视野内获得清晰的物像，及时确定需进一步观察的部位。

（3）移动推动器。将所要观察的部位置于视野中心，准备换高倍镜观察。

4. 高倍镜观察

将高倍镜（40×）转至镜筒下方（在转换物镜时，要从侧面注视，以防低倍镜未对好焦距而造成镜头与玻片相撞），调节光圈和聚光镜，使光线亮度适中，再仔细反复转动微调螺旋，调节焦距，获得清晰物像，再移动推动器选择最满意的镜检部位将染色标本移至视野中央，待油镜观察。

5. 油镜观察

（1）用粗调螺旋提起镜筒，转动转换器将油镜转至镜筒正下方。在标本镜检部位滴一滴香柏油。右手顺时针方向慢慢转动粗调螺旋，上升载物台，并及时从侧面注视使油浸物镜浸入油中，直到几乎与标本接触时为止（注意切勿压到标本，以免压碎玻片，甚至损坏油镜头）。

（2）左眼看目镜，右手逆时针方向微微转动粗调螺旋，下降载物台（注意：此时只准下降载物台，不能向上调动），当视野中有模糊的标本物像时，改用细调螺旋，并移动标本直至标本物像清晰。

（3）如果向上转动粗调螺旋已使镜头离开油滴又尚未发现标本时，可重新按上述步骤操作直到看清物像为止。

（4）观察完毕，下降载物台，取下标本片。先用擦镜纸擦去镜头上的油，然后用擦镜纸沾少量二甲苯擦去镜头上的残留油迹，最后用擦镜纸擦去残留的二甲苯。切忌用手或其他纸擦镜头，以免损坏镜头，可用绸布擦净显微镜的金属部件。

（5）将各部分还原，反光镜垂直于镜座，将接物镜转成八字形，再向下旋。罩上镜套，然后放回镜箱中。

三、目镜测微尺、镜台测微尺、血球计数板及其使用方法

1. 目镜测微尺

目镜测微尺（图 8-7）是一块圆形玻片，在玻片中央把 5mm 长度刻成 50 等分，或把 10mm 长度刻成 100 等分。测量时，将其放在接目镜中的隔板上（此处正好与物镜放大的中间像重叠）来测量经显微镜放大后的细胞物像。由于不同目镜、物镜组合的放大倍数不相同，目镜测微尺每格实际表示的长度也不一样，因此目镜测微尺测量微生物大小时需先用置于镜台上的镜台测微尺校正，以求出在一定放大倍数下，目镜测微尺每小格所代表的相对长度。

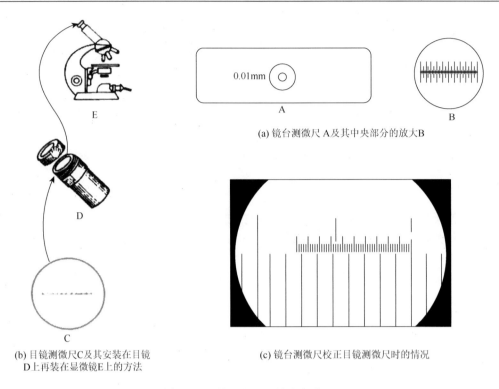

(a) 镜台测微尺 A 及其中央部分的放大 B

(b) 目镜测微尺C及其安装在目镜
D上再装在显微镜E上的方法

(c) 镜台测微尺校正目镜测微尺时的情况

图 8-7　目镜测微尺和镜台测微尺

2. 镜台测微尺

镜台测微尺（图 8-7）是中央部分刻有精确等分线的载玻片，一般将 1mm 等分为 100 格，每格长 10μm（0.01mm），是专门用来校正目镜测微尺的。校正时，将镜台测微尺放在载物台上，由于镜台测微尺与细胞标本是处于同一位置，都要经过物镜和目镜的两次放大成像进入视野，即镜台测微尺随着显微镜总放大倍数的放大而放大，因此从镜台测微尺上得到的读数就是细胞的真实大小，所以用镜台测微尺的已知长度在一定放大倍数下校正目镜测微尺，即可求出目镜测微尺每格所代表的长度，然后移去镜台测微尺，换上待测标本片，用校正好的目镜测微尺在同样放大倍数下测量微生物大小。

$$目镜测微尺每小格长度(μm) = \frac{两对重合线间镜台测微尺格数 \times 10}{两对重合线间目镜测微尺格数}$$

3. 血球计数板

血球计数板是一块特制的厚载玻片，载玻片上有 4 条槽而构成 3 个平台。中间的平台较宽，其中间又被一短横槽分隔成两半，每个半边上面各有一个方格网（图 8-8）。每个方格网共分 9 大格，其中间的一大格（又称为计数室）常被用作微生物的计数。计数室的刻度有两种：一种是大方格分为 16 个中方格，而每个中方格又分成 25 个小方格；另一种是一个大方格分成 25 个中方格，而每个中方格又分成 16 个小方格。但是不管计数室是哪一种构造，它们都有一个共同特点，即每个大方格都由 400 个小方格组成（图 8-9）。

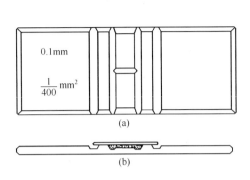

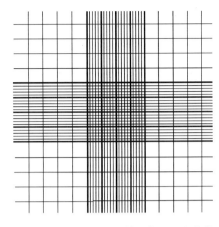

图 8-8　血球计数板的构造　　　　　　图 8-9　血球计数板计数网的分区和分格

（a）平面图（中间平台分为两半，各半边有一个方格网）；
（b）侧面图（中间平台与盖玻片之间有高度为 0.1mm 的间隙）

　　每个大方格边长为 1mm，则每一大方格的面积为 1mm^2，每个小方格的面积为 1/400mm^2，盖上盖玻片后，盖玻片与计数室底部之间的高度为 0.1mm，所以每个计数室（大方格）的体积为 0.1mm^3，每个小方格的体积为 1/4000mm^3。使用血球计数板直接计数时，先要测定每个小方格（或中方格）中微生物的数量，再换算成每毫升菌液（或每克样品）中微生物细胞的数量。

　　计数时，通常数五个中方格的总菌数，然后求得每个中方格的平均值，再乘上 25 或 16，就得出一个大方格中的总菌数，然后再换算成 1mL 菌液中的总菌数。

　　以 25 个中方格的计数板为例，设 5 个中方格中的总菌数为 A，菌液稀释倍数为 B，1mL 菌液中的总菌数$=A/5 \times 25 \times 10^4 \times B = 50000A \cdot B$（个）。同理，如果是 16 个中方格的计数板，1mL 菌液中的总菌数$=A/5 \times 16 \times 10^4 \times B = 32000A \cdot B$（个）。

四、注意事项

　　（1）显微镜镜头的保护和保养。
　　（2）使用显微镜时应根据不同的物镜而调节光线。

Ⅱ　细菌、霉菌和酵母菌的形态观察和制片技术

　　微生物的个体形态都很小，必须借助显微镜，如相差显微镜、电子显微镜、光学显微镜才能看清。一般实验室常用普通光学显微镜。

　　细菌细胞小而透明，如果菌体和背景没有较大的明暗度差别，是很难看清它们的形态的，更不易于识别其结构，所以观察细菌时往往要将细菌进行染色，借助颜色的反衬作用，可以更清楚地观察细菌的形状及某些细胞结构。因此，微生物的染色及形态结果的观察是微生物学实验中十分重要的基本技术。微生物细胞染色的基本原理是根据物理因素和化学因素的作用。物理因素包括细胞及细胞质对染料的毛细现象、渗透、吸附、吸收作用等。化学因素则是根据细

胞物质和染料的不同性质而发生的化学反应。一般酸性成分对碱性染料较易吸附,而且较稳定。同样,碱性成分对酸性染料也较易吸附,而且也较稳定。

一、实验仪器、试剂与材料

（1）仪器及相关用品：显微镜、香柏油、二甲苯、擦镜纸。

（2）试剂：乙醇、蒸馏水、革兰氏染色液、乳酸石炭酸棉蓝染色液、美蓝染色液。

（3）菌种：大肠杆菌、枯草杆菌、黑曲霉、黄曲霉、面包酵母、假丝酵母。

（4）其他用品：载玻片、盖玻片、吸水纸、酒精灯、接种环、镊子、滴管等。

二、实验内容和操作方法

1. 简单染色（单球菌）操作步骤

（1）烧片：用镊子夹取浸于乙醇中的干净载玻片一块,于酒精灯焰上烧去油脂及其他有机物,平放于载片架上冷却。

（2）涂片：取载玻片,滴一小滴无菌水于玻片中央,用接种环以无菌操作从平板上挑取少许菌苔于水滴中,混匀并涂成薄膜。

载玻片要洁净,滴无菌水和取菌不宜过多,涂片要均匀,不宜过厚。

（3）固定：自然干燥后,将涂片面朝上,在火焰上通过3～4次。

此操作过程称热固定,其目的是使细胞质凝固,以固定细胞形态,并使之牢固附着在载玻片上。注意热固定温度不宜过高（以玻片背面不烫手为宜）,否则会改变甚至破坏细胞形态。

（4）染色：将玻片搁架上,滴加染液于涂片上（染液刚好覆盖涂片薄膜为宜）,草酸铵结晶紫染色（革兰氏 A 液）约 1min。

（5）水洗：斜置玻片,倒去染液,用蒸馏水冲洗,直至涂片上流下的是水无色。

水洗时,不要直接冲洗涂面,而应使水从载玻片的一端流下,水流不宜过急,过大,以免涂片薄膜脱落。

（6）干燥：自然干燥,或用电吹风吹干,也可用吸水纸吸干。

（7）镜检：涂片干燥后镜检。涂片必须干燥后才能用油镜观察。

2. 革兰氏染色法（枯草杆菌,大肠杆菌）操作步骤

（1）制片：取菌种培养物常规涂片、干燥、固定。

涂片不宜太厚,以免脱色不完全造成假阳性;火焰固定不宜过热（以玻片不烫手为宜）。

（2）初染：滴加草酸铵结晶紫（革兰氏 A 液）（以刚好将菌膜覆盖为宜）染色 1～2min,水洗。

（3）媒染：用碘液冲去残水,并用碘液覆盖约 1min（此时结晶紫与碘液成复合物）,水洗。

（4）脱色：用吸水纸吸去玻片上的残水,将玻片倾斜,用滴管流加 95%的乙醇脱色,直至流出的乙醇无紫色时,立即水洗。

革兰氏染色结果是否正确,乙醇脱色是革兰氏染色操作的关键环节,脱色不足,阴性菌被误染成阳性菌,脱色过度,阳性菌被误染为阴性菌。脱色时间一般为 20～30s。

（5）复染：用蕃红花红复染约 2min，水洗。

（6）干燥：自然干燥，或用电吹风吹干，也可用吸水纸吸干。

（7）镜检：干燥后，用油镜观察，绘图。

3. 酵母菌、霉菌的制片技术及个体形态观察

（1）美蓝浸片：以面包酵母菌、古巴酵母菌和假丝酵母菌制作美蓝浸片各 1 片。

操作步骤：

（a）用镊子夹取干净载玻片一块于酒精灯焰上烧干净，除去油类等有机物质，平放在载玻片架上冷却。

（b）在载玻片中央加一滴美蓝染液，然后按无菌操作用接种环挑取少量酵母菌苔放在染液中，混合均匀。染液不宜过多或过少，否则，在盖上盖玻片时，菌液会溢出或出现大量气泡而影响观察。

（c）用镊子取一块盖玻片，先将一边与菌液接触，然后慢慢将盖玻片放下使其盖在菌液上。盖玻片不宜平着放下，以免产生气泡影响观察。

（d）将制片放置约 3min 后镜检，先用低倍镜然后用高倍镜观察酵母的形态和出芽情况，并根据颜色来区别死活细胞。

（2）乳酸石炭酸浸片：以根霉、黄曲霉和黑曲霉乳酸石炭酸浸片各 1 片。

操作步骤：

（a）用镊子夹取干净载玻片一块于酒精灯焰上烧干净，除去油类等有机物质，平放在载玻片架上冷却。

（b）在载玻片上加一滴乳酸石炭酸，用灭菌接种针挑取少量菌丝体置载玻片上的染液中（可用另一接种针辅助将菌丝体抹下），并尽量保持原状。

（c）盖上盖玻片，置低倍镜下观察，必要时换高倍镜观察。

挑菌和制片时要细心，尽可能保持霉菌自然生长状态；加盖玻片时勿压入气泡，以免影响观察。

（3）用显微镜直接观察培养皿菌落。

（4）镜检绘图。

酵母菌：观察其细胞形状；无性繁殖是芽殖或裂殖，芽体在母体细胞上的位置，有无假菌丝等特征；有性繁殖形成的子囊和子囊孢子的形状及数目。

曲霉：观察菌丝体有无横隔、足细胞，注意分生孢子梗、顶囊、小梗及分生孢子着生状况及形状。

根霉：观察无隔菌丝（注意菌丝内常有气泡，不是横隔）、假根、匍匐根、孢子囊梗、孢子囊及孢囊孢子。孢囊破裂后能观察到囊托及囊轴。

三、画图注意事项

（1）以圆圈表示视野。

（2）注意菌体大小比例合适。

（3）标出菌体颜色，显示典型排列方式。

（4）特殊结构标出菌体和特殊结构所在位置。

四、思考题

（1）在进行细菌涂片和加热固定时，应注意哪些环节？

（2）影响革兰氏染色结果主要有哪些因素？最关键的是哪一步操作？为什么？

（3）美蓝染色液浓度和作用时间与酵母死、活细胞比例变化是否有关系？为什么？

实验 48　微生物的分离、接种及培养方法

一、实验目的

（1）了解微生物分离和纯化的原理。

（2）掌握常用的分离纯化微生物的方法。

（3）掌握菌落特征的观察。

（4）掌握微生物的几种接种技术。

（5）建立无菌操作的概念，掌握无菌操作的基本环节。

二、实验原理

从混杂微生物群体中获得只含有某一种或某一株微生物的过程称为微生物分离与纯化。常用的方法有简易单细胞挑取法、平板分离法。平板分离法普遍用于微生物的分离与纯化。其基本原理是选择适合于待分离微生物的生长条件，如营养成分、酸碱度、温度和氧等要求，或加入某种抑制剂造成只利于该微生物生长，而抑制其他微生物生长的环境，从而淘汰一些不需要的微生物。

微生物在固体培养基上生长形成的单个菌落，通常是由一个细胞繁殖而成的集合体，因此可通过挑取单菌落而获得一种纯培养。获取单个菌落的方法可通过稀释涂布平板法、稀释混合平板法或平板划线分离法完成。值得指出的是，从微生物群体中经分离生长在平板上的单个菌落并不一定保证是纯培养。因此，纯培养的确定除观察其菌落特征外，还要结合显微镜检测个体形态特征后才能确定，有些微生物的纯培养要经过一系列分离与纯化过程和多种特征鉴定才能得到。

将微生物的培养物或含有微生物的样品移植到培养基上的操作技术称为接种。接种是微生物实验及科学研究中的一项最基本的操作技术。无论微生物的分离、培养、纯化或鉴定还是有关微生物的形态观察及生理研究都必须进行接种。接种的关键是要严格地进行无菌操作，如操作不慎引起污染，则接种培养的微生物就不可用，影响下一步工作的进行。

三、实验器材

1. 培养基

淀粉琼脂培养基（高氏 I 号琼脂培养基），牛肉膏蛋白胨琼脂培养基，马丁氏琼脂培养基，查氏琼脂培养基；普通琼脂斜面和平板。

2. 溶液或试剂

10%酚液，盛 9mL 无菌水的试管，盛 90mL 无菌水并带有玻璃珠的锥形瓶。

3. 其他用具

无菌玻璃涂棒，无菌吸管，接种环，无菌培养皿，链霉素和土样，显微镜，血细胞计数板，涂布器，接种环，接种针，接种钩等。

四、实验内容

1. 稀释涂布平板法

1）倒平板

将灭过菌的肉膏蛋白胨琼脂培养基、高氏Ⅰ号琼脂培养基、马丁氏琼脂培养基加热熔化，待冷至 55～60℃，高氏Ⅰ号琼脂培养基加入数滴 10%酚液，马丁氏琼脂培养基加入链霉素溶液，混匀后分别倒平板，每种培养基倒三皿。

图 8-10 倒平板

倒平板的方法如图 8-10 所示。右手持盛培养基的锥形瓶于火焰旁，用左手将瓶塞轻轻地拔出，瓶口保持对着火焰；然后左手拿培养皿并将皿盖在火焰旁打开一条缝（图 8-10），倒入大约 15mL 培养基，盖好皿盖，轻轻摇动培养皿，使培养基均匀分布在培养皿底部，在桌面上冷凝成平板，备用。

2）制备土壤稀释溶液

称取土样 10g，放入盛有 90mL 无菌水并带有玻璃珠的锥形瓶，振动约 20min，使土样与水充分混合，将细胞分散。用一支 1mL 无菌吸管从中吸取 1mL 土壤悬液加入盛有 9mL 无菌水的大试管中充分混匀，然后用无菌吸管从此试管中吸取 1mL 加入另一个盛有 9mL 无菌水的试管中，混合均匀，以此类推，制成 10^{-1}、10^{-2}、10^{-3}、10^{-4}、10^{-5}、10^{-6} 不同稀释度的土壤溶液（图 8-11）。

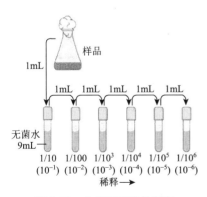

图 8-11 土壤稀释液的制备

3）涂布

将上述每种培养基的三个平板底面分别用记号笔写上 10^{-4}、10^{-5}、10^{-6} 三种稀释度，然后用无菌吸管分别由 10^{-4}、10^{-5}、10^{-6} 三管土壤稀释液中各取 0.1mL 对号放入已写好稀释度的平板中，用无菌玻璃涂棒在培养基表面轻轻地涂布均匀，室温下静置 5～10min，使菌液吸附进培养基。

4）培养

将高氏Ⅰ号琼脂培养基平板和马丁氏琼脂培养基平板倒置于 28℃温室下培养 3～5d，肉膏蛋白胨平板倒置于 37℃温室下培养 2～3d。

5）挑菌落

将培养后长出的单个菌落分别挑取少许细胞接种到上述三种培养基的斜面上，分别置28℃和 37℃温室下培养，待菌苔长出后，检查其特征是否一致，同时将细胞涂片染色后用显微镜检查是否为单一的微生物。若发现有杂菌，需要再一次进行分离、纯化，直到获得纯培养。

2. 平板划线分离法

1）倒平板

按稀释涂布平板法倒平板，并用记号笔标明培养基名称、土样编号和实验日期。

2）划线

在近火焰处，左手拿皿底，右手拿接种环，挑取上述 10^{-1} 的土壤悬液一环在平板上划线。划线的方法很多，但无论采用哪种方法，其目的都是通过划线将样品在平板上进行稀释，使之形成单个菌落。常用的划线方法有下列两种：

（1）用接种环以无菌操作挑取土壤悬液一环，先在平板培养基的一边作第一次平行划线3～4 条，再转动培养皿约 70°，并将接种环上剩余物烧掉，待冷却后通过第一次划线部分作第二次平行划线，再用同法通过第二次平行划线部分作第三次平行划线和通过第三次平行划线部分作第四次平行划线[图 8-12(a)]。划线完毕后，盖上皿盖，倒置于温室下培养。

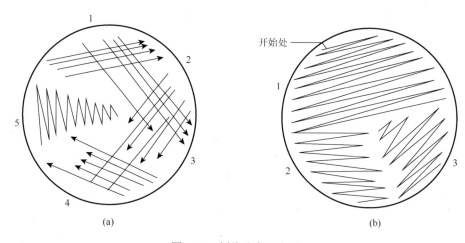

图 8-12　划线分离示意图

（2）将挑取有样品的接种环在平板培养基上作连续划线[图 8-12(b)]。划线完毕后，盖上皿盖，倒置于温室下培养。

3）挑菌落

同稀释涂布平板法，一直到分离的微生物纯化为止。

3. 常用的四种接种方法

1）斜面接种法

斜面接种法主要用于接种纯菌，使其增殖后用以鉴定或保存菌种。通常先从平板培养基上挑取分离的单个菌落，或挑取斜面中的纯培养物接种到斜面培养基上。操作应在无菌室、接种柜或超净工作台上进行，先点燃酒精灯。将菌种斜面培养基（简称菌种管）与待接种的新鲜斜面培养基（简称接种管）持在左手大拇指、食指、中指及无名指之间，菌种管在前，接种管在后，斜面向上管口对齐，应斜持试管呈 45°～50°，并能清楚地看到两个试管的斜面，注意不要持成水平，以免管底凝集水浸湿培养基表面。以右手在火焰旁转动两管棉塞，使其松动，以便接种时易于取出。右手持接种环柄，将接种环垂直放在火焰上灼烧。镍铬丝部分（环和丝）必须烧红，以达到灭菌目的，然后将除手柄部分的金属杆全用火焰灼烧一遍，尤其是接镍铬丝的螺口部分，要彻底灼烧以免灭菌不彻底。用右手的小指和手掌之间及无名指和小指之间拨出试管棉塞，将试管口在火焰上通过，以杀灭可能沾污的微生物。棉塞应始终夹在手中，如掉落应更换无菌棉塞。将灼烧灭菌的接种环插入菌种管内，先接触无菌苔生长的培养基上，待冷却后再从斜面上刮取少许菌苔取出，接种环不能通过火焰，应在火焰旁迅速插入接种管。在试管中由下往上作 S 形划线。接种完毕，接种环应通过火焰抽出管口，并迅速塞上棉塞。再重新仔细灼烧接种环后，放回原处，并塞紧棉塞。将接种管贴好标签或用玻璃铅笔划好标记后再放入试管架，即可进行培养。

2）液体接种法

多用于菌液进行增菌培养，也可用纯培养菌接种液体培养基进行生化实验，其操作方法与注意事项与斜面接种法基本相同，仅将不同点介绍如下：由斜面菌种接种至液体培养基时，用接种环从斜面上沾取少许菌苔，接至液体培养基时应在管内近液面试管壁上将菌苔轻轻擦动并轻轻振荡，或将接种环在液体内振摇几次即可。如接种霉菌菌种，用接种环不易挑起菌种时，可用接种钩或接种铲进行。由液体培养物接种至液体培养基时，可用接种环或接种针沾取少许液体移至新液体培养基即可。也可根据需要用吸管、滴管或注射器吸取培养液移至新液体培养基即可。接种液体培养物时应特别注意勿使菌液溅在工作台上或其他器皿上，以免造成污染。如有溅污，可用酒精棉球灼烧灭菌后，再用消毒液擦净。凡吸过菌液的吸管或滴管，应立即放入盛有消毒液的容器内。

3）固体接种法

普通斜面和平板接种均属于固体接种，斜面接种法如上所述。固体接种的另一种形式是接种固体曲料，进行固体发酵。按所用菌种或种子菌来源不同可分为：①用菌液接种固体料，包括用菌苔刮洗制成的菌悬液和直接培养的种子发酵液。接种时按无菌操作将菌液直接倒入固体料中，搅拌均匀。但要注意接种所用水容量要计算在固体料总加水量之内，否则会使接种后含水量加大，影响培养效果。②用固体种子接种固体料，包括用孢子粉、菌丝孢子混合种子菌或其他固体培养的种子菌。将种子菌于无菌条件下直接倒入无菌的固体料中即可，但必须充分搅拌使之混合均匀。一般是先把种子菌和少部分固体料混匀后再拌大堆料。

4）穿刺接种法

此法多用于半固体、乙酸铅、三糖铁琼脂与明胶培养基的接种，操作方法和注意事项与斜面接种法基本相同。但必须使用笔直的接种针，而不能使用接种环。接种柱状高层或半高层斜面培养管时，应向培养基中心穿刺，一直插到接近管底，再沿原路抽出接种针。注意勿使接种针在培养基内左右移动，以使穿刺线整齐，便于观察生长结果。

五、思考题

如何确定平板上某单个菌落是否为纯培养？在平板上分离得到哪些类群的微生物？简述它们的菌落特征。

实验 49 水中细菌菌落总数和大肠菌群数的测定

一、实验目的

（1）学习水样的采取方法、水样细菌总数测定的方法和平板菌落计数的原则。

（2）学习水中大肠菌群数的测定方法。

二、实验原理

细菌菌落总数是指水样经过处理，在一定条件培养后，所得 1mL 检验样中所含细菌菌落的总数。本实验应用平板菌落计数技术测定水中细菌总数。由于水中细菌种类繁多，它们对营养和其他生长条件的要求差别很大，不可能找到一种培养基在一种条件下，使水中所有的细菌均能生长繁殖，因此在一定的培养基平板上生长的菌落，计算得出的水中细菌总数仅是一种近似值。目前一般是采用普通肉膏蛋白胨琼脂培养基。

大肠菌群是肠道中最普遍存在和数量最多的一群细菌，常将其作为人畜粪便污染的标志。水被大肠菌群污染，就有可能存在病原菌污染，所以大肠菌群是重要的水质卫生指标。水中大肠菌群数是以液体稀释培养计数法测定，即 100mL 检样中大肠菌群最可能数（most probable number，MPN）。

三、实验器材

1. 培养基

（1）肉膏蛋白胨琼脂培养基。蛋白胨 1g，牛肉膏 0.5g，氯化钠 0.5g，琼脂 1.5g，蒸馏水 100mL，pH 7.2～7.4，121℃灭菌 15min，备用。

（2）乳糖胆盐发酵培养液。蛋白胨 2g，猪胆盐 0.5g，乳糖 1g，0.5%中性红水溶液 0.5mL，蒸馏水 100mL，pH 7.4，分装到锥形瓶和试管中，并放入一倒置杜氏小管，115℃灭菌 15min，备用。双料发酵管除蒸馏水外，其他成分加倍，三倍料发酵管各组分用量增加至三倍。

（3）乳糖发酵培养液。蛋白胨 2g，乳糖 1g，0.04%溴甲酚紫溶液 2.5mL，蒸馏水 100mL，先调 pH 7.4 后再加入溴甲酚紫，115℃灭菌 15min，备用。

（4）伊红美蓝琼脂培养基（EMB）。蛋白胨 1g，乳糖 1g，磷酸氢二钾 0.2g，琼脂 2g，2%伊红 Y 溶液 2mL，0.65%美蓝溶液 1mL，蒸馏水 100mL，pH 7.4。将蛋白胨、磷酸氢二钾、琼脂溶解于蒸馏水中，121℃灭菌 15min，备用。临用前加入乳糖并熔化琼脂，冷却后再加入伊红美蓝液。

（5）品红亚硫酸钠（远藤氏）培养基。蛋白胨 10g，磷酸氢二钾 3.5g，乳糖 10g，琼脂 20～30g，蒸馏水 1000mL，pH 7.2～7.4。先将 20～30g 琼脂加到 900mL 蒸馏水中，加热溶解，然后加入磷酸氢二钾及蛋白胨，混匀，使其溶解，再用蒸馏水补充到 1000mL，调节溶液 pH 为7.2～7.4。趁热用脱脂棉或绒布过滤，再加入乳糖，混匀，定量分装于 250mL 或 500mL 锥形瓶内，置于高压灭菌器中，在 121℃下灭菌 15min，储存于冷暗处备用。

（6）无菌生理盐水。

2. 仪器或其他用具

培养箱，试管，杜氏小管，锥形瓶，带塞玻璃瓶，培养皿，吸管等。

四、实验内容

（一）水中细菌总数的测定

1. 水样的采取

1）取样瓶的灭菌

准备好清洁的容量为 100mL 的磨砂口带塞瓶，瓶的颈部和上部用牛皮纸覆盖，并用线捆好，然后 160～170℃干热灭菌 2h。

2）自来水的采取

为了取得典型的水样，取自来水样时，至少应先放水 5min，以冲去龙头口所带的微生物。另外，水管中的细菌数目易发生变化，先放 5min，以获得主流管有代表性的水样。取样时，用右手握瓶，左手开启瓶塞，用覆盖瓶口的纸托住瓶塞。接取水样后，连覆盖纸一起将瓶塞塞好，将纸盖上，并用线扎紧。

3）池水、河水或湖水的采取

应取距水面 10～15cm 的深层水样，先将灭菌的带塞玻璃瓶，瓶口向下浸入水中，然后翻转过来，除去瓶塞，水即流入瓶中，盛满后，将瓶塞盖好，再从水中取出，最好立即检查，否则需放入冰箱中保存。

2. 细菌总数测定

1）自来水

（1）用灭菌吸管吸取 1mL 水样，注入灭菌培养皿中。共做 3 个平皿。

（2）分别倾注约 15mL 已熔化并冷却到 45℃左右的肉膏蛋白胨琼脂培养基，并立即在桌上做平面旋摇，使水样与培养基充分混匀。

（3）另取一空的灭菌培养皿，倾注肉膏蛋白胨琼脂培养基 15mL 作空白对照。

（4）培养基凝固后，倒置于 37℃培养箱中，培养 24h，进行菌落计数。

（5）3 个平板的平均菌落数即为 1mL 水样的细菌总数。

2）池水、河水或湖水等

（1）稀释水样。以无菌操作，取水样 10mL 放于含有 90mL 灭菌生理盐水的锥形瓶内，充分摇匀成 1∶10 的均匀稀释液。取 1mL 上述稀释液注入含 90mL 灭菌生理盐水的试管内、摇匀，做成 1∶100 的稀释液，再自第一管取 1mL 至下一管灭菌生理盐水内，如此稀释到第三管，稀释度分别为 10^{-2}、10^{-3} 与 10^{-4}。稀释倍数视水样污浊程度而定，以培养后平板的菌落数在 30～300 个的稀释度最为合适，若三个稀释度的菌落数均多到无法计数或少到无法计数，则需继续稀释或减小稀释倍数。

一般中等污秽水样，取 10^{-1}、10^{-2}、10^{-3} 三个连续稀释度，污秽严重的取 10^{-2}、10^{-3}、10^{-4} 三个连续稀释度。

（2）自最后三个稀释度的试管中各取 1mL 稀释水加入空的灭菌培养皿中，每一稀释度做 3 个培养皿。

（3）各倾注 15mL 已熔化并冷却至 45℃左右的肉膏蛋白胨琼脂培养基，立即放在桌上摇匀。

（4）凝固后倒置于 37℃培养箱中培养 24h。

3. 菌落计数方法

（1）先计算相同稀释度的平均菌落数。若其中一个平板有较大片状菌苔生长时，则不应采用，而应以无片状菌苔生长的平板作为该稀释度的平均菌落数。若片状菌苔的大小不到平板的一半，而其余的一半菌落分布又很均匀时，则可将此一半的菌落数乘以 2 来代表全平板的菌落数，然后再计算该稀释度的平均菌落数。

（2）首先选择平均菌落数在 30～300 的，当只有一个稀释度的平均菌落数符合此范围时，则以该平均菌落数乘以其稀释倍数即为该水样的细菌总数（表 8-1）。

（3）若有两个稀释度的平均菌落数均在 30～300，则由两者菌落总数的比值来决定。若其比值小于 2，应采取两者的平均数；若大于 2，则取其中较小的菌落总数（表 8-1）。

（4）若所有稀释度的平均菌落数均大于 300，则应按稀释度最高的平均菌落数乘以稀释倍数（表 8-1）。

（5）若所有稀释度的平均菌落数均小于 30，则应按稀释度最低的平均菌落数乘以稀释倍数（表 8-1）。

（6）若所有稀释度的平均菌落数均不在 30～300，则以最接近 300 或 30 的平均菌落数乘以稀释倍数（表 8-1）。

表 8-1　计算菌落总数方法举例

例次	不同稀释度的平均菌落数			两个稀释度菌落数之比	菌落总数/(个/mL)	备注
	10^{-1}	10^{-2}	10^{-3}			
1	1365	164	20	—	16400 或 1.6×10^4	
2	2760	295	46	1.6	37750 或 3.8×10^4	两位以后的数字采取四舍五入的方式去掉
3	2890	271	60	2.2	27100 或 2.7×10^4	
4	无法计数	1650	513	—	513000 或 5.1×10^5	

例次	不同稀释度的平均菌落数			两个稀释度菌落数之比	菌落总数/(个/mL)	备注
	10^{-1}	10^{-2}	10^{-3}			
5	27	11	5	—	270 或 $2.7×10^2$	两位以后的数字采取四舍五入的方式去掉
6	无法计数	305	12	—	30500 或 $3.1×10^4$	

（二）水中大肠菌群的测定

1. 自来水

1）初发酵实验

在两个装有已灭菌的 50mL 三倍料乳糖胆盐发酵培养液的大试管或烧瓶中（内有倒管），以无菌操作各加入已充分混匀的水样 100mL。在 10 支装有已灭菌的 5mL 三倍料乳糖胆盐发酵培养液的试管中（内有倒管），以无菌操作加入充分混匀的水样 10mL 混匀后置于 37℃恒温箱内培养 24h。

2）平板分离

上述各发酵管经培养 24h 后，将产气的发酵管中的发酵液在 EMB 平板或远藤氏平板上划线分离，置于 35～37℃下培养 18～24h。

3）革兰氏染色及镜检

于上述平板上长出的菌落中挑取 1～2 个大肠菌群可疑菌落进行镜检和革兰氏染色。可疑菌落的特征如下：

（1）伊红美蓝培养基上：深紫黑色，具有金属光泽的菌落；紫黑色，不带或略带金属光泽的菌落；淡紫红色，中心色较深的菌落。

（2）品红亚硫酸钠培养基上：紫红色，具有金属光泽的菌落；深红色，不带或略带金属光泽的菌落；淡红色，中心色较深的菌落。

取上述特征的群落进行革兰氏染色：

（1）用已培养 18～24h 的培养物涂片，涂层要薄。

（2）将涂片在火焰上加温固定，待冷却后滴加结晶紫溶液，1min 后用水洗去。

（3）滴加助色剂，1min 后用水洗去。

（4）滴加脱色剂，摇动玻片，直至无紫色脱落（20～30s），用水洗去。

（5）滴加复染剂，1min 后用水洗去、晾干、镜检，呈紫色者为革兰氏阳性菌，呈红色者为阴性菌。

4）复发酵实验

上述涂片镜检的菌落如为革兰氏阴性无芽孢的杆菌，则挑选该菌落的另一部分接种于装有乳糖发酵培养液的试管中（内有倒管），每管可接种分离自同一初发酵管（瓶）的最典型菌落 1～3 个，然后置于 37℃培养箱中培养 24h。观察产气情况。

5）结果

凡是在乳糖胆盐发酵管产酸、产气，在指示性培养基上能生长的，革兰氏染色为阴性的无芽孢杆菌，在复发酵管中产酸、产气的，即说明有大肠菌群的细菌存在——大肠菌群阳性；有一项不符的，即说明无大肠菌群的细菌存在——大肠菌群阴性。

根据有大肠杆菌细菌存在的初发酵管的管数，查相应的大肠杆菌检索表（表 8-2），报告每 100mL 待检样品中大肠菌群细菌的最近似数。

表 8-2　大肠菌群检索表

［接种水样总量 300mL（100mL 2 份，10mL 10 份）］

10mL 水量的阳性管数 ＼ 1L 水样中大肠菌群数 ＼ 100mL 水量的阳性瓶数	0	1	2
0	<3	4	11
1	3	8	18
2	7	13	27
3	11	18	38
4	14	24	52
5	18	30	70
6	22	36	92
7	27	43	120
8	31	51	161
9	36	60	230
10	40	69	>230

2. 水源水

（1）于各装有 5mL 三倍浓缩乳糖蛋白胨培养液的 5 个试管（内有倒管）中，分别加入 10mL 水样；于各装有 10mL 乳糖蛋白胨培养液的 5 个试管（内有倒管）中，分别加入 1mL 水样；再于各装有 10mL 乳糖蛋白胨培养液的 5 个试管（内有倒管）中，分别加入 1mL 1∶10 稀释的水样。共计 15 管，三个稀释度。将各管充分混匀，置于 37℃培养箱内培养 24h。

（2）平板分离和复发酵实验的检验步骤同"自来水"检验方法。

（3）根据证实总大肠菌群存在的阳性管数，查表 8-3"最可能数（MPN）表"，即求得每 100mL 水样中存在的总大肠菌群数。我国目前是以 1L 为报告单位，故 MPN 值再乘以 10，即为 1L 水样中的总大肠菌群数。

表 8-3　最可能数（MPN）表

（接种 5 份 10mL 水样、5 份 1mL 水样、5 份 0.1mL 水样时，不同阳性及阴性情况下 100mL 水样中细菌数的最可能数和 95%可信限值）

出现阳性份数			每 100mL 水样中细菌数的最可能数	95%可信限值		出现阳性份数			每 100mL 水样中细菌数的最可能数	95%可信限值	
10mL 管	1mL 管	0.1mL 管		下限	上限	10mL 管	1mL 管	0.1mL 管		下限	上限
0	0	0	<2			0	1	0	2	<0.5	7
0	0	1	2	<0.5	7	0	2	0	4	<0.5	11

续表

出现阳性份数			每 100mL 水样中细菌数的最可能数	95%可信限值		出现阳性份数			每 100mL 水样中细菌数的最可能数	95%可信限值	
10mL 管	1mL 管	0.1mL 管		下限	上限	10mL 管	1mL 管	0.1mL 管		下限	上限
1	0	0	2	<0.5	7	4	3	1	33	11	93
1	0	1	4	<0.5	11	4	4	0	34	12	93
1	1	0	4	<0.5	15	5	0	0	23	7	70
1	1	1	6	<0.5	15	5	0	1	34	11	89
1	2	0	6	<0.5	15	5	0	2	43	15	110
2	0	0	5	<0.5	13	5	1	0	33	11	93
2	0	1	7	1	17	5	1	1	46	16	120
2	1	0	7	1	17	5	1	2	63	21	150
2	1	1	9	2	21	5	2	0	49	17	130
2	2	0	9	2	21	5	2	1	70	23	170
2	3	0	12	3	28	5	2	2	94	28	220
3	0	0	8	1	19	5	3	0	79	25	190
3	0	1	11	2	25	5	3	1	110	31	250
3	1	0	11	2	25	5	3	2	140	37	310
3	1	1	14	4	34	5	3	3	180	44	500
3	2	0	14	4	34	5	4	0	130	35	300
3	2	1	17	5	46	5	4	1	170	43	190
3	3	0	17	5	46	5	4	2	220	57	700
4	0	0	13	3	31	5	4	3	280	90	850
4	0	1	17	5	46	5	4	4	350	120	1000
4	1	0	17	5	46	5	5	0	240	68	750
4	1	1	21	7	63	5	5	1	350	120	1000
4	1	2	26	9	78	5	5	2	540	180	1400
4	2	0	22	7	67	5	5	3	920	300	3200
4	2	1	26	9	78	5	5	4	1600	640	5800
4	3	0	27	9	80	5	5	5	≥2400		

　　例如，某水样接种 10mL 的 5 管均为阳性；接种 1mL 的 5 管中有 2 管为阳性；接种 1∶10 的水样 1mL 的 5 管均为阴性。从表 8-3 中查检验结果"5、2、0"，得知 100mL 水样中的总大肠菌群数为 49 个，故 1L 水样中的总大肠菌群数为 49×10=490（个）。

　　对污染严重的地表水和废水，初发酵实验的接种水样应做 1∶10、1∶100、1∶1000 或更高倍数的稀释，检验步骤同"水源水"检验方法。

如果接种的水样量不是 10mL、1mL 和 0.1mL，而是较低或较高的三个浓度的水样量，也可查表求得 MPN 指数，再经下面的公式换算成每 100mL 的 MPN 值：

$$MPN值 = MPN指数 \times \frac{10(mL)}{接种量最大的一管(mL)}$$

大肠菌群检验的程序如图 8-13 所示。

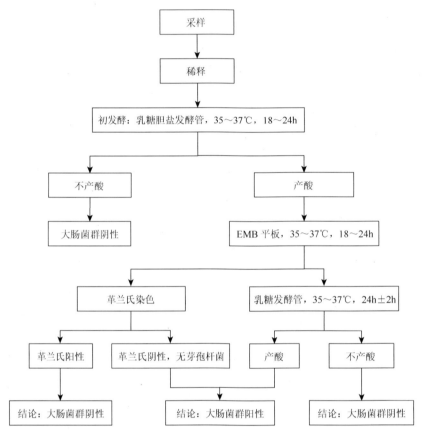

图 8-13　大肠菌群检验过程

五、思考题

（1）所测的水源水的污秽程度如何？

（2）典型的大肠杆菌菌落特征是什么？

（3）伊红美蓝培养基中含有哪几种主要成分？在检测大肠菌群时各起什么作用？

实验 50　微生物生理生化实验

一、实验目的

（1）了解不同微生物对含氮和含碳化合物的分解和利用情况。

（2）了解 IMViC 与硫化氢反应的原理及其在肠道菌鉴定中的意义和方法。

二、实验原理

微生物对大分子淀粉、蛋白质和脂肪不能直接利用，必须靠产生的胞外酶将大分子物质分解才能被微生物吸收利用。胞外酶主要为水解酶，通过加水裂解大的物质为较小的化合物，使其能被运输至细胞内。例如，淀粉酶水解淀粉为小分子的糊精、双糖和单糖；脂肪酶水解脂肪为甘油和脂肪酸；蛋白酶水解蛋白质为氨基酸等。这些过程均可通过观察细菌菌落周围的物质变化来证实：淀粉遇碘液会产生蓝色，但细菌水解淀粉的区域，用碘测定不再产生蓝色，表明细菌产生淀粉酶；脂肪水解后产生脂肪酸可改变培养基的 pH，使 pH 降低，加入培养基的中性红指示剂会使培养基从淡红色变为深红色，说明胞外存在着脂肪酶。

微生物可以利用各种蛋白质和氨基酸作为氮源外，当缺乏糖类物质时，也可用它们作为碳源和能源。明胶是由胶原蛋白经水解产生的蛋白质，在 25℃ 以下可维持凝胶状态，以固体形式存在。而在 25℃ 以上明胶就会液化。有些微生物可产生一种称为明胶酶的胞外酶，水解这种蛋白质，而使明胶液化，甚至在 4℃ 仍能保持液化状态。

还有些微生物能水解牛奶中的蛋白质酪素，酪素的水解可用石蕊牛奶来检测。石蕊培养基由脱脂牛奶和石蕊组成，是浑浊的蓝色。酪素水解成氨基酸和肽后，培养基就会变得透明。石蕊牛奶也常被用来检测乳糖发酵，因为在酸存在下，石蕊会转变为粉红色，而过量的酸可引起牛奶的固化（凝乳形成）。氨基酸的分解会引起碱性反应，使石蕊变为紫色。此外，某些细菌能还原石蕊，使试管底部变为白色。

尿素是由大多数哺乳动物消化蛋白质后被分泌在尿中的废物。尿素酶能分解尿素释放出氨，这是一个分辨细菌很有用的诊断实验。尽管许多微生物都可以产生尿素酶，但它们利用尿素的速度比变形杆菌属（*proteus*）的细菌要慢，因此尿素酶实验被用来从其他非发酵乳糖的肠道微生物中快速区分这个属的成员。尿素琼脂含有蛋白胨、葡萄糖、尿素和酚红。酚红在 pH 6.8 时为黄色，而在培养过程中，产生尿素酶的细菌将分解尿素产生氨，使培养基的 pH 升高，在 pH 升至 8.4 时，指示剂就转变为深粉红色。

糖发酵实验是常用的鉴别微生物的生化反应，在肠道细菌的鉴定上尤为重要。绝大多数细菌都能利用糖类作为碳源和能源，但是它们在分解糖类物质的能力上有很大的差异。有些细菌能分解某种糖产生有机酸（如乳酸、乙酸、丙酸等）和气体（如氢气、甲烷、二氧化碳等）；有些细菌只产酸不产气。例如，大肠杆菌能分解乳糖和葡萄糖产酸并产气；伤寒杆菌分解葡萄糖产酸不产气，不能分解乳糖；普通变形杆菌分解葡萄糖产酸产气，不能分解乳糖。发酵培养基含有蛋白胨、指示剂（溴甲酚紫）、倒置的德汉氏小管和不同的糖类。当发酵产酸时，溴甲酚紫指示剂可由紫色（pH 6.8）变为黄色（pH 5.2）。气体的产生可由倒置的德汉氏小管中有无气泡来证明。

IMViC 是吲哚实验（indol test）、甲基红实验（methyl red test）、伏-普实验（Voges-Prokauer test）和柠檬酸盐实验（citrate test）四个实验的缩写，i 是在英文中为了发音方便而加上的。这四个实验主要是用来快速鉴别大肠杆菌和产气肠杆菌（*enterobacter aerogenes*），多用于水的细菌学检查。大肠杆菌虽非致病菌，但在饮用水中若超过一定数量，则表示受粪便污染。产气肠杆菌也广泛存在于自然界中，因此检查水时要将两者分开。

吲哚实验是用来检测吲哚的产生。有些细菌能产生色氨酸酶，分解蛋白胨中的色氨酸产生吲哚和丙酮酸。吲哚与对二甲基氨基苯甲醛结合，形成红色的玫瑰吲哚。但并非所有微生物都具有分解色氨酸产生吲哚的能力，因此吲哚实验可以作为一个生物化学检测的指标。大肠杆菌吲哚反应阳性，产气肠杆菌为阴性。

甲基红实验是用来检测由葡萄糖产生的有机酸，如甲酸、乙酸、乳酸等。当细菌代谢糖产生酸时，培养基就会变酸，使加入培养基的甲基红指示剂由橘黄色（pH 6.3）变为红色（pH 4.2），即甲基红反应。尽管所有的肠道微生物都能发酵葡萄糖产生有机酸，但这个实验在区分大肠杆菌和产气肠杆菌上仍然是有价值的。这两个细菌在培养的早期均产生有机酸，但大肠杆菌在培养后期仍能维持酸性（pH 为 4），而产气肠杆菌则转化有机酸为非酸性末端产物，如乙醇、丙酮酸等，使 pH 升大约 6。因此大肠杆菌为阳性反应，产气肠杆菌为阴性反应。

伏-普实验是用来测定某些细菌利用葡萄糖产生非酸性或中性末端产物的能力，如丙酮酸。丙酮酸进行缩合、脱羧生成乙酰甲基甲醇，此化合物在碱性条件下能被空气中的氧气氧化成二乙酰。二乙酰与蛋白胨中精氨酸的胍基作用，生成红色化合物，即伏-普反应阳性；不产生红色化合物者为阴性反应。有时为了使反应更为明显，可加入少量含胍基的化合物，如肌酸等。其化学反应过程大致如下：

$$C_6H_{12}O_6 \longrightarrow 2CH_3COCOOH + 4H$$
丙酮酸

$$2CH_3COCOOH \longrightarrow CH_3COCHOHCH_3 + 2CO_2$$
乙酰甲基甲醇

$$CH_3COCHOHCH_3 \xrightarrow[+NaOH]{-2H} CH_3COCOCH_3$$
二乙酰

$$CH_3COCOCH_3 + NH=C \overset{NH_2}{\underset{NH_2}{\diagup}} \longrightarrow NH=C \overset{N=C-CH_3}{\underset{N=C-CH_3}{\diagup}} + 2H_2O$$
胍   红色化合物

柠檬酸盐实验是用来检测柠檬酸盐是否被利用。有些细菌能够利用柠檬酸钠作为碳源，如产气肠杆菌；而另一些细菌则不能利用柠檬酸盐，如大肠杆菌。细菌在分解柠檬酸盐及培养基中的磷酸铵后，产生碱性化合物，使培养基的 pH 升高，当加入 1%溴麝香草酚蓝指示剂时，培养基就会由绿色变为深蓝色。溴麝香草酚蓝的指示范围为：pH 小于 6.0 时呈黄色，pH 在 6.0～7.0 时为绿色，pH 大于 7.6 时呈蓝色。

硫化氢实验是检测硫化氢的产生，也是用于肠道细菌检查的常用生化实验。有些细菌能分解含硫的有机物，如胱氨酸、半胱氨酸、甲硫氨酸等产生硫化氢，硫化氢一遇培养基中的铅盐或铁盐等，就形成黑色的硫化铅或硫化铁沉淀物。大肠杆菌为阴性，产气肠杆菌为阳性。

以半胱氨酸为例，其化学反应过程如下：

$$CH_2SHCHNH_2COOH + H_2O \longrightarrow CH_3COCOOH + H_2S\uparrow + NH_3\uparrow$$
$$H_2S + Pb(CH_3COO)_2 \longrightarrow PbS\downarrow + 2CH_3COOH$$
黑色

三、实验器材

1. 菌种

枯草芽孢杆菌（*Bacillus subtilis*），大肠杆菌（*Escherichia coli*），金黄色葡萄球菌（*Staphylococcus aureus*），铜绿假单胞菌（*Pseudomonas aeruginosa*），普通变形杆菌（*Proteus vularis*），产气肠杆菌（*Enterobacter aerogenes*）。

2. 培养基

固体油脂培养基，固体淀粉培养基，明胶培养基试管、石蕊牛奶试管、尿素琼脂试管、葡萄糖发酵培养基试管和乳糖发酵培养基试管各 3 支（内装有倒置的德汉氏小管），蛋白胨水培养基，葡萄糖蛋白胨水培养基，柠檬酸盐斜面培养基，乙酸铅培养基。

3. 溶液或试剂

革兰氏染色用鲁氏碘液（Lugol's iodine solution），甲基红指示剂，40% KOH，5% α-萘酚，乙醚，吲哚试剂等。

4. 仪器或其他用具

无菌平板，无菌试管，接种环，接种针，试管，试管架，恒温箱等。

四、实验内容

（一）大分子物质的水解实验

1. 淀粉水解实验

（1）将固体淀粉培养基熔化后冷却至 50℃左右，无菌操作制成平板。

（2）用记号笔在平板底部划成四部分。

（3）将枯草芽孢杆菌、大肠杆菌、金黄色葡萄球菌、铜绿假单胞菌分别在不同的部分划线接种，在平板的反面分别在四部分写上菌名。

（4）将平板倒置在 37℃恒温箱中培养 24h。

（5）观察各种细菌的生长情况，将平板打开盖子，滴入少量鲁氏碘液于平皿中，轻轻旋转平板，使碘液均匀铺满整个平板。

如菌苔周围出现无色透明圈，说明淀粉已被水解，为阳性。透明圈的大小可初步判断该菌水解淀粉能力的强弱，即产生胞外淀粉酶活力的高低。

2. 油脂水解实验

（1）将熔化的固体油脂培养基冷却至 50℃左右时，充分摇荡，使油脂均匀分布。无菌操作倒入平板，待凝。

（2）用记号笔在平板底部划成四部分，分别标上菌名。

（3）将上述四种菌分别用无菌操作划十字接种于平板的相对应部分的中心。

（4）将平板倒置，于37℃恒温箱中培养24h。

（5）取出平板，观察菌苔颜色，如出现红色斑点说明脂肪水解，为阳性反应。

3. 明胶水解实验

（1）取三支明胶培养基试管，用记号笔标明各管欲接种的菌名。

（2）用接种针分别穿刺接种枯草芽孢杆菌、大肠杆菌、金黄色葡萄球菌。

（3）将接种后的试管置20℃下培养2～5d。

（4）观察明胶液化情况。

4. 石蕊牛奶实验

（1）取两支石蕊牛奶培养基试管，用记号笔标明各管欲接种的菌名。

（2）分别接种普通变形杆菌和金黄色葡萄球菌。

（3）将接种后的试管置35℃下培养24～48h。

（4）观察培养基颜色变化。石蕊在酸性条件下为粉红色，碱性条件下为紫色，而被还原时为白色。

5. 尿素实验

（1）取两支尿素培养基斜面试管，用记号笔标明各管欲接种的菌名。

（2）分别接种普通变形杆菌和金黄色葡萄球菌。

（3）将接种后的试管置35℃下培养24～48h。

（4）观察培养基颜色变化。尿素酶存在时为红色，无尿素酶时应为黄色。

（二）糖发酵实验

（1）用记号笔在各试管外壁上分别标明发酵培养基名称和所接种的细菌菌名。

（2）取葡萄糖发酵培养基试管3支，分别接入大肠杆菌、普通变形杆菌，第三支不接种作为对照。另取乳糖发酵培养基试管3支，同样分别接入大肠杆菌、普通变形杆菌，第三支不接种，作为对照。在接种后，轻缓摇动试管，使其均匀，防止倒置的小管进入气泡。

（3）将接种过和作为对照的6支试管均置于37℃下培养24～48h。

（4）观察各试管颜色变化及德汉氏小管中有无气泡。

（三）IMViC与硫化氢实验

1. 接种与培养

（1）用接种针将大肠杆菌、产气肠杆菌分别穿刺接入2支乙酸铅培养基中（硫化氢实验），置37℃下培养48h。

（2）将上述两种菌分别接种于2支蛋白胨水培养基（吲哚实验）、2支葡萄糖蛋白胨水培养基（甲基红实验和伏-普实验）、2支柠檬酸盐斜面培养基和2支乙酸铅培养基中，置37℃下培养2d。

2. 结果观察

（1）硫化氢实验。培养 48h 后观察黑色硫化铅的产生。

（2）吲哚实验。于培养 2d 后的蛋白胨水培养基内加 3～4 滴乙醚，摇动数次，静置 1～3min，待乙醚上升后，沿试管壁徐徐加入 2 滴吲哚试剂，在乙醚和培养物之间产生红色环状物为阳性反应。

配制蛋白胨水培养基，所用的蛋白胨最好用色氨酸含量高的，如用胰蛋白酶水解酪素得到的蛋白胨中色氨酸含量较高。

（3）甲基红实验。培养 2d 后，将一支葡萄糖蛋白胨水培养物内加入甲基红试剂 2 滴，培养基变为红色者为阳性，变黄色者为阴性。注意甲基红试剂不要加得太多，以免出现假阳性反应。

（4）伏-普实验。培养 2d 后，将另一支葡萄糖蛋白胨水培养物内加入 5～10 滴 40% KOH，然后加入等量的 5% α-萘酚溶液，用力振荡，再放入 37℃恒温箱中保温 15～30min，以加快反应速率。若培养物呈红色者，为伏-普反应阳性。

（5）柠檬酸盐实验。培养 48h 后观察柠檬酸盐斜面培养基上有无细菌生长和是否变色。蓝色为阳性，绿色为阴性。

五、实验结果记录

实验结果记录到表 8-4～表 8-6 中。

表 8-4　大分子物质水解实验结果记录（"+"表示阳性，"–"表示阴性）

菌名	淀粉水解实验	脂肪水解实验	明胶水解实验	石蕊牛奶实验	尿素实验
枯草芽孢杆菌					
大肠杆菌					
金黄色葡萄球菌					
铜绿假单胞菌					
普通变形杆菌					

表 8-5　糖类发酵实验结果记录（"+"表示产酸或产气，"–"表示不产酸或不产气）

糖类发酵	大肠杆菌	普通变形杆菌	对照
葡萄糖发酵			
乳糖发酵			

表 8-6　IMViC 实验结果记录（"+"表示阳性反应，"–"表示阴性反应）

菌名	IMViC 实验				硫化氢实验
	吲哚实验	甲基红实验	伏-普实验	柠檬酸盐实验	
大肠杆菌					
产气肠杆菌					
对照					

六、思考题

（1）怎样解释淀粉酶是胞外酶而非胞内酶？

（2）不利用碘液，怎样证明淀粉水解的存在？

（3）接种后的明胶试管可以在 35℃ 培养，在培养后必须做什么才能证明水解的存在？

（4）为什么大肠杆菌是甲基红反应阳性，而产气肠杆菌为阴性？这个实验与伏-普实验最初底物与最终产物有哪些异同处？为什么会出现不同？

（5）说明在硫化氢实验中乙酸铅的作用，可以用哪种化合物代替乙酸铅？

实验 51　聚合酶链式反应（PCR）扩增 DNA 片段实验

一、实验目的

（1）学习 PCR 反应的基本原理与操作方法。

（2）掌握 PCR 仪的使用和操作方法。

二、实验原理

聚合酶链式反应（polymerase chain reaction，PCR）是一项体外特异扩增特定 DNA 片段的核酸合成技术。PCR 通常需要两个位于待扩增片段两侧的寡聚核苷酸引物，这些引物分别与待扩增片段的两条链互补并定向，使两引物之间的区域得以通过聚合酶而扩增。反应过程（图 8-14）为：第一步必须使待扩增 DNA（称为模板）置于高温下解链成单链模板，这一过程称为变性；第二步分别与待扩增的 DNA 片段两条链的 3′端互补的人工合成的寡聚核苷酸引（primer 15～20bp）在低温条件下分别与模板两条链两侧互补结合，这一过程称为退火；第三步是 DNA 聚合酶在适当温度下将脱氧核苷酸（dNTP：dATP、dCTP、dTTP、dGTP）沿引物

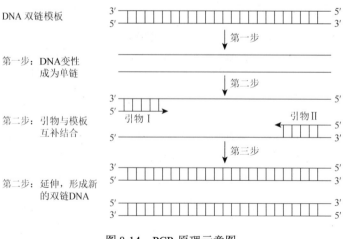

图 8-14　PCR 原理示意图

5′-3′方向延伸合成新股 DNA,这一过程称为延伸。变性—退火—延伸,如此循环往复,每一循环产生的新股 DNA 均能成为下一次循环的模板,故 PCR 产物是以指数方式即 2^n 扩增的,经过 30~35 个循环,目的片段可以扩增到一百万倍,在一般 PCR 仪上,完成这样的反应需几个小时。

三、实验器材

1. 仪器

旋涡混合器,微量移液枪,双面微量离心管架,PCR 仪,台式离心机,琼脂糖凝胶电泳系统;移液器吸头、0.2mL PCR 微量管分别高压灭菌。

2. 试剂

(1)50×TAE 电泳缓冲液(pH 约 8.5):Tris 碱 242g、57.1mL 冰醋酸、37.2g $Na_2EDTA·2H_2O$,双蒸水定容至 1L。使用时稀释成 1×。

(2)1000×溴化乙锭储存液(0.5mg/mL):50mg 溴化乙锭溶于 100mL 双蒸水,4℃避光储存。使用时在蒸馏水里滴入适量,使水看起来微微发红即可。

(3)10×加样缓冲液:20%Ficoll 400、0.1mol/L Na_2EDTA(pH 8.0)、1.0% SDS、0.25%溴酚蓝。

(4)6×加样缓冲液:0.25%溴酚蓝、40%蔗糖水溶液。

(5)DNA 相对分子质量标准:λDNA *Hind*III,Tiangen 公司的 Marker II 或 Marker III等。

(6)电泳级琼脂糖粉。

(7)3U/μL Taq DNA 聚合酶。

(8)10×PCR 缓冲液。

(9)25mmol/L $MgCl_2$。

(10)dNTP 混合液(每种 25mmol/L)。

(11)无菌双蒸水。

3. 材料

(1)模板质粒 pMD18-T-NK:已经克隆在 pMD18-T 载体上的 1181bp 纳豆激酶(nattokinase,NK)基因。

(2)NK 引物:

上游引物(5′端带 *Bam*HI 酶切位点):5′-GGATCCGCGCAATCTGTTCCTTATGGC-3′;

下游引物(5′端带 *Eco*RI 酶切位点):5′-GAATTCTTGTGCAGCTGCTTGTACGTTG-3′;

待扩增的 NK 片段长度:837bp(825bp NK+5′*Bam*HI 位点 GGATCC,3′*Eco*RI 位点 GAATTC)。

四、实验步骤

(1)取 1μL 自己提取的质粒 pMD18-T-NK,加入 9μL 蒸馏水稀释作为 PCR 模板。

(2)在 0.2mL PCR 微量离心管中按下列参考剂量配制 50μL 反应体系。

无菌双蒸水	32μL
10×PCR 缓冲液	5μL
25mmol/L MgCl$_2$	3μL
2.5mmol/L dNTPs	4μL（每种 dNTP 终浓度 0.2mmol/L）
10μmol/L primer1	2μL（12.5～25pmol）
10μmol/L primer2	2μL（12.5～25pmol）
模板质粒 pMD18-T-NK	1μL（1×10^{-3}pmol）
3U/μL Taq 酶	1μL（3U）
总体积	50μL

（3）根据 PCR 仪的操作手册设置 PCR 仪的循环程序：

（a）94℃　5min。

（b）94℃　1min。

（c）60℃　1min（根据引物的 T_m 值设定）。

（d）72℃　1min 50s（根据所扩增的 DNA 的长度设定）。

（e）继续（b）29 次。

（f）72℃　10min。

（4）PCR 结束后，取 5～10μL 产物进行琼脂糖凝胶电泳。观察胶上是否有预计相对分子质量的主要产物带。

五、思考题

（1）PCR 的反应原理是什么？

（2）复性温度是根据什么确定的？

（3）PCR 反应体系包括哪些成分？

实验 52　活性污泥中原生动物、微型后生动物及菌胶团的形态观察

一、实验目的

（1）观察显微镜下污泥中的菌胶团、原生动物和微型原生动物的形态。

（2）了解污泥微生物的生活环境及其在污水处理过程中的指示作用。

二、实验原理

活性污泥是活性污泥处理系统中的主体作用物质，活性污泥中栖息的微生物以好氧微生物为主，是一个以细菌为主体的群体，除细菌外还有酵母菌、放线菌、霉菌及原生动物和后生动物。

在废水生物处理中，无论采用何种方法处理构筑物及何种工艺流程，都是通过处理系统中活性污泥或生物膜微生物的新陈代谢的作用，使活性污泥具有将有机污染物转化为稳定无机物

的活力，在有氧的条件下，将废水中的有机物氧化分解为无机物，从而达到废水净化的目的。处理后出水水质的好坏同组成活性污泥的微生物的种类、数量及其活性有关。

活性污泥中细菌含量一般在 $10^7 \sim 10^8$ 个/mL；原生动物数百至数千个/mL，原生动物中以纤毛虫居多数，固着型纤毛虫可作为指示生物，固着型纤毛虫如钟虫、累枝虫、盖纤虫、独缩虫、聚缩虫等出现且数量较多时，说明培养成熟且活性良好。在处理生活污水的活性污泥中存在大量的原生动物和部分微型后生动物，通过辨别认定其种属，据此可以判别处理水质的优劣，因此将微型动物称为活性污泥系统中的指示生物。

三、实验器材

1. 待测样品

活性污泥（或生物膜）样品。

2. 仪器设备

光学显微镜。

3. 其他用品

灭菌滴管，载玻片，盖玻片，微型动物计数板，镊子。

四、实验步骤

1. 活性污泥标本片的制备

（1）取活性污泥法处理系统中的曝气池混合液一滴，放在洁净的载玻片中央（如混合液中污泥较少，可待其沉淀后，取沉淀后的活性污泥一滴放在载玻片上；如混合液中污泥较多，则应稀释后进行观察）。

（2）盖上盖玻片，即制成活性污泥压片标本。在加盖玻片时，要先是盖玻片的一边接触水滴，然后轻轻放下，否则会形成气泡，影响观察。

（3）在制作生物膜标本时，可用镊子从填料上刮去一小块生物膜，用蒸馏水稀释，制成菌液。其他步骤与活性污泥标本的制备方法相同。

2. 显微镜观察

1）低倍镜观察

要注意观察污泥絮体的大小，污泥结构的松散程度，菌胶团和丝状菌的比例及其生长状况，并加以记录和做必要的描述。观察微型动物的种类、活动状况，对主要种类进行计数。

污泥絮体大小对污泥初始沉降速率影响较大，絮体大的污泥沉降快，污泥絮体大小按平均直径可分为三类：大粒污泥，絮体平均直径＞500μm；中粒污泥，絮体平均直径为150～500μm；细粒污泥，絮体平均直径＜150μm。

污泥絮体性状是指污泥絮体的形状、结构、密度及污泥中丝状菌的数量。镜检时可把近似圆形的絮体称为圆形絮体；与圆形截然不同的称为不规则形状絮体。絮体中网状空隙与絮粒外面悬液相连的称为开放结构；无开放空隙的称为封闭结构。絮体中菌胶团细菌排列密集，絮体边缘与外部悬液界限清晰的称为紧密的絮体；絮体边缘界线比清晰的称为疏松的絮体。实践证明，圆形、封闭、紧密的絮粒相互间易于凝聚，浓缩、沉降性能良好；反之则沉降性能差。

活性污泥中丝状菌数量是影响污泥沉降性能最重要的因素，当污泥中丝状菌占优势时，可从絮体中向外伸展，阻碍了絮体间的浓缩，使污泥 SV 值和 SVI 值升高，造成活性污泥膨胀。根据活性污泥中丝状菌与菌胶团细菌的比例，可将丝状菌分为五等：0 级，污泥中几乎无丝状菌存在；±级，污泥中存在少量丝状菌；+级，存在中等数量的丝状菌，总量少于菌胶团细菌；++级，存在大量丝状菌，总量与菌胶团细菌大致相等；+++级，污泥絮粒以丝状菌为骨架，数量超过菌胶团而占优势。

2）高倍镜观察

可进一步看清楚微型动物特征。观察时注意微型动物的外形和内部结构，如钟虫体内是否存在食物胞、纤毛环的摆动情况等。观察菌胶团时，应注意胶质的厚薄和色泽、新生菌胶团的比例。观察丝状菌时，注意丝状菌生长、细胞的排列、形态和运动特征，以判断丝状菌的种类，并进行记录。

3）油镜观察

鉴别丝状菌的种类时，需要使用油镜。这时可将活性污泥样品先制成涂片再进行染色，应注意观察是否存在假分支和衣鞘，菌体在衣鞘内的空缺情况，菌体内有无储藏物质的积累和储藏物质的种类等，还可借助鉴别染色技术观察丝状菌对该染色的反应。

3. 微型动物的计数

（1）取活性污泥法曝气池混合液于烧杯内，用玻璃棒轻轻搅匀，如混合液较浓，可稀释成 1∶1 的液体后观察。

（2）取灭菌滴管 1 支（滴管每滴水的体积应预先测定，一般可选一滴水的体积为 1/20mL 的滴管），吸取搅匀的混合液，加一滴到计数板的中央方格内（图 8-15）。然后加上一块洁净的大号盖玻片使其四周刚好搁在计数板四周凸起的边框上。

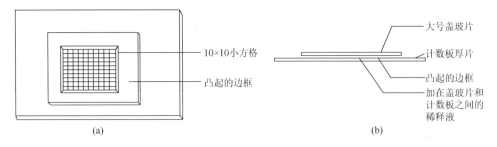

图 8-15 微型动物计数板

（3）用低倍镜进行计数。注意所滴加的液体不一定布满整个 100 格小方格。计数时，只要把充有污泥混合液的小方格挨着次序依次即可。观察时，同时注意各种微型动物的活动能力、状态等。若是群体，则需将群体上的个别分别计数。

（4）计算。设在一滴水中测得钟虫 50 只，样品按 1∶1 稀释，则每毫升混合液中含钟虫数应为：50 只×20×2＝2000 只。

五、注意事项

（1）污泥混合液的浓度要适当，否则影响观察的效果。

（2）制作活性污泥压片标本在加盖玻片时，要先使盖玻片的一边接触水滴，然后轻轻放下，否则会形成气泡，影响观察。

（3）实验过程中要仔细观察污泥絮体的特性、菌胶团和丝状菌的生长情况及微型动物的外形和内部结构等。

六、实验数据记录与处理

将观察结果填入表 8-7，在符合处打"√"表示。

表 8-7　活性污泥镜检记录

样品名称：　　　　　　　　　观察人：　　　　　　　　　日期：

絮体大小		大　中　小；平均＿＿＿μm
絮体形态		圆形　不规则形
絮体结构		开放　封闭
絮体紧密度		紧密　疏松
丝状菌数量		0　±　＋　＋＋　＋＋＋
游离细菌		几乎不见　少　多
微型动物	优势种（数量及状态）	
	其他种（种类、数量及状态）	

七、思考题

（1）活性污泥和生物膜中微生物类群的组成对于反应器处理有机废水效率有什么影响？

（2）怎样通过了解微型动物种类或数量变化来反映废水处理情况？

第九章　环境工程虚拟仿真实验

实验 53　有机固体废物堆肥虚拟仿真实验

一、实验目的

（1）观察有机固体废物在生物处理过程中的变化，加深对好氧堆肥相关概念的理解。

（2）掌握好氧堆肥工艺过程和控制方法。

（3）了解堆肥稳定化的判断方法。

（4）掌握仿真装置的操作。

二、实验原理

好氧堆肥是在有氧条件下，好氧菌对废物进行吸收、氧化、分解。微生物通过自身的生命活动，把一部分被吸收的有机物氧化成简单的有机物，同时释放出可供微生物生长活动需要的能量，而另一部分有机物则被合成新的细胞质，使微生物不断生长繁殖，产生出更多的生物体的过程。有机物生化降解的同时，伴有热量产生，因发酵工程中该热能不会全部散发到环境中，就必然造成发酵物料的温度升高，这样就会使那些不耐高温的微生物死亡，耐高温的细菌快速繁殖。生态动力学研究表明，好氧分解中，发挥主要作用的是菌体硕大、性能活泼的嗜热细菌群。该菌群在大量氧分子存在下使有机物氧化分解，同时释放大量能量。虚实结合的堆肥仿真工艺系统以真实设备为原型，采用虚拟现实技术，对设备的外形、材质、零部件和内部构造进行三维建模，把设备的外观、内部结构、设计原理、工作过程、使用方法等以动态视频的形式演示出来。

三、实验器材

好氧堆肥仿真实验装置包括数据处理中心、操作箱和发酵罐等（图 9-1）。数据处理中心包括数据服务器（基于 OPC 的数据服务器为仿真软件提供采集的数据与仿真数据输出）、仿真软件客户端（用于仿真实验系统，提供实验过程的数据显示与交换操作）和服务器（OPC 服务器与仿真客户端位于同台 PC）；操作箱包括电源开关与指示灯、电磁阀开关与指示灯、温控器工作开关、压缩机开关与指示灯及除臭开关与指示灯等。

四、实验步骤

（1）打开装置电源，控制面板如图 9-2 所示，启动计算机。

图9-1 好氧堆肥仿真实验装置

图9-2 固体堆肥仿真实验装置控制面板

（2）打开软件"华南理工环境工程仿真软件版"，然后点击"单机练习"（图 9-3），选择"华南理工有机固体堆肥仿真软件版"，然后点击"启动项目"（图9-4）。

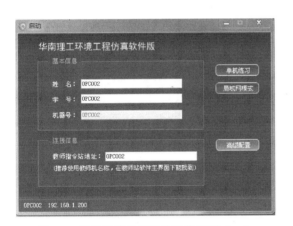

图9-3 固体堆肥仿真软件操作界面（一）

图9-4 固体堆肥仿真软件操作界面（二）

（3）在软件标题栏的"OPC Server"里，单击然后选择连接到"OPC Server"（图9-5）。

图9-5 固体堆肥仿真软件操作界面（三）

（4）浏览"垃圾堆肥简介"（图9-6）、"垃圾堆肥 DCS"（图9-7）、"垃圾堆肥现场"（图9-8）及"操作质量评分系统"（图9-9）等界面。

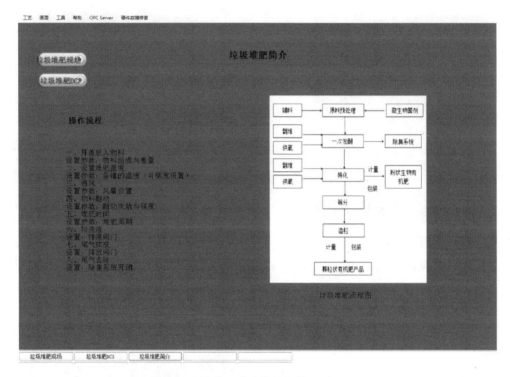

图 9-6 固体堆肥仿真软件操作界面（四）

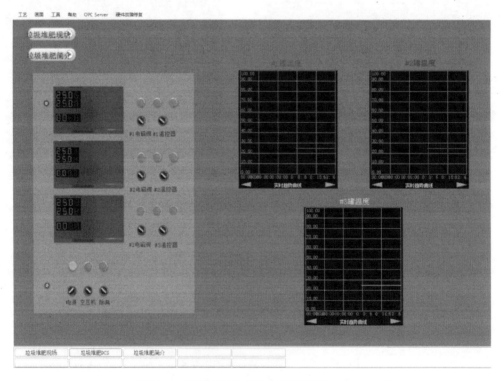

图 9-7 固体堆肥仿真软件操作界面（五）

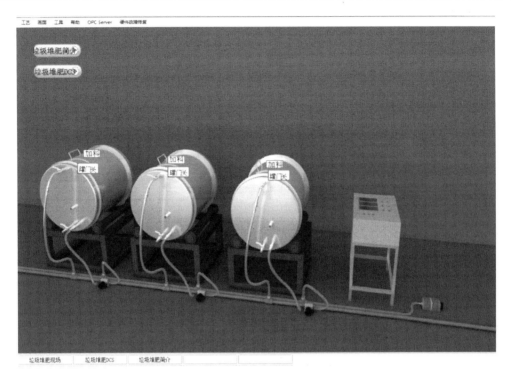

图 9-8　固体堆肥现场界面

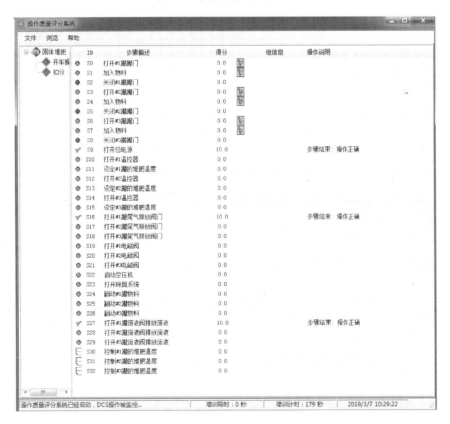

图 9-9　固体堆肥仿真实验操作评分系统界面

（5）选择"操作质量评分系统"，按下列操作（以#1 罐为例）。

（a）打开发酵罐门。按图 9-10 所示，拔掉发酵罐门上的 4 个插销，然后打开罐门。系统会检测到信号，在"垃圾堆肥现场"界面中，对应的罐会显示"罐门开"，"操作质量评分系统"中的 S0 会显示正确，得 10 分。

图 9-10　发酵罐

（b）加入物料。在"垃圾堆肥现场"界面中，鼠标移到#1 罐"加料"字符上，单击会弹出"进料选择"对话框（图 9-11），选择其中一种或多种物料，然后设置"进料量"，再点击回车键，然后关闭所有弹出框，即完成加入物料。此时，"操作质量评分系统"中的 S1 会显示正确，得 10 分。

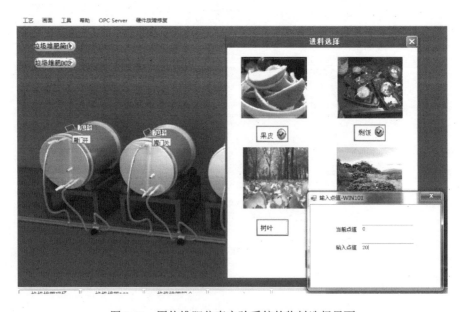

图 9-11　固体堆肥仿真实验系统的物料选择界面

（c）关闭发酵罐门。完成物料投加后，盖上发酵罐门，并插上所有插销。此时，"操作质量评分系统"中的 S2 会显示正确，得 10 分。

（d）设置发酵温度。在图 9-2 中的装置控制面板中，打开"1#温控器"，然后把鼠标移至图 9-12 所示的黄色框中，单击后会弹出"TIN101"框。然后鼠标移至"MAN NR"字符旁边，单击会弹出"TIN101"框，选择"AUT"，然后关闭对话框（图 9-12）。

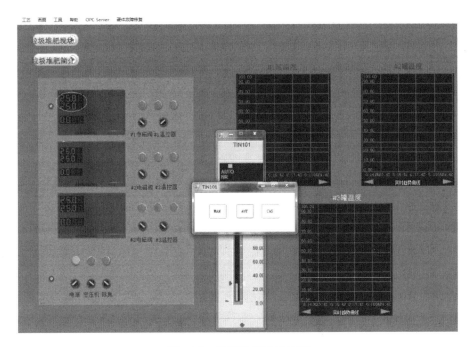

图 9-12 发酵温度设置界面

"TIN101 温度设定"框中，"PV"是显示现在的罐温，"SP"是设定罐温，"OP"是升温速率，在"AUT"情况下，"OP"不用设置。点击"SP"，然后在弹出框中的"DATA"中（图 9-13），输入设定的炉温，一般为 40℃。然后关闭所有对话框，系统就会自动升温，"操作质量评分系统"里看到 S9 和 S10 操作都正确，各得 10 分。

图 9-13 发酵罐罐温设置界面

（e）发酵。打开在发酵罐上的尾气排放阀门（图 9-14），打开装置控制面板中"1#电磁阀"、"压缩机操作"和"除臭操作"三个开关，然后抓住"翻动把手"（图 9-15），左右轻轻转动罐体，即完成所有发酵过程操作，此时"操作质量评分系统"里看到 S16、S19、S22、S23、S24和 S27 都会显示操作都正确，各得 10 分（图 9-16）。等发酵温度在设定温度稳定一段时间后，在"操作质量评分系统"里就会看到 S30 得到一定的分数。

图 9-14　发酵罐的尾气排放阀门

图 9-15　翻动发酵罐的把手

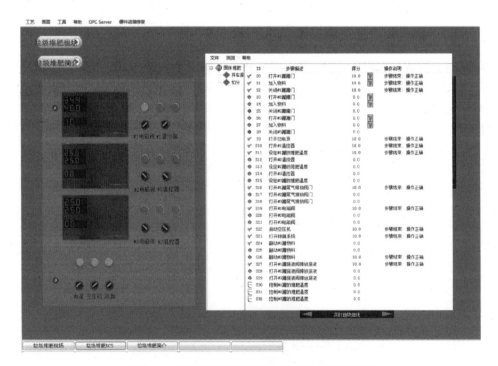

图 9-16　固体堆肥仿真实验操作的得分情况显示

（6）其他罐体的操作与#1 罐相同。

（7）关闭系统。关掉装置控制面板上所有已打开的开关和电源，然后关闭计算机，就可结束实验。

实验 54　垃圾焚烧虚拟仿真实验

一、实验目的

（1）了解固体废物焚烧相关概念。

（2）了解焚烧的影响因素。

（3）掌握仿真装置的操作。

二、实验原理

固体废物的焚烧是一种高温热处理技术，是指固体废物中的可燃性物质与空气中的氧在焚烧炉内进行氧化燃烧反应，使其有害物质在高温下氧化、热解而被破坏。通过焚烧处理，废物的体积可以减少 80%～90%，质量减少 20%～80%；垃圾中的病原体和有害物质得到有效消除，达到无害化处理，最终产物转化为化学性质比较稳定的无害化灰渣；通过焚烧处理，还可以获得能源。

固体废物焚烧处理过程是一个包括一系列物理变化和化学反应的过程。固体废物的焚烧效果受许多因素的影响，如焚烧炉类型、固体废物性质、物料停留时间、焚烧温度、供氧量、物料的混合程度等。其中停留时间、温度、湍流度和空气过剩系数就是人们常说的"3T+1E"，它们既是影响固体废物焚烧效果的主要因素，也是反映焚烧炉工况的重要技术指标。

在很大程度上，固体废物性质是判断其是否进行焚烧处理以及焚烧处理效果好坏的决定性因素。固体废物的热值、成分组成和颗粒粒度等是影响其焚烧的主要因素。固体废物的热值越高，焚烧过程越易进行，焚烧效果也就越好。国家规定固体废物入炉垃圾最低热值标准为4184kJ/kg，一般固体废物燃烧需要的热值为 3360kJ/kg。

三、实验器材

数据处理中心、操作箱和焚烧炉等。

数据处理中心包括数据服务器（基于 OPC 的数据服务器为仿真软件提供采集的数据与仿真数据输出）、仿真软件客户端（用于仿真实验系统，提供实验过程的数据显示与交换操作）和服务器（OPC 服务器与仿真客户端位于同一台 PC）。

操作箱包括低压供配电回路（为数据处理中心提供供电配电）和数据采集控制系统（采用ARMSTM32F103VE 作为数据采集平台），并集中放置电源按钮、电源指示灯、风机开按钮、风机运行指示灯、1#燃烧器按钮、1#燃烧器运行指示灯、2#燃烧器按钮、2#燃烧器运行指示灯等一些实际按钮和指示灯。

四、实验步骤

（1）打开装置电源，控制面板如图9-17所示，启动计算机。

图9-17 垃圾焚烧虚拟仿真实验装置控制面板

（2）打开软件"华南理工环境工程仿真软件"，然后点击"单机练习"（图9-18），选择"华南理工垃圾焚烧炉仿真软件版"，然后点击"启动项目"（图9-19）。

图9-18 垃圾焚烧虚拟仿真软件操作界面（一）

图9-19 垃圾焚烧虚拟仿真软件操作界面（二）

（3）在软件标题栏的"OPC Server"里，选择连接到"OPC Server"（图9-20）。

图9-20 垃圾焚烧虚拟仿真软件操作界面（三）

（4）浏览"焚烧炉简介"（图9-21）、"焚烧DCS"（图9-22）、"焚烧炉现场图"（图9-23）及"操作质量评分系统"（图9-24）等界面。

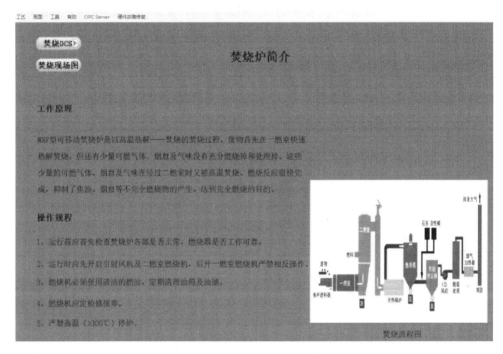

图 9-21 垃圾焚烧虚拟仿真软件操作界面（四）

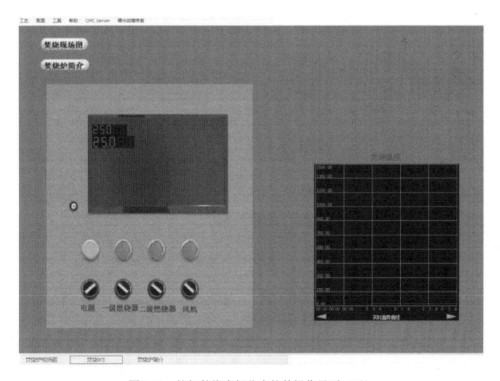

图 9-22 垃圾焚烧虚拟仿真软件操作界面（五）

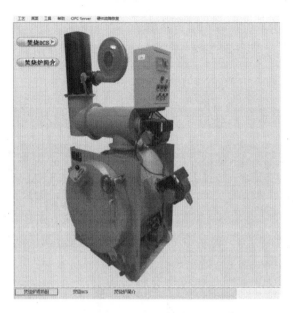

图 9-23 垃圾焚烧炉

图 9-24 垃圾焚烧虚拟仿真实验评分系统

（5）选择"操作质量评分系统"，按以下步骤操作。

（a）焚烧炉加料。选择"焚烧炉现场图"界面，把鼠标移至焚烧炉门口中间，单击后弹出"进料选择"，然后选择待焚烧垃圾种类，再点击"进料量"，输入数量（图 9-25），然后点击回车键即可。完成操作后，关闭所有弹出框，会看到"操作质量评分系统"里的 S0 操作正确，得 10 分。

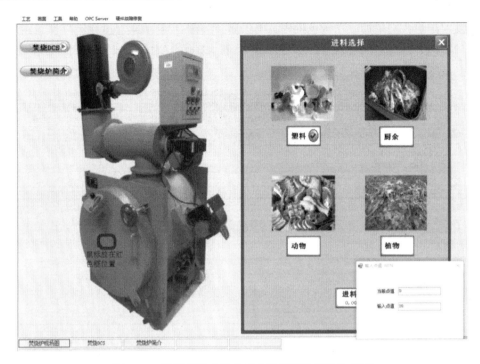

图 9-25　垃圾焚烧虚拟仿真实验进料选择操作界面

（b）在图 9-17 所示的装置控制面板上，依次启动"二级燃烧器风机"、"二级燃烧器点火"、"一级燃烧器点火"，就会在"焚烧 DCS"界面上看到相关指示灯亮灯（图 9-26）。此时就会在"操作质量评分系统"里看到 S1～S5 操作都正确，分别得 10 分。

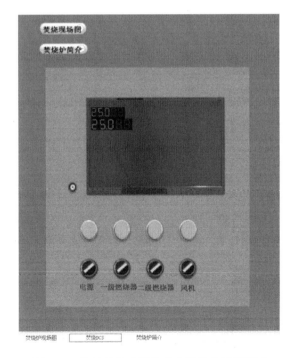

图 9-26　垃圾焚烧虚拟仿真实验系统显示界面

（c）设置炉温。把鼠标放在黄色框内，单击后会弹出"TIN104 温度设定"框。然后鼠标移至"MAN NR"字符旁边，单击会弹出"TIN104"框，选择"AUT"，然后关闭对话框（图 9-27）。

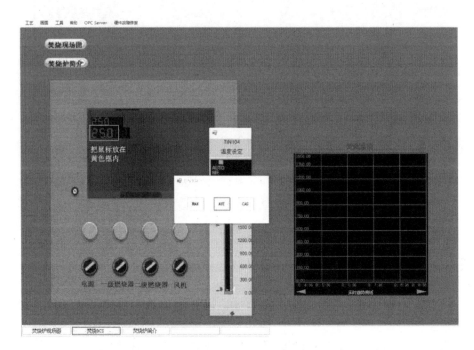

图 9-27　垃圾焚烧虚拟仿真实验系统参数设置界面

"TIN104"温度设定框中，"PV"是显示现在的炉温，"SP"是设定炉温，"OP"是升温速率，在"AUT"情况下，"OP"不用设置。点击"SP"，然后在弹出框中的"DATA"中（图 9-28），输入设定的炉温，一般为 900℃。然后关闭所有对话框，系统就会自动升温，"操作质量评分系统"里看到 S6 操作都正确，得 10 分（图 9-29）。焚烧炉内的 LED 灯也会闪亮（图 9-30）。

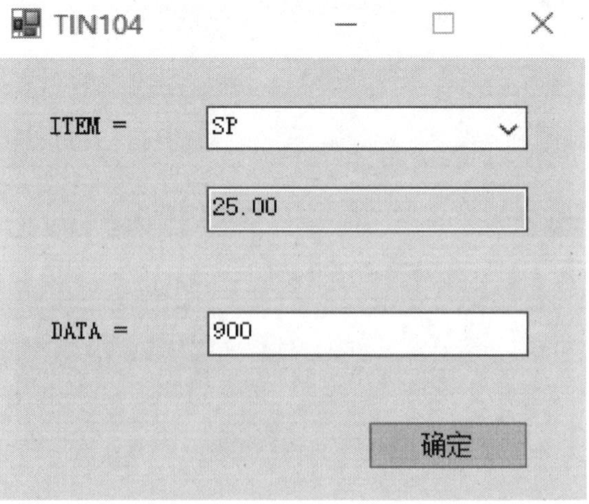

图 9-28　垃圾焚烧虚拟仿真实验系统炉温设置界面

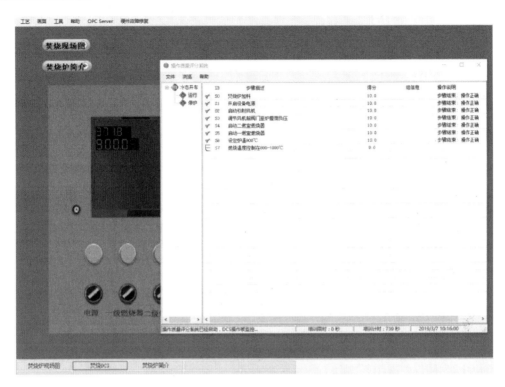

图 9-29　垃圾焚烧虚拟仿真实验评分系统

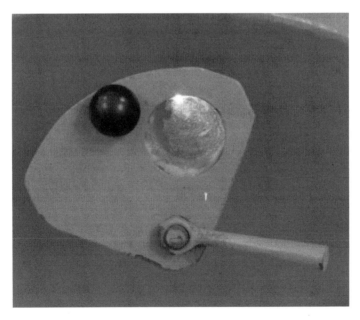

图 9-30　垃圾焚烧虚拟仿真实验系统焚烧炉内的 LED 灯

（d）焚烧。当炉温升至设定温度，并保持一段时间后（显示的炉温会在设定的温度值上下波动），在"操作质量评分系统"里看到 S7 就会有一定的得分（图 9-31），若温度控制不在 800～1000℃时，"操作说明"会显示"质量评定严重错误"。

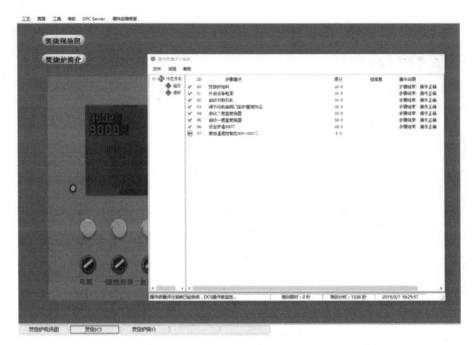

图 9-31　垃圾焚烧虚拟仿真实验系统实验操作得分界面

（e）停炉。在图 9-17 所示的装置控制面板上，依次关闭"一级燃烧器点火"和"二级燃烧器点火"开关，系统就会慢慢降低炉温，并在"操作质量评分系统"的"停炉"栏中的 S0 和 S1 显示操作正确，分别得 10 分。当炉温低于 300℃时，S2 左边的红点状态由红变绿，提示可以关闭"二级燃烧器风机"（图 9-32），关闭后即可得到对应的 10 分。然后就可以关闭系统电源和计算机，完成所有操作。

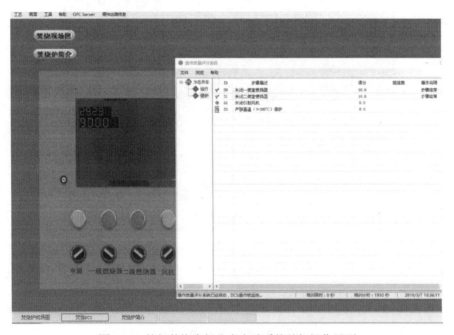

图 9-32　垃圾焚烧虚拟仿真实验系统关机操作界面

第十章 环境工程综合实验

实验 55 污染物降解菌的驯化、分离与活性测定

环境中有机污染物大致可分为多环芳烃（PAHs）、有机染料和颜料、表面活性剂、农药、酚类和卤代烃等。根据微生物对有机物的可降解性，又可把有机物质分成三种类型：一类是可生物降解的有机物，如碳水化合物、蛋白质、脂肪、核酸等；另一类是难生物降解的有机物，如木质素、纤维素、几丁质、烃类等；第三类是不可生物降解有机物，如有机氯农药、多氯联苯（PCB）、塑料、尼龙等。有机污染物的降解主要是由微生物完成，微生物由于其物种和代谢的多样性，在降解和转化有机污染物方面有着独特的优势，它不仅经济、安全，而且所能处理的污染物阈值低、残留少，利用它们可以将绝大多数的有机污染物降解转化成无毒物质或矿化成二氧化碳和水。但对于难降解的有机污染物，则要以被污染土壤或活性污泥中的微生物为菌源，进行筛选、驯化出高效污染物降解菌。

污染物降解菌筛选步骤如下：

1. 采集菌样

根据筛选的目的，微生物的分布概况及菌种的主要特征与外界环境关系等，进行综合具体的分析来决定采样地点。由于在土壤中几乎可以找到任何微生物，所以土壤往往是首选的采集目标。采样中必须考虑的几个问题包括土壤中有机物的含量、采土的深度、植被情况、采土的季节、采土的方法等。

一般有机物含量高的土壤，微生物数量也多，反之亦然。在离地面 5～20cm 处的土坡，微生物含量最高。选择好适当地点后，用小铲子除去表土，取 5～20cm 处的土样几十克，盛入事先灭菌的防水纸袋内，并记录采土时间、地点和植被等情况。采好的土样应尽快分离。在采土的时候，一个地区采土的点不能太少，否则就不能代表该地区的微生物类群。

另外，活性污泥中的微生物种类和数量也很多，也可采集处理含该类污染物废水的活性污泥，从中筛选、驯化高效污染物降解菌。

2. 富集培养

如果要筛选的菌种在试样中含量极低，那么在采集含菌样品后，还需进行富集培养（enrichment culture），然后才能进行纯种分离。

富集培养又称增殖培养，就是利用选择性培养基的原理，在所采集的土壤等含菌样品中加入某种特殊营养物，并创造一些有利于待分离对象生长的条件，使样品中少数能分解利用这类营养物的微生物大量繁殖，从而有利于分离它们。

根据微生物的营养特性可以知道，如果自然菌样中含有某一物质较多，则其中含有能分解这一物质的微生物一般也较多。如果原有菌中这类微生物不多，则可人为地加入相应的基质以促使它们的生长繁殖。例如，通常可在土壤中加入一些石油，以促使其中多数能

利用石油作碳源的微生物的数量剧增。

3. 纯种分离

通过纯种分离，可把退化菌种的细胞群体中一部分仍保持原有典型性状的单细胞分离出来，经过扩大培养，就可恢复菌株的典型形状。常用的分离纯化方法很多，大体上可将它们归纳成两类：一类较粗放，一般只能达到"菌落纯"的水平，即从种的水平来说是纯的，如在琼脂平板上进行划线分离、表面涂布或与尚未凝固的琼脂培养基混匀后再浇注并铺成平板等方法以获得单菌落；另一类是较精细的单细胞或单孢子分离方法，它可以达到细胞纯即"菌株纯"的水平，这类方法的具体操作种类很多，既有简便地利用培养皿或凹玻等作分离小室的方法，也有利用复杂的显微操纵装置进行分离的方法。如果遇到不长孢子的丝状真菌，则可用无菌小刀切取菌落边缘稀疏的菌丝尖端进行分离移植，也可用无菌毛细管插入菌丝尖端，以截取单细胞而进行纯种分离。

纯种的验证主要依赖于显微镜观察，从单个菌落（或斜面培养物）上取菌少许进行各种制片操作，在显微镜下观察细胞的形状、大小及排列情况、革兰氏染色反应、鞭毛的着生位置和数目、芽孢的有无、芽孢着生的部位和形态、细胞内含物等是否相同以及个体发育过程中形态的变化规律，以此来确认所分离的微生物是否为一纯种。

4. 性能测定

分离后获得纯种是筛选工作的第一步，要想得到较为理想的生产和科研用菌，还需进行一系列有关的性能测定，通过比较筛选出性能稳定、适应范围宽、符合生产要求的高效菌株。

5. 初步工艺条件摸索

筛选出的功能菌将进行初步工艺条件摸索，以指导其更好地应用于生产实践。

6. 菌种的系统分类鉴定等必要实验

一般来说，首先根据纯种的个体形态和群体形态，推断出大致所属的门类或科、属，再选择某些必要的生理生化实验，根据其反应结果对照有关的微生物分类检索表，查出该菌可能所属的属、种。这一过程最好有在分类学上较近似的已知菌作对照，以增加判断的准确性。但是，由于自然环境的改变，微生物的某些特性往往发生或多或少的变化，导致分类鉴定工作复杂化。

筛选获得理想的高效菌种后，还要防止菌种衰退和进行复壮工作。在生物进化过程中，遗传性的变异是绝对的，而它的稳定性反而是相对的；退化性的变异是大量的，而进化性的变异却是个别的。在自然情况下，个别的适应性变异通过自然选择就可保存和发展，最后成为进化的方向；在人为条件下，人们也可以通过人工选择法去有意识地筛选出个别的正变体用于生产实践中。相反，如不自觉认真地去进行人工选择，大量的自发突变菌株就会泛滥，最后导致菌种的衰退。在实践中，有关防止菌种衰退和进行复壮工作已积累了很多经验，如控制传代次数、创造良好的培养条件、利用不同类型的细胞进行接种传代、采用有效的菌种保藏方法等。

I　表面活性剂降解菌的富集、分离及降解能力测定

一、实验目的

（1）了解表面活性剂降解菌富集、分离及降解能力测定的方法。

（2）了解不同起始浓度表面活性剂（LAS）对微生物降解度的影响。

二、实验原理

表面活性剂是合成洗涤剂的有效成分，目前应用较多的是直链型烷基苯磺酸盐类（LAS），研究表明，环境中表面活性剂的降解几乎靠微生物的作用，但微生物的降解能力受菌株类型、表面活性剂浓度及其他多种物理化学因素的影响。本实验从洗涤剂厂废水排放口的污泥（或附近土壤）、城市污水厂曝气池活性污泥或消耗洗涤剂较多的印染厂废水生物处理系统中提取降解菌、富集降解菌、分离降解菌，研究其降解能力，并考查不同起始浓度 LAS 对微生物降解度的影响。

三、实验器材

（1）牛肉膏蛋白胨培养基。牛肉膏 3g/L，蛋白胨 10g/L，NaCl 5g/L，pH 7.0～7.2，121℃灭菌 20min。

（2）降解菌分离及培养用培养基。蛋白胨 5g/L，NH_4NO_3 5g/L，K_2HPO_4 1g/L，KH_2PO_4 1g/L，NaCl 5g/L，表面活性剂（$C_{18}H_{29}SO_3Na$）0.5g/L，pH 6.7～7.2，121℃灭菌 20min。

（3）降解培养基。蛋白胨 5g/L，NH_4NO_3 5g/L，K_2HPO_4 1g/L，KH_2PO_4 1g/L，NaCl 5g/L，表面活性剂（$C_{18}H_{29}SO_3Na$）不同浓度，pH 6.7～7.2，121℃灭菌 20min。

（4）美蓝溶液。亚甲基蓝 0.03g/L，分析纯浓 H_2SO_4 6.8mol/L，$NaH_2PO_4 \cdot 2H_2O$ 50g/L。

（5）洗涤液。分析纯浓 H_2SO_4 6.8mol/L，$NaH_2PO_4 \cdot 2H_2O$ 50g/L。

（6）恒温摇床，分光光度计，离心机，150mL 锥形瓶，250mL 分液漏斗，容量瓶，移液管，1000mL 烧杯，脱脂棉等。

（7）受表面活性剂污染的土样或泥样。

四、实验步骤

1. 表面活性剂降解菌的富集

取城市污水厂曝气池混合液 100mL，用水稀释至 1000mL 于烧杯中，第一周向污水加入牛肉膏蛋白胨培养基和表面活性剂 $C_{18}H_{29}SO_3Na$，牛肉膏蛋白胨培养基的浓度分别为原浓度的 1/10，表面活性剂 $C_{18}H_{29}SO_3Na$ 的浓度为 50mg/L，放置在有阳光的地方，经常搅拌。第二周加入牛肉膏蛋白胨培养基量为原浓度的 1/20 和 $C_{18}H_{29}SO_3Na$ 100mg/L。第三周加入牛肉膏蛋白

胨培养基量为原浓度的 1/40 和 $C_{18}H_{29}SO_3Na$ 200mg/L。第四周不加入牛肉膏蛋白胨培养基，只加入 $C_{18}H_{29}SO_3Na$ 400mg/L。放置 1 周，待用。

2. 表面活性剂降解菌的分离

（1）降解菌分离及培养用培养基加入 16g/L 的琼脂后灭菌倒平板。

（2）取前富集后溶液平板划线分离，37℃培养 24h。

（3）挑选长势良好的单一菌落，如前平板划线分离，37℃培养 24h。

（4）观察和记录其特征，将其接种于已灭菌的 100mL 降解菌分离及培养用培养基中，置恒温摇床，180r/min，恒温（32±2）℃，振荡培养 48h，达到对数期，使菌数达到约 10^8CFU/mL。

（5）4000r/min 离心 30min，弃去上清液，留下菌体沉淀，加入一定量的无菌水或生理盐水，制成菌悬液，即为所分离的表面活性剂降解菌的菌悬液，待用。

3. 表面活性剂降解菌对表面活性剂的降解

（1）用降解培养基，分别加入 40mg/L、80mg/L、120mg/L、160mg/L、200mg/L、240mg/L、280mg/L 的 $C_{18}H_{29}SO_3Na$，配制成 100mL 溶液，各种浓度分别配制两份，其中一份用于未接种，另一份用于接种。

（2）在用于接种的一份降解培养基中加入上述表面活性剂降解菌的菌悬液 10mL，使初始浓度达到 $10^5 \sim 10^6$CFU/mL。

（3）未接种的和接种的共两份降解培养基同时置于恒温摇床，180r/min，恒温（32±2）℃，振荡培养 48h。

（4）4000r/min 离心 30min，留上清液。该上清液即为表面活性剂降解菌降解溶液，待测。

4. 表面活性剂降解菌降解能力的测定

1）工作曲线的制备

（1）配制 5 种 $C_{18}H_{29}SO_3Na$ 标准溶液各 100mL，浓度分别为：0.0mg/L、0.2mg/L、0.5mg/L、1.0mg/L、2.0mg/L。

（2）取其中一种标准溶液 100mL 进行提取、洗涤、再提取、定容。

提取：将 100mL 标准溶液加入 250mL 分液漏斗中，用 H_2SO_4 调至微酸性。加美蓝溶液 25mL，加三氯甲烷 10mL，猛烈振荡后静置分层，将三氯甲烷层排入小烧杯中，如前连续提取三次。

洗涤：将提出液转入另一 250mL 分液漏斗中，加入 50mL 洗涤液猛烈振荡后静置分层，用脱脂棉滤去分液漏斗下口的水分，将三氯甲烷层排入 50mL 容量瓶中。

再提取：在该分液漏斗中再次加入三氯甲烷 6mL，猛烈振荡后静置分层，将三氯甲烷层排入前已有三氯甲烷的 50mL 容量瓶中，同前连续提取三次。

定容：用三氯甲烷定容至 50mL。

（3）分别取其他四种 $C_{18}H_{29}SO_3Na$ 标准溶液同前提取、洗涤、再提取、定容。

（4）将提取、定容后的 $C_{18}H_{29}SO_3Na$ 标准溶液，以三氯甲烷为空白，用同一台分光光度计，在 653nm 处测定其吸光度，以溶液浓度（mg/L）为横坐标，吸光度 A 为纵坐标，作工作曲线。

2）表面活性剂降解菌降解溶液中 $C_{18}H_{29}SO_3Na$ 浓度的测定

分别取表面活性剂降解菌降解溶液 1～10mL，具体的量以最终测定的吸光度在工作曲线的区间内为准，定容至 100mL，同工作曲线制备的方法，分别进行提取、洗涤、再提取、定容，并测定其在 653nm 处吸光度 A。根据式（10-1）计算降解后溶液表面活性剂浓度 c：

$$c(\text{mg/L}) = \frac{A_{653} \times 100}{\text{工作曲线斜率} \times \text{降解溶液容积(mL)}} \tag{10-1}$$

5. 表面活性剂降解菌降解度 D 的计算

$$D = \frac{c_{\text{未接种}} - c_{\text{接种}}}{c_{\text{未接种}}} \times 100\% \tag{10-2}$$

式中：$c_{\text{未接种}}$ 为降解溶液未接种溶液表面活性剂 $C_{18}H_{29}SO_3Na$ 的浓度；$c_{\text{接种}}$ 为降解溶液接种溶液表面活性剂 $C_{18}H_{29}SO_3Na$ 的浓度。

五、注意事项

（1）表面活性剂降解菌富集过程中，牛肉膏蛋白胨培养基的浓度要逐渐减小，表面活性剂 $C_{18}H_{29}SO_3Na$ 的浓度逐渐增加，使降解菌逐步适应新的生长环境而富集。

（2）菌源要选择受表面活性剂污染的土壤或污泥。

（3）测定表面活性剂浓度时用到三氯甲烷，要在通风橱里操作，三氯甲烷废液要按规定进行回收处理，切勿倒入下水道。

六、实验数据记录与处理

将实验结果填入表 10-1。

表 10-1　表面活性剂降解菌对不同浓度表面活性剂的降解情况

表面活性剂被降解后浓度（接种）/(mg/L)						
对照组浓度（未接种）/(mg/L)						
表面活性剂降解率/%						

七、思考题

（1）为什么要取表面活性剂污染的土壤或污泥作为菌源？

（2）表面活性剂降解菌富集过程中应注意哪些事项？

Ⅱ　酚降解菌的驯化、分离及性能测定

苯酚及其衍生物对人和动植物的毒性很强，是我国优先控制的污染物之一。含酚废水主要来源于造纸、炼油、合成纤维、合成橡胶、农药等行业中，是工业排放废水中主要的有害污染物组成成分。筛选出能有效降解苯酚等有毒有害难降解污染物的优良菌株，在废水的生物处理工程中是非常重要的。

一、实验目的

（1）了解微生物在苯酚降解中的作用。

（2）掌握微生物驯化的方法。

（3）掌握苯酚的测定方法。

二、实验原理

驯化是通过人工方法使微生物逐步适应某种特定条件，以获得具有较高耐受力及活力的菌株的一种定向选育方法。驯化方法很多，使用最多的是以被降解物作为唯一碳源和能源，并在逐步提高该污染物浓度的情况下经多代传种获取高效降解菌。

三、实验器材

（1）受酚污染的土样或泥样。

（2）培养基。

（3）0.02% $MgSO_4 \cdot 7H_2O$；0.01% $CaCl_2$、NH_4NO_3 1 滴、0.05% KH_2PO_4、0.05% K_2HPO_4、0.02% $MnSO_4 \cdot H_2O$、10% $FeCl_2$ 溶液痕量、0.05%～0.2%苯酚、蒸馏水 1000mL。调节 pH 至 7.5，121℃高压蒸气灭菌 20min。分别配制四种含不同苯酚浓度的培养液，分装于 500mL 锥形瓶，每瓶注入 250mL，不同苯酚浓度标记清楚，121℃高压蒸气灭菌 20min 备用。

（4）恒温振荡器。

（5）移液管、漏斗、接种环、试管等。

（6）4mol/L 氨水、2% 4-氨基安替比林、20%吐温 80、16%铁氰化钾。

四、实验步骤

（1）接种。取土壤或泥样 1g 接入含苯酚浓度为 500mg/L 的培养液中，共接 2 瓶。一瓶在 28～30℃下进行振荡培养；另一瓶置 4℃冰箱中不培养。

（2）检查经 24h 培养后，将培养与不培养的锥形瓶同时取出，摇匀，静置，待泥沙沉降后，再按如下步骤进行检查：

（a）培养液浑浊度。用肉眼比较，如培养瓶中液体浑浊度高说明已有菌增殖。

（b）苯酚的消失。取少量培养液与未培养液分别过滤，各取 0.5mL 过滤液至 2 支小试管中。再按顺序加入下列试剂：1 滴 4mol/L 氨水、1 滴 2% 4-氨基安替比林、2 滴 20%吐温 80、1 滴 16%铁氰化钾。培养液中如含苯酚则呈红色，为阳性结果；如不含苯酚则呈微黄色，为阴性结果，表示培养基中的苯酚已被解酚菌降解。

（3）一次传代。取经上述检查证实有解酚菌生长的培养液（母菌液）2.5mL，接种入含苯酚浓度为 1g/L 的培养液 250mL 中，重复上述培养与检查。接种后剩余母菌液存入冰箱，以备与下代培养进行比较。

（4）二次至多次传代经检查证实有菌生长的一次传代培养液接入含苯酚浓度更高的培养基中继续进行驯化培养。约至 2g/L 苯酚浓度时，选取耐酚力和解酚力皆高的菌株。

（5）划线分离。用接种环沾取一环已驯化好的菌液在无机盐含酚琼脂培养基上划线分离，经 28～30℃保温培养 48h 后，挑取平板上的单个菌落接至试管斜面或再经划线分离，可获得解酚菌的纯种。

五、注意事项

（1）菌源要取受酚污染的土壤或污泥，这样接种到含酚培养液后才能生长。

（2）若受酚污染的土壤或污泥中的菌耐酚力和解酚力不够时，在初次接种时，可适当降低培养液中的酚浓度，再逐渐增加培养液中的酚浓度。

六、实验数据记录与处理

将实验结果填入表 10-2。

表 10-2 微生物对苯酚的降解情况

检查项目	28～30℃振荡培养	4℃冰箱中不培养
培养液浑浊度		
是否含苯酚		

七、思考题

（1）实验结果说明了什么问题？

（2）比较各代培养液中菌体增殖及苯酚消失的情况。

实验 56 挥发性有机污染物的等离子体净化实验

等离子体又称"电浆体"，是一种以自由电子和带电离子为主要成分的物质形态，常被视为固、液、气以外的物质的第四态，是外加电压作用于气体达到其着火电压时，气体分子被击穿后产生的包括电子以及各种离子、原子和自由基在内的混合体。低温等离子体有别于受控热核聚变产生的高温等离子体，高温等离子体的能量要达到 10000eV 以上，而在工业和科学研究中用的低温等离子体能量通常在几至几十电子伏之间。低温等离子体技术具有工艺简单处理效果好及二次污染少等优点，因此被广泛用于气体净化和污染处理领域中。

生成等离子体的方法有很多种，包括射线辐照法、气体放电法、激光等离子体法、光电离法、激波等离子体法和热电离法等，其中气体放电法是最常用的一种方法。根据等离子体发生器的电极结构、个数、气体放电产生的机理、气体的压力范围、电源性质及电极的几何形状，气体放电等离子体又可以分为电晕放电、辉光放电、微波放电、射频放电、表面放电、介质阻挡放电等。

一、实验目的

（1）掌握低温等离子体处理 VOCs 的原理。
（2）熟悉低温等离子体处理 VOCs 的工艺流程及装置，掌握有关仪器设备的使用方法。
（3）掌握气相色谱测定 VOCs 的方法。

二、实验原理

在低温等离子体发生器的电极上施加高电压，进行高压脉冲电晕放电，产生电子、离子、自由基和激发态分子等有极高化学活性的粒子，这些活性粒子与 VOCs 气体分子（或原子）发生非弹性碰撞，将能量转换成基态分子（或原子）的内能，发生激发、离解、电离等一系列过程，使气体处于活化状态，活化后的气体分子经过等离子体定向链化学反应后被去除。

三、实验器材

（1）低温等离子体净化装置（图 10-1）。
（2）气相色谱仪。
（3）注射器。

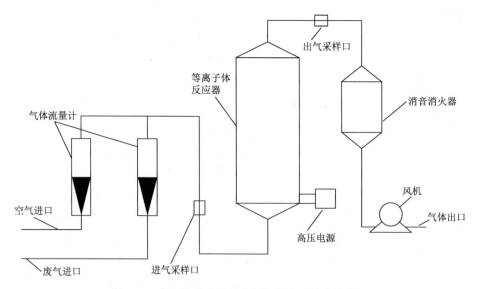

图 10-1　高压脉冲电晕放电低温等离子体净化装置

四、实验步骤

（1）低温等离子体净化实验开始前做好实验准备，用气相色谱做待净化的 VOCs 的标准曲线。

（2）在注入 VOCs 前，从取样口取 20mL 空气，用气相色谱分析其中 VOCs 的浓度。

（3）接通装置的电源，开启空气及 VOCs 气体的管路阀门，将一定浓度的 VOCs 注入装置内，待有机物浓度达到稳定后取样测定待测物起始浓度。

（4）启动低温等离子体的高压电源，进行高压脉冲电晕放电，净化装置内的 VOCs，经历一定时间后从取样口取样 20mL 进行分析，经过 2~3h 后停止实验。学生可根据个人兴趣设计不同的反应条件（如挥发性有机物的不同浓度、单组分挥发性有机物、双组分挥发性有机物、不同湿度、不同能量密度等）进行实验。

五、实验记录与数据处理

（1）色谱工作条件记录。

使用仪器类型：　　　　　监测器：　　　　　氢气：

型号：　　　　　　　　　灵敏度：　　　　　空气：

柱类型：　　　　　　　　载气类型：　　　　检测器温度：

柱规格：　　　　　　　　载气流量：　　　　进样器温度：

　　　　　　　　　　　　　　　　　　　　柱温：

（2）标样记录（取 2μL 稀释到 100mL）于表 10-3。

表 10-3　标样记录

样品	色谱峰面积	平均值	浓度/（mg/m³）
标样 1			
标样 2			
标样 3			

（3）低温等离子体净化实验结果记录于表 10-4。

表 10-4　低温等离子体净化挥发性有机污染物实验结果记录表

反应条件	污染物名称	初始浓度		不同处理时间下污染物的浓度及净化率						
				15min	30min	60min	90min	120min	150min	180min
			浓度							
			净化率							
			浓度							
			净化率							

反应条件	污染物名称	初始浓度	不同处理时间下污染物的浓度及净化率						
				15min	30min	60min	90min	120min	150min	180min
			浓度							
			净化率							
			浓度							
			净化率							

实验 57　干法/半干法脱硫灰渣中亚硫酸盐含量的测定方法

干法/半干法脱硫灰渣一般都由亚硫酸钙、硫酸钙、碳酸钙、氢氧化钙、少量氯化钙、氟化钙及部分粉煤灰组成，其中 CaO 和 SO_3 含量均明显高于普通粉煤灰，并且其组成和性能的变化都较大。脱硫灰渣的这些成分大大地限制了脱硫灰渣的应用范围。首先，根据国家标准：水泥生产中用作活性混合材的Ⅰ、Ⅱ级灰以及拌制水泥混凝土和砂浆时，用作掺和料的粉煤灰成品的Ⅰ、Ⅱ、Ⅲ级灰中 SO_3 含量均不得大于 3%。而脱硫灰中 SO_3 的含量却高达 6%～8%。但是，脱硫灰渣中还含有农作物所必需的 Si、Ca、S 以及 K、Fe、Mg、Cu、Zn、B、Mo 等微量元素，加之具有改善土壤结构、减少土壤中无机磷的流失、调节土壤酸碱度和无明显污染等优点，国内外研究表明：施用脱硫灰渣，对石灰质或酸性土壤都具有调节作用，减轻因 pH 太低而引起的铝和锰对作物的毒害；提供植物所需要的养分如 Ca、S、Mg 含量，改善土壤物理性质；有利于疏松板结土壤，改良钠质土；减少土壤中磷的流失；将脱硫灰渣与有机肥（粪肥、堆肥、生物固体）复合施用，也非常有利于作物增产。为了充分利用脱硫灰渣，需对其中的亚硫酸盐含量进行测定，再决定其利用方向。

一、实验目的

（1）学会碘量法测定脱硫灰渣中的亚硫酸盐的实验原理和检测方法。
（2）掌握碘量法测定脱硫灰渣中的亚硫酸盐实验的操作要点及操作步骤。

二、实验原理

在酸性溶液中亚硫酸盐与碘进行氧化还原反应，游离碘将水中的亚硫酸盐氧化成为硫酸盐，过量的碘与淀粉作用呈现蓝色即为终点，过量的碘采用硫代硫酸钠标准溶液返滴定。其反应式为

$$SO_3^{2-} + I_2 + H_2O \longrightarrow SO_4^{2-} + 2HI$$
$$2S_2O_3^{2-} + I_2 \longrightarrow S_4O_6^{2-} + 2I^-$$

三、实验试剂

实验用试剂在没有注明其他要求时，应为分析纯试剂。

实验所用标准溶液、制剂在没有注明其他要求时，应符合 GB/T 601—2016 和 GB/T 603—2002 的规定。

（1）0.5mol/L 盐酸。取 4.17mL 的浓盐酸至 100mL 容量瓶，定容。

（2）0.05mol/L 碘溶液。称取分析纯碘 13g 及碘化钾 40g 溶于少量水中，待溶解完全后稀释至 1L。储于棕色瓶中备用。

（3）1%淀粉溶液。取 1g 可溶性淀粉与少量冷水调成糊状，将所得糊状物倒入 100mL 沸水中，煮沸数分钟，冷却。

（4）0.05mol/L 硫代硫酸钠溶液。取 3.95g 无水硫代硫酸钠，置于 100mL 烧杯中，加入 50mL 蒸馏水，搅拌溶解。移入 500mL 容量瓶中，加水至标线处，摇匀即可。

四、实验步骤

（1）将脱硫灰渣研磨均匀，并将其通过 200 目筛网。

（2）称取 5～10g（精确至 0.001g）经步骤（1）处理后的脱硫灰渣样品放入锥形瓶，加入盐酸，并调 pH 至 1.0，加热，在此过程中采用气体收集装置并用 NaOH 溶液吸收所生成的气体。

（3）向锥形瓶加入碘溶液（必须能显出碘溶液的颜色，如果样品中亚硫酸盐含量较高，可适当增加碘溶液用量），摇匀，于暗处静置 5min。

（4）用硫代硫酸钠溶液回滴过量的碘溶液，滴定至溶液呈淡黄色时加入 1mL 淀粉溶液，溶液颜色从蓝色变为无色即为滴定终点，记录硫代硫酸钠溶液消耗的体积。

（5）同法做空白滴定。

五、数据计算

亚硫酸根的含量从半水亚硫酸钙（$CaSO_3 \cdot 0.5H_2O$）的百分含量计，即按式（10-3）计算：

$$亚硫酸根的含量(\%) = \frac{(V_2 - V_1) \times c \times 129/1000}{2 \times m} \times 100 \qquad (10\text{-}3)$$

式中：V_1 为蒸馏水消耗硫代硫酸钠标准溶液体积，mL；V_2 为试样消耗硫代硫酸钠标准溶液体积，mL；c 为硫代硫酸钠标准溶液浓度，mol/L；m 为试样质量，g。

六、注意事项

（1）在取样和滴定时均应迅速，以减少亚硫酸盐被空气氧化。

（2）温度不可过高，以免影响淀粉指示剂的灵敏度而使结果偏高。

实验 58　污染土壤中多环芳烃的测定

多环芳烃（PAHs）作为常见的有机污染物，是具有"三致性"（致癌、致畸形、致突变）的典型持久性有机污染物，广泛存在于环境中。其结构稳定，不易分解，可以长期存在于土壤和大气颗粒中，对环境造成长期污染，影响人类健康。研究表明，土壤中的 PAHs 通过植物根系吸收进入食物链，威胁人类健康。在工业发达地区，土壤中的 PAHs 污染比较严重，因此对土壤中 PAHs 含量的监控尤为重要。

相对于液体和气体样品，土壤样品中 PAHs 的前处理更为复杂。在很大程度上，样品前处理方式的选择决定了分析结果的代表性和选择性。目前，土壤中 PAHs 的提取方法主要有索氏提取、加速溶剂萃取、超声提取、微波提取等。由于土壤结构和性质较复杂，成分较多，对于污染土壤的 PAHs 的测定也存在一些制约因素，不同的测定方法具有各自的优缺点。

目前，土壤中多环芳烃的测定方法主要包括液相色谱法、气相色谱法、气相色谱-质谱（GC-MS）法、拉曼光谱法等，土壤中多环芳烃的来源主要为大气中浮尘的沉积，含量往往在 μg/kg 级别，液相色谱和气相色谱定性手段单一，不能很好地区分杂质和目标物。气质联用法检测灵敏度高，抗干扰能力强，是目前公认的快速、准确的检测方法，具有良好的定性定量能力，被列为国家土壤筛查的指定方法。

一、实验目的

（1）掌握土壤样品预处理方法的原理和操作技术。
（2）掌握气相色谱-质谱联用仪的原理和操作技术。

二、实验原理

利用有机溶剂对疏水性污染物的溶解性，使其脱离土壤体系。从溶剂进入土壤颗粒到多环芳烃脱附传质进入溶剂体系共经历四个步骤：①溶剂快速进入土壤颗粒；②多环芳烃的位点解吸脱附；③多环芳烃的传质扩散；④进入有机溶剂体系。土壤样品经溶剂提取后，经净化、浓缩定容，再用气相色谱-质谱联用仪检测。

三、实验器材

（1）加速溶剂萃取仪（ASE 350 型）。
（2）气相色谱-质谱联用仪。
（3）正己烷、二氯甲烷、丙酮，均为农残级。
（4）弗罗里硅土净化柱，市售，1g/6mL。
（5）PAHs 混合标准溶液。
（6）内标溶液（上海安谱）：萘-d8、苊-d10、菲-d10、䓛-d12、芘-d12，4000mg/L。
（7）替代物标准溶液（上海安谱）：2-氟联苯、对三联苯-d14，2000mg/L。

四、实验步骤

1. 土壤样品的加速溶剂萃取法萃取

准确称取 20g（精确至 0.01g）新鲜土壤（除去枝棒、叶子、石子等异物），与硅藻土按照一定的比例进行混合、研磨，硅藻土的量根据土壤水分含量不同而不同，以充分混匀后不结块为宜；装入 ASE 萃取罐中，萃取前加入 10μL 20mg/L 替代物标准使用液，萃取溶剂为丙酮和正己烷（体积比 1∶1）的混合溶剂，提取温度 110℃，压力 10MPa，加热 6min，静态提取 7min，循环 3 次，吹扫体积 60%，吹扫时间 90s，提取液用无水硫酸钠除水后，氮吹浓缩至 1.0mL。

2. 样品净化

用弗罗里硅土净化柱净化样品，依次用 4mL 二氯甲烷、10mL 正己烷活化小柱，平衡 5min 后上样，用 15mL 正己烷-二氯甲烷溶液（体积比 7∶3）作为淋洗液进行淋洗，收集淋出液。

3. 样品浓缩

收集的淋出液转移至氮吹管中，40℃氮吹至 0.5mL。用少量正己烷冲洗管壁，加至氮吹管的 2～3mL 处。继续氮吹至小体积后，再用正己烷冲洗管壁，如此重复 3 次。加入 50μL 4.0mg/L 内标溶液，并用正己烷-丙酮（体积比 1∶1）定容至 1.0mL。

4. 样品上气相色谱-质谱联用仪检测

GC-MS 条件：进样口温度为 280℃，进样方式为不分流进样；程序升温：柱箱初始温度 80℃保持 2min，以 20℃/min 升温速率升至 180℃，保持 5min 后，以 10℃/min 升温速率升至 290℃，保持 5min。

载气为氦气，流量为 1.0mL/min，进样量为 1.0μL。

离子源为 EI 源，离子源温度为 280℃，离子化能量 70eV；扫描方式为 SIM，溶剂延迟 5.0min。

5. 校准曲线的绘制

用丙酮-正己烷混合溶剂（体积比 1∶1）配制 PAHs 混合标准系列溶液浓度：10.0μg/L、40.0μg/L、100μg/L、200μg/L、600μg/L，内标物质量浓度均为 400μg/L，按样品分析方法，用气相色谱-质谱仪检测。以目标化合物浓度为横坐标，目标化合物定量离子和内标化合物定量离子响应值的比值为纵坐标，绘制校准曲线。

五、实验数据记录与处理

根据全扫描质谱图，确定每个组分的保留时间，并考察各化合物的碎片离子及相对丰度，选择质荷比大、丰度高的离子作为定量离子，丰度次高的 2～3 个离子作为定性离子，利用 SIM 分段扫描特性，将化合物的定量离子和定性离子以时间为轴进行分类，建立起分类 SIM 扫描参数。

土壤中多环芳烃质量比的计算：

$$\rho = \frac{cV}{0.8m(1-w)} \tag{10-4}$$

式中：ρ 为多环芳烃质量比，mg/kg；c 为提取液多环芳烃测定浓度，mg/L；V 为提取液体积，mL；m 为称样质量，g；w 为含水率，%。

六、思考题

（1）用加速溶剂萃取法对土壤样品进行前处理时应注意哪些事项以保证前处理过程的可靠性？

（2）比较土壤的几种主要前处理方法的优缺点。

实验 59　固体废物总氮的测定

一、实验目的

（1）掌握半微量开氏法测定固体废物总氮的方法。

（2）掌握开氏瓶的操作。

（3）掌握相关滴定操作。

二、实验原理

样品在催化剂（硫酸钾、五水硫酸铜与硒粉的混合物）的参与下，用浓硫酸消煮时，各种含氮有机化合物经过复杂的高温分解反应，转化为铵态氮。然后加过量的碱，把氨蒸馏出来，用硼酸吸收，再用酸标准溶液滴定，计算出固体废物总氮的含量。

三、实验试剂

（1）20g/L 硼酸溶液。称取硼酸 20.00g 溶于水中，稀释至 1L。

（2）10mol/L 氢氧化钠溶液。称取 400g（工业用或化学纯）氢氧化钠溶于水中，稀释至 1L。

（3）0.01mol/L 盐酸标准溶液。配制方法是：量取 9mL 盐酸，注入 1L 水中，此盐酸的标准溶液浓度为 0.1mol/L，并对此标准溶液进行标定。将已标定的 0.1mol/L 的盐酸标准溶液用水稀释 10 倍，即为 0.01mol/L 的标准溶液。即准确吸取 0.1mol/L 盐酸标准溶液 10mL 到 100mL 容量瓶中，用水定容。必要时可对稀释后的盐酸标准溶液进行重新标定。

标定方法是：称取 0.2g（精确至 0.0001g）于 270～300℃灼烧至恒量的基准无水碳酸钠（分析纯），溶于 50mL 水中，加 10 滴溴甲酚绿-甲基红混合指示剂，用 0.1mol/L 盐酸滴定至溶液由绿色变为暗红色，煮沸 2min，冷却后继续滴定直至溶液呈暗红色。同时做空白实验。盐酸标准溶液准确浓度按式（10-5）计算：

$$c = \frac{m}{(V_1 - V_2) \times 0.05299} \tag{10-5}$$

式中：c 为盐酸标准溶液浓度，mol/L；m 为称取无水碳酸钠的质量，g；V_1 为盐酸溶液用量，mL；V_2 为空白实验盐酸溶液用量，mL；0.05299 为 1/2 Na_2CO_3 的毫摩尔质量，g/mmol。

（4）混合指示剂。称取 0.5g 溴甲酚绿和 0.1g 甲基红于玛瑙研钵中，加入少量 95%乙醇，研磨至指示剂全部溶解后，加 95%乙醇至 100mL。

（5）硼酸-指示剂混合溶液。1L 2%硼酸溶液中加 20mL 混合指示剂，并用稀碱或稀酸调至紫红色（pH 约 4.5）。此溶液放置时间不宜过长，如在使用过程中 pH 有变化，需随时用稀酸或稀碱调节。

（6）加速剂。称取 100g 硫酸钾（化学纯）、10g 硫酸铜（$CuSO_4 \cdot 5H_2O$，化学纯）、1g 硒粉（化学纯）于研钵中研细，充分混合均匀。

（7）高锰酸钾溶液。称取 25g 高锰酸钾（化学纯）溶于 500mL 水中，储于棕色瓶中。

（8）1+1 硫酸溶液。

（9）还原铁粉，磨细通过 0.149mm 孔径筛。

四、实验步骤

1. 称样

称取通过 0.25mm 孔径筛的风干试样 0.5～1.0g（含氮约 1mg，精确至 0.0001g）。

2. 不包括硝态氮和亚硝态氮的样品消煮

将试样送入干燥的开氏瓶底部，加入 1.8g 加速剂，加 2mL 水润湿试样，再加 5mL 浓硫酸，摇匀。将开氏瓶倾斜置于变温电炉上，低温加热。待瓶内反应缓和时（10～15min），提高温度使消煮的试液保持微沸。消煮温度以硫酸蒸气在瓶颈上部 1/3 处回流为宜。待消煮液和试样全部变为灰白稍带绿色后，再继续消煮 1h，冷却，待蒸馏。同时做两份空白测定。

3. 包括硝态氮和亚硝态氮的样品消煮

将试样送入干净的开氏瓶底部，加 1mL 高锰酸钾溶液，轻轻摇动开氏瓶，缓缓加入 2mL（1+1）硫酸溶液，转动开氏瓶。放置 5min 后，再加入 1 滴辛醇，通过长颈漏斗将 0.5g 还原铁粉送入开氏瓶底部，瓶口盖上小漏斗，转动开氏瓶，使铁粉与酸接触，待剧烈反应停止后（约 5min），将开氏瓶置于电炉上缓缓加热 45min（瓶内试液应保持微沸，以不引起大量水分损失为宜），停止加热。待开氏瓶冷却后，通过长颈漏斗加 1.8g 加速剂和 5mL 浓硫酸，摇匀。按实验步骤 2，消煮至试液完全变为黄绿色后再继续消煮 1h，冷却，待蒸馏。同时做两份空白实验。

4. 氨的蒸馏

蒸馏前先检查蒸馏装置是否漏气，并通过水的馏出管道洗净（空蒸），待消煮液冷却后，将消煮液全部转入蒸馏器内，并用少量水洗涤开氏瓶 4～5 次（总用水量不超过 35mL），洗涤液移至 150mL 锥形瓶中，加入 10mL 2%硼酸-混合指示剂溶液，在冷凝管末端，管口置于硼酸液面上 2～3cm 处，然后向蒸馏瓶内加入 20mL 10mol/L 氢氧化钠溶液，通入蒸气蒸馏，待馏出液体积约 40mL 时，即蒸馏完毕，用少量已调节至 pH 4.5 的水冲洗冷凝管末端。

5. 滴定

用 0.01mol/L 盐酸标准溶液滴定馏出液，由蓝绿色滴定至刚变为红紫色，记录所用盐酸标准溶液的体积（mL）。空白测定滴定所用盐酸标准溶液的体积一般不得超过 0.40mL。

五、数据计算

总氮含量按下式计算：

$$TN=(V-V_0)\times c\times 0.014\times 1000/m$$

式中：TN 为总氮含量，g/kg；V 为滴定试液时所用酸标准溶液的体积，mL；V_0 为滴定空白试液时所用酸标准溶液的体积，mL；0.014 为氮原子的毫摩尔质量，g/mmol；c 为酸标准溶液的浓度，mol/L；m 为烘干试样质量，g；1000 为换算成每千克含量。

六、注意事项

（1）样品不宜烘干，因为烘干过程中可能使总氮量发生变化，但测定结果一般以烘干试样为基础计算，故需另测试样品的含水率。

（2）样品的粒径。应采用 0.25mm 的孔径筛，但如果含量过高，称量<0.5g 时，则应通过 0.149mm 的孔径筛。

（3）消煮的温度应控制在 360～400℃，超过 400℃，能引起硫酸铵的热分解而导致氮素损失。

第十一章　环境工程开放探索实验

实验60　纳米铁烧结活性炭的制备及其对Pb^{2+}的吸附

纳米铁是指粒径为$1 \sim 100nm$的Fe^0颗粒，具有高比表面积和高反应活性。核壳结构是纳米铁颗粒最有代表性的结构，在环境修复过程中扮演非常重要的角色。纳米铁因其具有超高的反应活性，在接触空气时会被迅速氧化，并在其表面生成一层氧化铁而使其表面失活，同时，纳米铁因其本身强烈的自我团聚趋势和铁自身的磁性，使得纳米铁在实际应用过程中会随水流逐渐团聚为较大颗粒，从而降低纳米铁的反应活性。纳米铁在实际应用中因其颗粒细小而难以分离。纳米材料可负载到合适的载体上，如活性炭、氧化铝、黏土材料或钯镍金属等，不仅较易与水分离，而且能改善其团聚，提高其处理效率。本实验选用表面活性剂及载体烧结活性炭作为载体，既提高了纳米铁的分散性能，防止因聚集而降低处理效率，也解决了与水不易分离的问题。

一、实验目的

（1）了解纳米铁在环境治理方面的应用。
（2）学习纳米铁制备原理、方法及表征。
（3）探索纳米铁烧结活性炭吸附重金属的性能。

二、实验原理

用液相还原法制备纳米铁颗粒，为提高其分散性及反应活性，选用PEG-4000、PEG-20000和PVP作为分散剂，并负载到烧结活性炭上，对所制备的材料进行表征及重金属吸附性能测定。

三、实验器材

（1）仪器：原子吸收分光光度计Z-2000型，真空干燥箱DZF-6050型，恒温摇床HQ45Z型，电子天平FA-2004型，pH计pHB-3型，磁力搅拌器JB-2型。
（2）材料与试剂：$FeCl_3 \cdot 6H_2O$、$NaBH_4$、PEG-20000、无水乙醇（均为分析纯），铅标准溶液（国家标准溶液），烧结活性炭。

四、实验步骤

1. 纳米铁烧结活性炭的制备

烧结活性炭样品的预处理：将烧结活性炭用蒸馏水洗净并烘干，存放在干燥器中备用。

纳米铁烧结活性炭的制备：在室温下，将 10mL 浓度为 3%的 PEG-20000 加入 200mL 0.045mol/L $FeCl_3 \cdot 6H_2O$ 溶液中，然后再加入一定质量的处理后的烧结活性炭，使用磁力搅拌器连续搅拌一段时间，再将 200mL 0.25mol/L 硼氢化钠溶液以每分钟 20～30 滴的速度缓慢加入混合溶液中。待 $NaBH_4$ 全部滴加完后，继续搅拌直至氢气释放完全。反应结束后用强力磁铁将黑色产物吸引到烧杯底部，再用真空抽滤，用蒸馏水水洗 3 次，再用无水乙醇水洗 2～3 次，直至体系 pH 接近中性。然后将样品放入真空干燥箱中，在 70℃下干燥 6h，收集保存。

2. 纳米铁/烧结活性炭原料配比的优化实验

在室温下，分别将 7.5g、5g、2.5g 烧结活性炭浸泡在 200mL 0.045mol/L $FeCl_3 \cdot 6H_2O$ 溶液中（Fe^{3+} 与载体用量比分别为 1.2mmol/g、1.8mmol/g、3.6mmol/g），浸泡 60min。再将 200mL 0.25mol/L 硼氢化钠溶液以每分钟 20～30 滴的速度缓慢加入混合溶液中，直至反应完全。清洗干燥后备用。

3. 纳米铁烧结活性炭的 SEM 分析

扫描电子显微镜可以将材料微观放大成像，运用于材料的形貌、形态结构的观察，研究样品的表面和截面形态。将纳米铁烧结活性炭通过清洗、脱水、干燥、粘样、镀膜等一系列处理后，在加速电压为 20kV、束流为 80μA 的条件下采用超高分辨率场发射扫描电子显微镜进行观察。

4. 纳米铁烧结活性炭对 Pb^{2+} 的吸附实验

分别向锥形瓶中加入 100mL 浓度为 50mg/L 的 Pb^{2+} 标准溶液（用 2mol/L NaOH 调节 pH 为 5.5～6.1）中加入 1.8g/L 的纳米铁烧结活性炭样品，在恒温摇床［转速 180r/min，温度（25±0.5）℃］中进行吸附实验。每隔一段时间，取上清液用原子吸收光谱仪测定其浓度，并计算吸附量 q_t(mg/g)和去除率 η_t(%)：

$$q_t = (c_0 - c_t)V / W \qquad (11-1)$$

$$\eta_t = (c_0 - c_t) / c_0 \times 100\% \qquad (11-2)$$

式中，c_0 和 c_t 分别为吸附前、吸附后重金属离子的浓度，mg/L；V 为溶液的体积，L；W 为吸附剂的用量，g。

5. 铁含量测定

采用湿法消解对样品进行前处理。称取约 0.5g 真空干燥后的纳米铁烧结活性炭样品，研磨至粉末状，用约 10mL 浓 HNO_3 加盖浸泡过夜，加热微沸消解 6h 至冒白烟，冷却，使用定量滤纸过滤，并用蒸馏水清洗滤渣多次，将滤液稀释至 25mL。用原子吸收光谱仪测定其浓度。

烧结活性炭的 SEM 形貌图如图 11-1～图 11-3 所示。

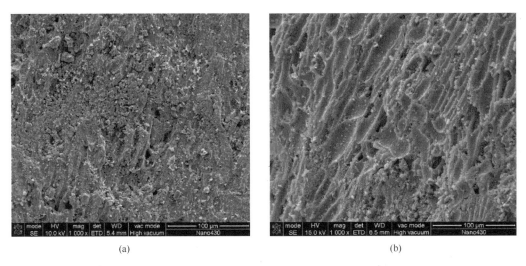

图 11-1　烧结活性炭的表面（a）和断面（b）结构图（放大 1000 倍）

图 11-2　纳米铁烧结活性炭的表面（a）和断面（b）结构图（放大 20000 倍）

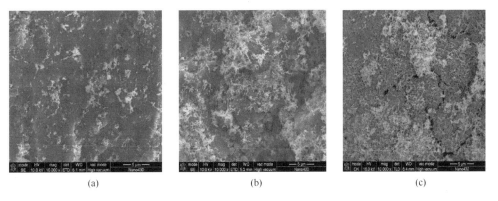

图 11-3　不同原料配比制备的纳米铁烧结活性炭的表面形态（放大 10000 倍）

（a）1.2mmol/g；（b）1.8mmol/g；（c）3.6mmol/g

实验61　　纳米零价铁负载石墨烯复合材料及其吸附降解对硝基氯苯实验

对硝基氯苯（p-NCB）是制备硫化染料和偶氮染料的中间体，也是制备橡胶、防腐剂、农药等的重要工业原料，我国目前生产的对硝基氯苯占全世界总产量的 60%以上。随着对硝基氯苯在工农业生产上的广泛应用，越来越多的对硝基氯苯被排放到自然环境中，并且通过各种途径进入水体与土壤环境中，进而在生物链中不断富集，成为自然环境中的重要污染物。目前用来处理水体中对硝基氯苯的主要方法有纳米零价铁（Fe^0）还原、臭氧氧化、萃取、气提或吸附与生化降解相结合的综合处理方法。

零价纳米铁（NZVI）具备粒径小、表面活性高、比表面积大、还原能力强等优异的性能，要远远优于其他传统环境材料，能有效地去除水中重金属和有机物等多种污染物，越来越多地被应用在土壤与地下水的修复和治理中。正是纳米零价铁自身的粒径较小、活性高等特点，其在某些应用中会由于易团聚等原因而受到限制。同时，由于有时候处理水中相对较大的离子强度、水流的流动，再加上零价纳米铁因其本身强烈的团聚趋势和铁本身的磁性，零价纳米铁这种团聚的趋势就更加明显，从而零价纳米铁的性能就相对降低。

石墨烯具有较优良的吸附性能和较大的比表面积，并且可以作为其他材料的载体，将其应用于负载零价纳米铁上，解决团聚问题。十六烷基三甲基溴化铵（CTAB）是一种阳离子型表面活性剂，被用来对纳米零价铁负载石墨烯复合材料进行化学改性，以提高石墨烯复合材料在溶液中的稳定性。制得的 CTAB 改性零价纳米铁负载石墨烯复合材料作为一种吸附剂进行吸附降解溶液中对硝基氯苯的性能实验。

一、实验目的

（1）了解石墨烯复合材料的性能及其在环境领域的应用。
（2）学习石墨烯复合材料的制备方法。
（3）探索石墨烯复合材料吸附降解对硝基氯苯的性能及机理。

二、实验原理

利用纳米零价铁（NZVI）来负载石墨烯（GN）以增加活性位点，然后再利用十六烷基三甲基溴化铵（CTAB）来改性纳米零价铁负载石墨烯（N-GN），以改善石墨烯在水溶液中的分散性，提高胶体稳定性。对制备的纳米零价铁负载石墨烯复合材料进行表征并用于吸附降解硝基氯苯。

三、实验器材

1. 试剂

石墨粉、浓硫酸、硝酸钠、高锰酸钾、30%过氧化氢、硼氢化钠、$Fe_2SO_4·7H_2O$、氮气、对硝基氯苯、十六烷基三甲基溴化铵等。

2. 仪器

真空泵、真空干燥箱、扫描电子显微镜、X 射线衍射仪、傅里叶变换红外光谱仪、差热-热重同步热分析仪、比表面积分析仪、超声波清洗器等。

四、实验步骤

1. 制备纳米零价铁

将一定量的 $FeSO_4 \cdot 7H_2O$ 完全溶于水中，然后再将此溶液倒入三口烧瓶中，充入氮气 15min，并在氮气保护下搅拌，把适量浓度的硼氢化钠（$NaBH_4$）溶液匀速缓慢滴加到此溶液中，继续机械搅拌反应 20min 后真空抽滤，然后使用超纯水及无水乙醇充分洗涤，于温度为 50℃的真空干燥箱中真空干燥 12h，得到黑色粉末状的样品，充分研磨后充入氮气并密封保存。此化学反应式如下：

$$6H_2O + Fe^{2+} + 2BH_4^- \Longrightarrow Fe^0 \downarrow + 2B(OH)_3 + 7H_2 \uparrow \tag{11-3}$$

2. 制备纳米零价铁负载石墨烯

取 0.5g 氧化石墨粉末分散在 100mL 蒸馏水中，超声 2h 使得氧化石墨充分剥离。将 0.25g NZVI 加入上述溶液中，在 50℃的水浴中搅拌 2h。将 3.65g CTAB 加入上述混合溶液中，在 50℃的水浴中搅拌 2h。然后置于 80℃的水浴中加入 $NaBH_4$ 反应 2h。用超纯水将所得到的产物洗涤 2～3 次，然后于 50℃下真空干燥。

3. 材料表征

（1）扫描电子显微镜（SEM）分析。使用 S-3700N 型电子扫描显微镜来扫描测试实验材料的表面形貌，将仪器的加速电压设置为 15kV。取少量实验样品放入样品试管中，再加入 2mL 无水乙醇作溶剂，超声分散 5～10min 后取 1～2 滴此样品的悬浮液，滴加到干净的载玻片上，待溶剂完全挥发后用导电胶将该载玻片粘到铜座上，喷金后用于电子显微镜观察。

（2）X 射线衍射（XRD）分析。采用 D8 ADVANCE 型 X 射线衍射仪来测定分析实验样品的 X 射线衍射谱图，将仪器的加速电压设置为 40kV，测定电流设置为 40mA。仪器使用 CuK_α 射线作为 X 射线放射源，其测定波长为 0.15418nm，扫描步长为 0.02°，扫描角度范围为 $5° < 2\theta < 90°$，扫描速度为 17.7s/步。将待测验样品粉末充分研磨，使其粒径 <48μm。

（3）傅里叶变换红外光谱（FTIR）分析。使用 Tensor27 型红外光谱仪进行实验材料的红外光谱分析，将微量待测样品和一定量的溴化钾充分混合后用玛瑙研钵研磨至均匀，再将研磨好的粉末放入特制模具中压片待测。在波数为 400～4000cm^{-1} 处进行分析，扫描步长为 4cm^{-1}。

（4）差热-热重（TG）同步热分析。使用 SDT Q600 型热重分析仪对待测样品进行热重分析，升温速率设置为 10℃/min，温度范围设置为室温～800℃，气流速率设置为 100mL/min，在氮气气氛下进行分析测试。

（5）比表面积（BET）分析。使用 ASAP2020 型比表面和孔隙分析仪，对制得的实验样品进行氮气的吸附-脱附测试分析，从而测定实验样品的比表面积。分析测试前先将待测材料置于 100℃下脱气 6h。此样品测试运用静态吸附法，把氮气作为分析气体，与此同时测定饱和压力，并在液氮恒温（温度 77K）下测定待测样品的氮气吸附-脱附等温线，待测样品的比表面积由计算机自带的 BET（Brunauer-Emmett-Teller）方程计算求得。

（6）总有机碳（TOC）分析。使用 TOC-VCPN 总有机碳分析仪对待测溶液进行 TOC 分析，待测溶液经过氧化燃烧后使用红外检测。

4. 吸附降解性能测试实验

不同样品吸附 *p*-NCB 的批量实验中每个样品做 3 个平行实验，在振荡速度为 150r/min 的恒温摇床上振荡。分别取 50mL 200mg/L *p*-NCB 置于锥形瓶中，分别加入 0.1g 样品，在摇床中室温下振荡，分别于 0.1h、0.2h、0.5h、1h、1.5h、2h、4h、6h、12h 和 24h 取样，来测定吸附过程的最佳反应时间。分别取 50mL 200mg/L *p*-NCB 置于具塞锥形瓶中，分别加入不同剂量（0.01～0.3g）的样品，在摇床中室温振荡 120min 取样，来测定样品的最佳剂量。分别取 50mL 200mg/L *p*-NCB 置于锥形瓶中，调节溶液 pH（2～12），分别加入 0.1g 样品，在摇床中室温下振荡 120min 取样，来测定吸附过程的最佳 pH。溶液的 pH 用 0.1mol/L HCl 或 0.1mol/L NaOH 调节。分别取 50mL 不同浓度（60～300mg/L）的 *p*-NCB 置于具塞锥形瓶中，分别加入 0.1g 样品，在摇床中调节不同的温度（20～50℃）振荡 120min 取样，来测定吸附过程的最佳温度。分别取 50mL 200mg/L *p*-NCB 置于具塞锥形瓶中，分别加入 0.1g 样品 C-N-GN，再加入不同浓度（10～100mg/L）的腐殖酸（HA），在摇床中室温下振荡 120min 取样，来测定腐殖酸的浓度对 *p*-NCB 去除率的影响。

振荡结束后取的样品经 0.45μm 滤膜过滤后，将得到的滤液经预处理后使用高效液相色谱仪测试 *p*-NCB 的剩余浓度。色谱柱：3.9mm×150mm；测定条件：甲醇：水=80：20（体积比），流速是 1mL/min，检测波长是 254nm，色谱柱温度是 35℃，样品量是 20μL。

石墨烯的微观形貌如图 11-4 所示，CTAB、GN、NZVI、C-N-GN 和 N-GN 的红外光谱如图 11-5 所示。

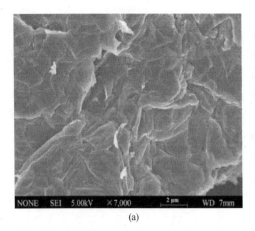
(a)

(b)

图 11-4　GN（a）、NZVI（b）、N-GN（c）和 C-N-GN（d）的 SEM 图

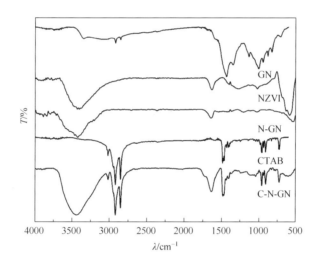

图 11-5　CTAB、GN、NZVI、C-N-GN 和 N-GN 的 FTIR 图

实验 62　光电联合催化降解印染废水实验

目前，我国各种染料产量已达 90 万 t，印染废水已成为环境重点污染源之一。印染行业品种繁多，工艺复杂，其废水中含有大量的有机物和无机物，具有 COD 高、色泽深、酸碱性强等特点，一直是废水处理中的难题。印染废水处理常见的解决方法有物理法、化学法、电化学法、生化法等，光催化氧化和高级氧化是环境工程领域常用的废水处理方法，具有见效快、成本低、降解彻底、无二次污染等优点。

光催化技术是半导体以自然界中阳光作为能源，与氧气和水作用产生活性氧物种，这些物种具有很强的氧化能力，通过分解去除环境中的污染物，从而实现了节能和绿色环保的双重目标，因其能耗低、操作简便、反应条件温和、可用太阳光作为反应光源等优点在空气净化及水污染处理领域应用日益广泛，但是目前催化剂的回收问题是光催化技术面临的大挑战。将催化剂固定到玻璃、沸石、黏土矿物等材料上，制得固载型光催化剂可以实现催化剂的重复利用，但是，将催化剂固定化之后则会出现表面积降低的现象，从而削弱了催化剂的光催化性能。已有研究显示，光电催化技术是一种既可以强化催化剂性能，又可以实现催化剂循环利用的方法，其做法是将催化剂固定在电极表面，将固定后的催化剂作为工作电极（一般是作为光阳极），采用外加恒电流或恒电位的方法迫使催化剂中被激发的电子定向移动，通过外电路传递到对电极，从而降低其与空穴的复合概率，从催化动力学上提高催化剂的光催化效率。

　　本实验通过制备光催化剂并将其用于处理印染废水，从材料的制备到印染废水的处理再到后期废水出水水质检测一整套水污染处理工艺，让学生了解环境工程水污染控制领域这一新型前沿的科学技术。并将环境科学与工程基础学科理论知识融入教学实践中，培养学生的科研兴趣、创新能力和运用理论知识指导实践的能力。

一、实验目的

　　（1）了解光电催化技术的原理及在废水处理中的应用。
　　（2）学习复合光电催化剂的制备方法。
　　（3）探索复合光电催化剂降解印染废水的机理。

二、实验原理

　　用 Hummers 法制备氧化石墨烯，将氧化石墨烯在氩气气氛下强烈搅拌 24h，超声处理 4h 得到剥离的褐色悬浮液，在氩气气氛下将剥离的层状双金属氢氧化物（LDHs）纳米片胶体溶液逐滴加入氧化石墨烯溶液中并搅拌得到巧克力色絮状体，随后在 6000r/min 下离心分离，并用甲酰胺和乙醇交替冲洗，于 60℃下真空干燥得到固体样品。最终用作光催化剂的固体产品是在 700℃下真空煅烧氧化石墨烯纳米复合材料 1h 制得，在真空煅烧过程中，氧化石墨烯被热还原为石墨烯。

三、实验器材

1. 试剂

石墨、尿素、无水乙醇、硫酸、盐酸、过氧化氢、草酸钠、氩气、甲酰胺。

2. 仪器

搅拌器、离心机、真空干燥箱、管式电炉、光电催化反应装置（图 11-6）、扫描电子显微镜、透射电子显微镜。

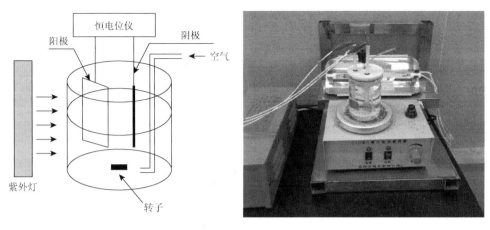

图 11-6 光电催化反应装置

四、实验步骤

（1）制备石墨烯-LDH 复合催化剂，其制备的工艺流程如图 11-7 所示。

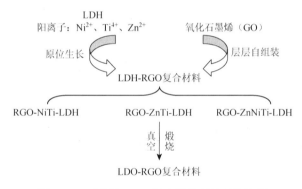

图 11-7 石墨烯-LDH 复合催化剂的制备流程

通过动态尿素合成法合成碳材料与阴离子黏土复合材料，然后经过真空煅烧制成碳纳米材料/黏土矿物复合材料。将所得材料制备成电极步骤如下：首先取 0.05g 材料在 50mL 无水乙醇中超声分散 24h，然后加 250μL Nafion 溶液再超声 2h 分散。最后将分散后的材料均匀地涂在铂电极上。以上制备所得的电极为工作电极，以铂网为对电极，甘汞电极为参比电极组成三电极体系。

（2）石墨烯-LDH 复合催化剂的形貌 SEM、TEM 表征。

（3）光电催化氧化降解能力实验。配制 1mol/L Na_2SO_4 溶液作为电解质，取 200mL 溶液置于 500mL 烧杯中，再向烧杯中添加一定量的活性艳蓝（RB19），搅拌均匀。使用 1mol/L 盐酸或 NaOH 将溶液 pH 调到特定的值。以负载石墨烯-LDH 复合材料的 ITO 作为光阳极，以铂片电极作为辅助电极，通过电化学工作站提供恒定外压。在黑暗中搅拌 30min 使其吸附，达到平衡后通电同时用 300W 氙灯模拟可见光光源对工作电极进行光照。实验中每隔 10min 取大约 3mL 样品，使用 0.45μm 水系滤膜过滤去除固体颗粒后使用 UV-2450 紫外-可见分光光度计在 RB19 最大吸收波长（λ_{max}=590nm）处测染料剩余浓度，并以下式计算染料的脱色率：

$$脱色率 = \frac{c_0 - c_t}{c_0} \times 100\%$$

式中：c_0 为 RB19 的初始浓度，mg/L；c_t 为 RB19 在时间 t 时的浓度，mg/L。

反应体系中材料的投加量、电解质的选择、电解质的浓度、外加电压强度、污染物浓度、pH 等因素影响复合材料作为光阳极对难降解有机物的降解。

富勒烯和富勒烯/黏土复合材料的 SEM 和 TEM 图如图 11-8 所示。

图 11-8　富勒烯和富勒烯/黏土复合材料的 SEM 图 [（a）和（b）] 和 TEM 图 [（c）和（d）]

参 考 文 献

白谦. 1987. 微生物实验技术. 济南：山东大学出版社.

陈若暾，陈青萍，李振滨. 1993. 环境监测实验. 上海：同济大学出版社.

郝吉明，段雷. 2004. 大气污染控制工程实验. 北京：高等教育出版社.

李桂柱. 2004. 给水排水工程水处理实验技术. 北京：化学工业出版社.

李永峰，回永铭，黄中子. 2009. 固体废物污染控制工程实验教程. 上海：上海交通大学出版社.

陆光立. 2004. 环境污染控制工程实验. 上海：上海交通大学出版社.

马放，任南琪，杨基先. 2002. 污染控制微生物学实验. 哈尔滨：哈尔滨工业大学出版社.

邱文芳. 1990. 环境微生物学技术手册. 北京：学苑出版社.

孙成. 2003. 环境监测实验. 北京：科学出版社.

汪天虹. 2009. 分子生物学实验. 北京：北京大学出版社.

王家玲. 1988. 环境微生物学实验. 北京：高等教育出版社.

魏群. 2007. 分子生物学实验指导. 2 版. 北京：高等教育出版社.

奚旦立，孙裕生，刘秀英. 1995. 环境监测（修订版）. 北京：高等教育出版社.

杨安钢，刘新平，药立波. 2008. 生物化学与分子生物学实验技术. 北京：高等教育出版社.

杨慧芬. 2003. 固体废物处理技术及工程应用. 北京：机械工业出版社.

章非娟，徐竞成. 2006. 环境工程实验. 北京：高等教育出版社.

赵由才. 2002. 实用环境工程手册：固体废物污染控制与资源化. 北京：化学工业出版社.

诸葛健，王正祥. 1994. 工业微生物实验技术手册. 北京：中国轻工业出版社.

附　录

附录1　常用环境标准及常用试剂的配制

附表 1-1　典型生活污水水质指标

序号	指标	浓度/(mg/L)			序号	指标	浓度/(mg/L)		
		高	中常	低			高	中常	低
1	总固体（TS）	1200	720	350	7	可生物降解	750	300	200
	溶解性总固体	850	500	250		溶解性	375	150	100
	非挥发性	525	300	145		悬浮性	375	150	100
	挥发性	325	200	105	8	总氮（TN）	85	10	20
2	悬浮物（SS）	350	220	100		有机氮	35	15	8
	非挥发性	75	55	20		游离氨	50	25	12
	挥发性	275	165	80		亚硝酸盐	0	0	0
3	可沉降物	20	10	5		硝酸盐	0	0	0
4	五日生化需氧量（BOD$_5$）	400	200	100	9	总磷（TP）	15	8	4
	溶解性	200	100	50		有机磷	5	3	1
	悬浮性	200	100	50		无机磷	10	5	3
5	总有机碳（TOC）	290	160	80	10	氯化（Cl$^-$）	200	100	60
6	化学需氧量（COD）	1000	400	250	11	碱度（CaCO$_3$）	200	100	50
	溶解性	400	150	100	12	油脂	150	100	50
	悬浮性	600	250	150					

附表 1-2　水环境保护水体质量标准

序号	标准编号	标准名称
1	GB 3097—1997	海水水质标准
2	GB 5084—2021	农田灌溉水质标准
3	GB 3838—2002	地表水环境质量标准
4	CJ 3020—1993	生活饮用水水源水质标准

注：GB 为国家标准；CJ 为城镇建设行业标准。

附表 1-3　环境保护水体排放标准

序号	标准编号	标准名称
1	GB 8978—1996	污水综合排放标准
2	GB 15580—2011	磷肥工业水污染物排放标准
3	GB 14470.1—2002	兵器工业水污染物排放标准 火炸药

序号	标准编号	标准名称
4	GB 14470.2—2002	兵器工业水污染物排放标准 火工药剂
5	GB 14470.3—2011	弹药装药行业水污染物排放标准
6	GB 13457—1992	肉类加工工业水污染物排放标准
7	GB 15581—2016	烧碱、聚氯乙烯工业污染物排放标准
8	GB 13456—2012	钢铁工业水污染物排放标准
9	GB 4287—2012	纺织染整工业水污染物排放标准
10	GB 13458—2013	合成氨工业水污染物排放标准
11	GB 3552—2018	船舶水污染物排放控制标准
12	GB 3544—2008	制浆造纸工业水污染物排放标准
13	GB 19431—2004	味精工业污染物排放标准
14	GB 19430—2013	柠檬酸工业水污染物排放标准

注：GB 为国家标准。

附表 1-4　常用指示剂的配制

序号	指示剂名称	配制方法
1	1%酚酞	称取酚酞 1.0g 溶于 100mL 95%乙醇中
2	0.1%甲基橙	称取甲基橙 0.1g 溶于 100mL 水中
3	0.1%甲基红	称取甲基红 0.1g 溶于 100mL 95%乙醇中
4	0.1%溴甲酚绿	称取溴甲酚绿粉末 0.1g 溶于 100mL 95%乙醇中
5	0.05%溴甲酚紫	称取溴甲酚紫粉末 0.05g 溶于 100mL 95%乙醇中
6	0.1%溴百里酚蓝	称取溴百里酚蓝粉末 0.1g 溶于 100mL 95%乙醇中
7	甲基红-溴甲酚绿指示剂	1 份 0.1%甲基红与 5 份 0.1%溴甲酚绿混合
8	1%亚甲蓝	称取亚甲蓝粉末 1g 溶于 100mL 水中
9	0.1%酚红	称取酚红 0.1g 溶于 100mL 95%乙醇中
10	0.1%百里酚蓝	称取百里酚蓝粉末 0.1g 溶于 100mL 95%乙醇中
11	1%淀粉	称取 1g 可溶性淀粉溶于 100mL 水中，煮沸（用 1%氯化锌代替水可长期保存）

附表 1-5　常用缓冲溶液的配制

序号	pH	配制方法
1	0	1mol/L HCl
2	1	0.1mol/L HCl
3	2	0.01mol/L HCl
4	3.6	NaAc·3H$_2$O 16g 溶于水，加 6mol/L HAc 268mL，稀释至 1L

续表

序号	pH	配制方法
5	4	NaAc·3H₂O 40g 溶于水，加 6mol/L HAc 268mL，稀释至 1L
6	4.5	NaAc·3H₂O 64g 溶于水，加 6mol/L HAc 136mL，稀释至 1L
7	5	NaAc·3H₂O 100g 溶于水，加 6mol/L HAc 68mL，稀释至 1L
8	5.7	NaAc·3H₂O 200g 溶于水，加 6mol/L HAc 26mL，稀释至 1L
9	7	NH₄Ac 154g 溶于水，稀释至 1L
10	7.5	NH₄Cl 120g 溶于水，加 15mol/L 氨水 2.8mL，稀释至 1L
11	8	NH₄Cl 100g 溶于水，加 15mol/L 氨水 7mL，稀释至 1L
12	8.5	NH₄Cl 80g 溶于水，加 15mol/L 氨水 17.6mL，稀释至 1L
13	9	NH₄Cl 70g 溶于水，加 15mol/L 氨水 48mL，稀释至 1L
14	9.5	NH₄Cl 60g 溶于水，加 15mol/L 氨水 130mL，稀释至 1L
15	10	NH₄Cl 54g 溶于水，加 15mol/L 氨水 294mL，稀释至 1L
16	10.5	NH₄Cl 18g 溶于水，加 15mol/L 氨水 350mL，稀释至 1L
17	11	NH₄Cl 6g 溶于水，加 15mol/L 氨水 414mL，稀释至 1L
18	12	0.01mol/L NaOH
19	13	0.1mol/L NaOH

附表 1-6　常用基准物质及其干燥条件

基准物质	干燥后的组成	干燥温度及时间
$NaHCO_3$	Na_2CO_3	260～270℃干燥至恒量
$Na_2B_4O_7 \cdot 10H_2O$	$Na_2B_4O_7 \cdot 10H_2O$	NaCl-蔗糖饱和溶液干燥器中室温保存
$KHC_6H_4(COO)_2$	$KHC_6H_4(COO)_2$	105～110℃干燥
$Na_2C_2O_4$	$Na_2C_2O_4$	105～110℃干燥 2h
$K_2Cr_2O_7$	$K_2Cr_2O_7$	130～140℃加热 0.5～1h
$KBrO_3$	$KBrO_3$	120℃干燥 1～2h
KIO_3	KIO_3	105～120℃干燥
As_2O_3	As_2O_3	硫酸干燥器中干燥至恒量
$(NH_4)_2Fe(SO_4)_2 \cdot 6H_2O$	$(NH_4)_2Fe(SO_4)_2 \cdot 6H_2O$	室温空气干燥
NaCl	NaCl	250～350℃加热 1～2h
$AgNO_3$	$AgNO_3$	120℃干燥 2h
$CuSO_4 \cdot 5H_2O$	$CuSO_4 \cdot 5H_2O$	室温空气干燥
$KHSO_4$	K_2SO_4	750℃以上灼烧
ZnO	ZnO	约 800℃灼烧至恒量
无水 Na_2CO_3	Na_2CO_3	260～270℃加热 0.5h
$CaCO_3$	$CaCO_3$	105～110℃干燥

附表 1-7　常用的几种洗涤液配制及使用方法

序号	名称	配方	使用方法
1	铬酸洗液	将研细的重铬酸钾 20g 溶于 40mL 水中，慢慢加入 360mL 浓硫酸	用于去除器壁残留油污，用少量洗液涮洗或浸泡一夜，洗液可重复使用；洗涤废液经处理解毒方可排放
2	工业盐酸	浓盐酸或（1+1）盐酸	用于洗去碱性物质及某些有机物
3	纯酸洗液	（1+1）、（1+2）或（1+9）的盐酸或硝酸（除去 Hg、Pb 等重金属杂质）	用于除去微量的离子；常把洗净的仪器浸泡于纯酸洗液中 24h
4	碱性洗液	10%氢氧化钠水溶液	水溶液加热（可煮沸）使用，其去油效果较好；注意煮的时间太长会腐蚀玻璃
5	氢氧化钠-乙醇（或异丙醇）洗液	120g NaOH 溶于 150mL 水中，用 95%乙醇稀释至 1L	用于洗去油污及某些有机物
6	碱性高锰酸钾洗液	30g/L 高锰酸钾溶液和 1mol/L 氢氧化钠的混合溶液	清洗油污或其他有机物，洗后容器沾污处有褐色二氧化锰析出，再用浓盐酸或草酸洗液、硫酸亚铁、亚硫酸钠等还原剂去除
7	酸性草酸或酸性羟胺洗液	称取 10g 草酸或 1g 盐酸羟胺，溶于 100mL（1+4）盐酸溶液中	洗涤氧化性物质如高锰酸钾，洗涤后产生二氧化锰，必要时加热使用
8	硝酸-氢氟酸洗液	50mL 氢氟酸、100mL HNO₃、350mL 水混合，储于塑料瓶中盖紧	利用氢氟酸对玻璃的腐蚀作用有效地去除玻璃、石英器皿表面的金属离子；不可用于洗涤量器、玻璃砂芯漏斗、吸收池及光学玻璃零件；使用时特别注意安全，必须戴防护手套
9	碘-碘化钾溶液	1g 碘和 2g 碘化钾溶于水中，用水稀释至 100mL	洗涤用过硝酸银滴定液后留下的黑褐色沾污物，也可用于擦洗沾过硝酸银的白瓷水槽
10	有机溶剂	汽油、二甲苯、乙醚、丙酮、二氯乙烷等	可洗去油污或可溶于该溶剂的有机物质，用时要注意其毒性及可燃性；用乙醇配制的指示剂溶液的干渣可用盐酸-乙醇（1+2）洗液洗涤
11	乙醇、浓硝酸	不可事先混合	用一般方法很难洗净的少量残留有机物可用此法：于容器内加入不多于 2mL 的乙醇，加入 4mL 浓硝酸，静置片刻，立即发生激烈反应，放出大量热及二氧化氮，反应停止后再用水冲洗。操作应在通风橱中进行，不可塞住容器，做好防护

附表 1-8　基本单位换算表

长度换算

1 千米（km）=0.621 英里（mile）

1 厘米（cm）=0.394 英寸（in）

1 米（m）=3.281 英尺（ft）=1.094 码（yd）

1 英寻（fm）=1.829 米（m）

1 英寸（in）=2.54 厘米（cm）

1 英尺（ft）=12 英寸（in）=0.3048 米（m）

1 英里（mile）=5280 英尺（ft）=1.609 千米（km）

1 杆（rod）=16.5 英尺（ft）=5.5 码（yd）=5.0292 米（m）

1 码（yd）=3 英尺（ft）=0.9144 米（m）

1 海里（n mile）=1.852 千米（km）

1 海里（n mile）=1.1508 英里（mile）

压力换算

1 千帕（kPa）=0.145 磅力/平方英寸（psi）=0.0102 千克力/平方厘米（kgf/cm²）

1 磅力/平方英寸（psi）=6.895 千帕（kPa）=0.0703 千克力/平方厘米（kg/cm²）

1 标准大气压（atm）=101.325 千帕（kPa）=14.696 磅/平方英寸（psi）=1.01325 巴（bar）

1 毫米水柱（mmH₂O）=9.80665 帕（Pa）

1 毫米汞柱（mmHg）=133.322 帕（Pa）

1 巴（bar）=10⁵ 帕（Pa）

1 托（Torr）=133.322 帕（Pa）

1 工程大气压=98.0665 千帕（kPa）

1 达因/平方厘米（dyn/cm²）=0.1 帕（Pa）

质量换算

1 吨（t）=1000 千克（kg）=2205 磅（lb）=1.102 短吨（sh.ton）=0.984 长吨（long ton）
1 短吨（sh.ton）=0.907 吨（t）=2000 磅（lb）
1 长吨（long ton）=1.016 吨（t）
1 千克（kg）=2.205 磅（lb）
1 磅（lb）=0.454 千克（kg）
1 盎司（oz）=28.350 克（g）

附录 2　水体监测布点及样品采集和保存

Ⅰ　地　表　水

1. 监测断面和采样点的设置

1）采样断面的布设

（1）河流。对于江、河水系或某一河段，要求设置三种断面：对照断面、控制断面、削减断面。

（a）对照断面。为了解流入某一区域（监测段）前的水质状况设置。这种断面应设在河流进入城市或工业区以前的地方，避开各种废水、污水流入或回流处。一个河段一般只设一个对照断面，有主要支流时可酌情增加。

（b）控制断面。为评价、监测河段两岸污染源对水体水质影响而设置。控制断面的数目应视城市的工业布局和排污口分布情况而定。断面的位置与废水排放口的距离应根据主要污染物的迁移、转化规律、河水流量和河道水力学特征确定，一般设在排污口下游 500～1000m 处。因为在排污口下游 500m 横断面上的 1/2 宽度处重金属浓度一般出现高峰值。对特殊要求的地区，如水产资源区、风景游览区、自然保护区、与水源有关的地方病发病区、严重水土流失区及地球化学异常区等的河段上也应设置控制断面。

（c）削减断面。为了解经稀释扩散和自净作用后河流水质情况而设置。通常设在城市或工业区最后一个排污口下游 1500m 以外的河段上。水量小的小河流应视具体情况而定。

有时为了取得水系和河流的背景监测值，还应设置背景断面。这种断面上的水质要求基本上未受人类活动的影响，应设在清洁河段上。

（2）湖泊、水库监测断面的设置。首先，判断是单一水体还是复杂水体：考虑汇入的河流数量，水体的径流量、季节变化及动态变化，沿岸污染源分布及污染物扩散与自净规律、生态环境特点等。然后，按照监测断面的设置原则确定监测断面的位置：

（a）在进出湖泊、水库的河流汇合处分别设置监测断面。

（b）以各功能区为中心，在其辐射线上设置弧形监测断面。

（c）在湖库中心，深、浅水区，滞流区，不同鱼类的洄游产卵区，水生生物经济区等设置监测断面。

2）断面垂线设置

（1）河流。河流断面垂线的布设，通常遵照下述情况：

（a）在河流上游，河床较窄、流速很大时，应选择能充分混合，易于采样的地点。

（b）河宽小于 50m 的河流，应在河流中心部位采集。在实际上很难找出河流中心部位时，应采集流速最快的水。

（c）当河流的宽度大于 100m 时，水流不能充分混合，除在河流中心部位布设垂线外，应在河流的左右部位增设垂线。

（2）湖泊、水库。湖库区的不同水域，如进水域、出水域、深水区、浅水区、湖心区、岸边区，按水体功能布设监测垂线。湖库区若无明显功能区分，可用网格法均匀布设断面垂线。

3）采样点的布设

河流断面垂线上采样点的布设，表层水一般要求采集距水面 10～15cm 以下的水样。采河流不同深度的部分，可参考附表 2-1。

附表 2-1　不同水深河流采样的要求

水深/m	采样点数量	说明
≤5	1 点（距水面 0.5m）	水深不足 1m，在 1/2 水深处
5～10	2 点（距水面 0.5m，河底以上 0.5m）	河流封冻时，在冰下 0.5m
>10	3 点（距水面 0.5m、1/2 水深，河底以上 0.5m）	有充分数据证明垂线上水质均匀，可减少采样点数

2. 采样时间和采样频率的确定

所采水样要具代表性，能反映水质在时间和空间上的变化规律，必须确定合理的采样时间和频率，一般原则是：

（1）对于较大水系干流和中、小河流全年采样不少于 6 次；采样时间为丰水期、枯水期和平水期，每期采样两次。流经城市工业区、污染较重的河流、游览水域、饮用水源地全年采样不少于 12 次；采样时间为每月一次或视具体情况而定。底泥每年在枯水期采样 1 次。

（2）潮汐河流全年在丰水期、枯水期、平水期采样，每期采样两天，分别在大潮期和小潮期进行，每次应采集当天涨、退潮水样并分别测定。

（3）排污渠每年采样不少于 3 次。

（4）设有专门监测站的湖泊、水库，每月采样 1 次，全年不少于 12 次。其他湖泊、水库全年采样两次，枯水期、丰水期各一次。有废水排入、污染较重的湖泊、水库，应酌情增加采样次数。

（5）背景断面每年采样 1 次。

3. 采样方法和采样器（或采水器）

采集表层水时，可用桶、瓶等容器直接采取。一般将其沉至水面下 0.3～0.5m 处采集。

采集深层水时，可使用带重锤的采样器沉入水中采集。将采样容器沉降至所需深度（可从绳上的标度看出），上提细绳打开瓶塞，待水样充满容器后提出。对于水流急的河段，宜采用急流采样器。它是将一根长钢管固定在铁框上，管内装一根橡胶管，其上部用夹子夹紧，下部与瓶塞上的短玻璃管相连，瓶塞上另有一长玻璃管通至采样瓶底部。采样前塞紧橡胶塞，然后沿船身垂直伸入要求水深处，打开上部橡胶管夹，水样即沿长玻璃管流入样品瓶中，瓶内空气由短玻璃管沿橡胶管排出。这样采集的水样也可用于测定水中溶解性气体，因为它是与空气隔绝的。

测定溶解气体（如溶解氧）的水样，常用双瓶采样器采集。将采样器沉入要求水深处后，打开上部的橡胶管夹，水样进入小瓶（采样瓶）并将空气驱入大瓶，从连接大瓶短玻璃管的橡胶管排出，直到大瓶中充满水样，提出水面后迅速密封。此外，还有多种结构较复杂的采样器，如深层采水器、电动采水器、自动采水器、连续自动定时采水器等。

Ⅱ　废　　水

1. 采样部位的布设

废水采样点布设的基本原则可参照一般水样的布设原则，一般采用以下几种方式。

1）从排放口采样

当废水从排放口直接排放到公共水域时，采样点布设在厂、矿的总排放口，车间或工段排污口。

2）从水路中采样

当废水以水路形式排到公共水域时，为了不使公共水域的水倒流进排放口，应设适当的堰，从堰溢流中采样。对于用暗渠排放废水的地方，也要在排放口内公共水域的水不能倒流的地点采样。在排污管道或渠道中采样时，应在具有湍流状况的部位采集，并防止异物进入水样。

3）利用自动采水器采样

当利用自动采水器采样时，应把自动采水器的采水用配管沉到采样点的适当深度，一般在中心部位，配管的尖端附近装上 2mm 筛孔的耐腐蚀筛网，以防止杂物进入配管及泵内。由于筛孔容易堵塞以及泵容易黏附油脂类物质和悬浮物，所以要定期进行清洗。

2. 采样点的设置

水污染源一般经管道或沟、渠排放，水的截面积比较小，不需设置断面，而直接确定采样点位。按下列原则设置采样点：

（1）在车间或车间设备出口处应布点采样测定一类污染物。这些污染物主要包括汞、镉、砷、铅和它们的无机化合物，六价铬的无机化合物，有机氯和强致癌物质等。

（2）在工厂总排污口处应布点采样测定二类污染物。这些污染物包括悬浮物、硫化物、挥发性酚、氰化物、有机磷、石油类，铜、锌、氟及它们的无机化合物，硝基苯类，苯胺类等。

（3）有处理设施的工厂，应在处理设施的排出口处布点。为了解对废水的处理效果，可在进水口和出水口同时布点采样。

（4）在排污渠道上，采样点应设在渠道较直、水量稳定、上游没有污水汇入处。

（5）某些二类污染物的监测方法尚不成熟，在总排污口处布点采样监测因干扰物质多而影响监测结果。这时，应将采样点移至车间排污口，按废水排放量的比例折算出总排污口废水中的浓度。

3. 采样时间和频率

工业废水中污染物浓度和流量随着工厂生产情况经常发生变化,采样时间和采样频率必须根据生产情况确定。

1）车间排污口

连续稳定生产车间的排污口,应在一个生产周期内采取水样,根据监测需要可以采集两种水样。

（1）平均水样。按等时间间隔采样数次,混合均匀后用于测平均浓度。不适合测 pH。

（2）定时水样。每小时取一个水样,找出污染物排放高峰,然后将采样周期内的数据平均,作为一个生产周期平均值。每月测 2 次。

连续不稳定生产车间的排污口:

（1）混合水样。根据排污量大小,在一个生产周期内按比例采样,混合均匀后测定平均浓度。

（2）定时水样。根据排放规律,在一个生产周期内每小时采样一次,单独测定,找出废水量最大、污染物浓度最高、危害最大的排放高峰。

间断、生产无规律车间的排放口:对于这类排放口必须摸清生产情况和排污的具体时间,在生产时进行采样,每个生产周期至少采样 5 次。

2）工厂排污口

首先要安排一个周期的连续定时采样,对水样做单独分析,以便找出污染物浓度高峰。以后,每季度测一次废水排放量,每月测两次水质情况。

根据“谁污染谁监测”的原则,上述车间、工厂的排污口废水均由工厂自行监测。环保监测部门可进行不定期抽样监测,对重点污染源进行必要的监督和检查。

3）城市排污口

结合对地表水的例行监测,按丰水期、枯水期、平水期每年测三次,每次进行一昼夜连续定时采样或用连续自动采水器采样分析平均浓度。

4. 采样方法

1）浅水采样

可用容器直接采集,或用聚乙烯塑料长把勺采集。

2）深层水采样

可使用专制的深层采水器采集,也可将聚乙烯筒固定在重架上,沉入要求深度采集。

3）自动采样

采用自动采样器或连续自动定时采样器采集。例如,自动分级采样式采水器,可在一个生产周期内,每隔一定时间将一定量的水样分别采集在不同的容器中;自动混合采样式采水器可定时连续地将定量水样或按流量比采集的水样汇集于一个容器内。

III 水样的运输和保存

各种水质的水样,从采集到分析测定这段时间内,由于环境条件的改变,微生物新陈代谢活动和化学作用的影响，会引起水样某些物理参数及化学组分的变化。为将这些变化降低到最低程度，需要尽可能地缩短运输时间，尽快分析测定和采取必要的保护措施；有些项目必须在采样现场测定。

1. 水样的运输

对采集的每一个水样，都应做好记录，并在采样瓶上贴好标签，运送到实验室。在运输过程中，应注意以下几点：

（1）要塞紧采样容器器口塞子，必要时用封口胶、石蜡封口（测油类的水样不能用石蜡封口）。

（2）为避免水样在运输过程中因振动、碰撞导致损失或沾污，最好将样瓶装箱，并用泡沫塑料或纸条挤紧。

（3）需冷藏的样品，应配备专门的隔热容器，放入制冷剂，将样品瓶置于其中。

（4）冬季应采取保温措施，以免冻裂样品瓶。

2. 水样的保存

1）冷藏

水样冷藏时的温度应低于采样时水样的温度，水样采集后立即放在冰箱或冰水浴中，暗处保存，一般于 2～5℃冷藏，冷藏并不适用长期保存，对废水的保存时间则更短。

2）冷冻

为了延长保存期限，抑制微生物活动，减缓物理挥发和化学反应速率，可采用冷冻保存，冷冻温度在–20℃。但要特别注意冷冻过程和解冻过程，不同状态的变化会引起水质的变化。为防止冷冻过程中水的膨胀，无论使用玻璃容器还是塑料容器都不能将水样充满整个容器。

3）加入保护剂

为了防止样品中某些被测成分在保存和运输过程中发生分解、挥发、氧化等变化，常加入保护剂，如在测定氨氮、化学需氧量时的水样中加入氯化汞，可以抑制生物的氧化还原作用；在测定氰化物或挥发性酚的水样中加入氢氧化钠，将 pH 调至 12 左右，可使其生成稳定的盐类等。

加入保护剂的原则如下：

（1）不能干扰其他项目的测定。

（2）不能影响待测物浓度，如果加放的保护剂是液体，则更要记录体积的变化。

（3）要做空白实验。

（4）样品的保存技术。样品的保存技术比较复杂，常用保存技术见附表 2-2。

附表 2-2　常用样品保存技术

	待测项目	容器类别	保存方法	分析地点	可保存时间	建议
物理、化学分析及生化分析	pH	P 或 G		现场		现场直接测试
	酸度及碱度	P 或 G	2～5℃	实验室	24h	水样充满整个容器
	溴	G		实验室	6h	最好在现场测试
	电导	P 或 G	2～5℃	实验室	24h	最好在现场测试

续表

待测项目	容器类别	保存方法	分析地点	可保存时间	建议
色度	P 或 G	2～5℃暗处冷藏	实验室、现场	24h	
悬浮物及沉积物	P 或 G		实验室	24h	单独定容采样
浊度	P 或 G		实验室	尽快	最好在现场测试
臭氧	P 或 G		现场		
余氯	P 或 G		现场		最好在现场测试,否则用过量 NaOH 固定,保存不应超过 6h
二氧化碳	P 或 G		实验室		
溶解氧	溶解氧瓶	现场固定氧并存入暗处	现场、实验室	几小时	碘量法加 1mL 1mol/L 高锰酸钾和 2mL 1mol/L 碱性碘化钾
油脂、油类、碳氢化合物、石油及衍生物	用分析时使用的溶剂冲洗容器	现场萃取冷冻至 −20℃	实验室	24h, 数月	采样后立即加入在分析方法中所使用的萃取剂, 或现场萃取
离子型表面活性剂		加入体积分数为 40%的甲醛, 使样品成为体积分数为 1%的甲醛溶液, 在 2～5℃下冷藏, 并使水样充满容器	实验室	尽快 48h	
非离子型表面活性剂			实验室	尽快 48h	
砷			实验室	1 个月	
硫化物			实验室	24h	必须现场固定
总氰	P	用 NaOH 调节至 pH＞12	实验室	24h	
COD	G	2～5℃暗处冷藏 用 H_2SO_4 酸化至 pH＜2, −20℃冷冻	实验室	尽快 1 周 1 个月	COD 是因存在有机物引起的, 则必须酸化, COD 值低时, 最好用玻璃瓶保存
BOD	G	2～5℃暗处冷藏, −20℃冷冻	实验室	尽快 1 个月	BOD 值低时, 最好用玻璃瓶保存
氨氮	P 或 G	用 H_2SO_4 酸化至 pH＜2, 在 2～5℃暗处冷藏	实验室	尽快	为了阻止硝化细菌的代谢, 应考虑加入杀菌剂, 如氯化汞、三氯甲烷
硝酸盐氮	P 或 G	用 H_2SO_4 酸化至 pH＜2, 在 2～5℃暗处冷藏	实验室	24h	有些样品不能保存, 要现场分析
亚硝酸盐氮	P 或 G	在 2～5℃暗处冷藏	实验室	尽快	
有机碳	G	用 H_2SO_4 酸化至 pH＜2, 在 2～5℃暗处冷藏	实验室	24h 1 周	尽快测试, 有时可用干冻法, 采样后立即加入分析方法中所使用的萃取剂, 或现场萃取
有机氯农药	G	在 2～5℃冷藏			
有机磷农药		在 2～5℃冷藏	实验室	24h	采样后立即加入分析方法中所使用的萃取剂, 或现场萃取

物理、化学及生化分析

待测项目	容器类别	保存方法	分析地点	可保存时间	建议
微生物分析	细菌总计数、大肠菌总数、粪便大肠菌、粪便链球菌、志贺氏菌等	灭菌容器 G	在 2～5℃冷藏	实验室	尽快（地表水、污水及饮用水）	取氯化或溴化过的水样时，所用的样品瓶消毒之前，按每 125mL 加入 0.1mL 质量分数 10%的硫代硫酸钠以消除氯或溴对微生物的抑制，对重金属含量高于 0.01mg/L 的水样，应在容器消毒之前按每 125mL 加入 0.3mL 及 15%（质量分数）EDTA

注：P 为聚乙烯；G 为玻璃。

4）水样的过滤或离心分离

水样浑浊也会影响分析结果。用适当孔径的滤器可以有效地去除藻类和细菌，滤后的样品稳定性更好。一般来说，可用澄清、离心、过滤等措施来分离悬浮物。国内外已采用以水样是否能通过孔径为 0.45μm 滤膜作为区分可过滤态与不可过滤悬浮态的条件，能够通过 0.45μm 微孔滤膜的部分称为"可过滤态"部分，不能通过的称为"不可过滤态"部分。采用澄清后取上清液及用中速定量滤纸、砂芯漏斗、离心等方式处理样品，相互间可比性不大，它们阻留悬浮物颗粒的能力大致为滤膜＞离心＞滤纸＞砂芯漏斗。要测定可过滤态部分，就应在采样后立即用 0.45μm 的微孔滤膜过滤。在暂时没有 0.45μm 微孔滤膜的情况下，泥沙型水样可用离心等方法；含有机质多的水样可用滤纸（或砂芯漏斗）；采用自然沉降取上清液测定可过滤态则是不恰当的。如果要测定组分的全量，采样后立即加入保护剂，分析测定时应该充分摇匀后取样。

附录 3　气体监测布点及样品采集和保存

1. 布点

1）调查

确定采样点布设之前，应进行详细的调查研究，其内容包括：

（1）对本地区大气污染源进行调查，初步分析出各块地域的污染源概况。

（2）了解本地区常年主导风向，大致估计出污染物的可能扩散概况。

（3）利用群众来信来访或人群调查，初步判断污染物的影响程度。

（4）利用已有的监测资料推断分析应设点的数量和方位。

2）布点的原则和要求

（1）采样点应设在整个监测区域的高、中、低三种不同污染物浓度的地方。

（2）在污染源比较集中、主导风向比较明显的情况下，应将污染源的下风向作为主要监测范围，布设较多的采样点，上风向布设少量点作为对照。

（3）工业较密集的城区和工矿、人口密度及污染物超标地区，要适当增设采样点；城市郊区和农村、人口密度小及污染物浓度低的地区，可酌情少设采样点。

（4）采样点的周围应开阔，采样口水平线与周围建筑物高度的夹角应不大于 30°。测点周围无局部污染源，并应避开树木及吸附能力较强的建筑物。交通密集区的采样点应设在距人行道边缘至少 1.5m 远处。

（5）各采样点的设置条件要尽可能一致或标准化，使获得的监测数据具有可比性。

（6）采样高度根据监测目的而定，研究大气污染对人体的危害，应将采样器或测定仪器设置于常人呼吸带高度，即采样口应在离地面 1.5～2m 处；研究大气污染对植物或器物的影响，采样口高度应与植物或器物高度相近；连续采样例行监测采样口高度应距地面 3～15m；若置于屋顶采样，采样口应与基础面有 1.5m 以上的相对高度，以减小扬尘的影响。特殊地形地区可视实际情况选择采样高度。

3）布点方法

（1）功能区布点法。一个城市或一个区域可以按其功能分为工业区、居民区、交通稠密区、商业繁华区、文化区、清洁区、对照区等。各功能区的采样点数目的设置不要求平均，通常在污染集中的工业区、人口密集的居民区、交通稠密区应多设采样点。同时应在对照区或清洁区设置 1～2 个对照点。

（2）几何图形布点法，目前常用以下几种布设方法。

（a）网格布点法：是将监测区域地面划分成若干均匀网状方格，采样点设在两条直线的交点处或方格中心。每个方格为正方形，可从地图上均匀描绘，方格实地面积视所测区域大小、污染源强度、人口分布、监测目的和监测力量而定，一般是 1～9km² 布一个点。若主导风向明确，下风向设点应多一些，一般约占采样点总数的 60%。这种布点方法适用于有多个污染源且污染源分布比较均匀的情况。

（b）同心圆布点法：主要用于多个污染源构成的污染群，或污染集中的地区。布点是以污染源为中心画出同心圆，半径视具体情况而定，再从同心圆画 45°夹角的射线若干，放射线与同心圆圆周的交点即为采样点。

（c）扇形布点法：适用于主导风向明显的地区，或孤立的高架点源。以点源为顶点，主导风向为轴线，在下风向地面上划出一个扇形区域作为布点范围。扇形角度一般为 45°～90°。采样点设在距点源不同距离的若干弧线上，相邻两点与顶点连线的夹角一般取 10°～20°。

以上几种采样布点方法，可以单独使用，也可以综合使用，目的就是要求有代表性地反映污染物浓度，为大气监测提供可靠的样品。

2. 采样

1）采样点的数目

采样点的数目设置是一个与精度要求和经济投资相关的效益函数，应根据监测范围大小、污染物的空间分布特征、人口分布密度、气象、地形、经济条件等因素综合考虑确定。由国家环境保护总局规定，按城市人口数确定大气环境污染例行监测采样点的设置数目。

2）采样时间和采样频率

采样时间指每次采样从开始到结束所经历的时间，也称采样时段。不同污染物的采样时间要求不同，我国大气质量分析方法对每一种污染物的采样时间都有明确规定。采样频率指在一定时间范围内的采样次数。显然采样频率越高，监测数据越接近真实情况。例如，在一个季度内，每六天采样一天，而一天内又间隔相等时间采样测定一次（如在 2 时、8 时、14 时、20 时采样），求出日平均、月平均、季度平均监测结果。目前我国许多城市建立了空气质量自动监测系统，自动监测仪器 24h 自动在线工作，可以比较真实地反映当地的大气质量。对于人工采样监测，应做到：在采样点受污染最严重时采样；每日监测次数不少于 3 次；最高日平均浓度全年至少监测 20d，最大一次浓度样品不得少于 25 个。

3）大气样品的采样方法

大气样品的采样方法一般分为直接采样法和富集（浓缩）采样法两种。直接采样法适用于大气中被测组分浓度较高或所用监测方法十分灵敏的情况，此时直接采取少量气体就可以满足分析测定要求。直接采样法测得的结果反映大气污染物在采样瞬时或短时间内的平均浓度。富集采样法适用于大气中污染物的浓度很低，直接取样不能满足分析测定要求的情况，此时需要采取一定的手段，将大气中的污染物进行浓缩，使之满足监测方法灵敏度的要求。由于富集采样法采样需时较长，所得到的分析结果反映大气污染物在浓缩采样时间内的平均浓度。

（1）直接采样法。

直接采样法按采样容器不同分为玻璃注射器采样法、塑料袋采样法、球胆采样法、采气管采样法和采样瓶采样法等。

（a）玻璃注射器采样。用大型玻璃注射器（如 100mL 注射器）直接抽取一定体积的现场气样，密封进气口，送回实验室分析。注意：取样前必须用现场气体冲洗注射器 3 次，样品需当天分析完。

（b）塑料袋采样。用塑料袋直接取现场气样，取样量以塑料袋略呈正压为宜。注意：应选择与采集气体中的污染物不发生化学反应，不吸附、不渗漏的塑料袋；取样前应先用二联橡皮球打进现场空气冲洗塑料袋 2～3 次。

（c）球胆采样。要求所采集的气体与橡胶不发生反应，不吸附。用前先试漏，取样时同样先用现场空气冲洗球胆 2～3 次后方可采集封口。

（d）采气管采样。采气管是两端具有旋塞的管式玻璃容器，其容积为 100～500mL。采样时，打开两端旋塞，将二联橡皮球或抽气泵接在管的一端，迅速抽进比采样管容积大 6～10 倍的欲采气体，使采气管中原有气体被完全置换出，关上两端旋塞，采气体积即为采气管的容积。

（e）采样瓶采样。采样瓶是一种用耐压玻璃制成的固定容器，容积为 500～1000mL。采样时先将瓶内抽成真空并测量剩余压力，携带至现场打开瓶塞，则被测空气在压力差的作用下自动充进瓶中，关闭瓶塞，带回实验室分析。采样体积按下式计算：

$$V = V_0 \frac{p - p_1}{p}$$

式中：V 为采样体积，L；V_0 为真空瓶容积，L；p 为大气压力，kPa；p_1 为真空瓶中剩余气体压力，kPa。

（2）富集采样法。

富集采样法有以下几种，可根据监测目的和要求进行选择。

（a）溶液吸收法。用抽气装置使待测空气以一定的流量通入装有吸收液的吸收管，待测组分与吸收液发生化学反应或物理作用，使待测污染物溶解于吸收液中。采样结束后，取出吸收液，分析吸收液中被测组分含量。根据采样体积和测定结果计算大气污染物质的浓度。常用的吸收液有水、水溶液、有机溶剂等。吸收液吸收污染物的原理分为两种：一种是气体分子溶解于溶液中的物理作用，如用水吸收甲醛；另一种是基于发生化学反应的吸收，如用碱性溶液吸收酸性气体。伴有化学反应的吸收速度显然大于只有溶解作用的吸收速度。因此，除溶解度非常大的气体外，一般都选用伴有化学反应的吸收液。对吸收液的要求：一是对气态污染物质溶解度大，与之发生化学反应的速度快；二是污染物质在吸收液中有足够的稳定时间；三是要便于后续分析测定工作；四是价格便宜，易于得到。根据吸收原理不同，常用吸收管可分为气泡式吸收管、冲击式吸收管、多孔筛板吸收管（瓶）三种类型。

气泡式吸收管：管内装有 5～10mL 吸收液，进气管插至吸收管底部，气体在穿过吸收液时，形成气泡，增大了气体与吸收液的界面接触面积，有利于气体中污染物质的吸收。气泡吸收管主要用于吸收气态、蒸气态物质。

冲击式吸收管：适宜采集气溶胶态物质。因为该吸收管的进气管喷嘴孔径小，距瓶底又很近，当被采气样快速从喷嘴喷出冲向管底时，气溶胶颗粒因惯性作用冲击到管底被分散，从而易被吸收液吸收。但冲击式吸收管不适合采集气态和蒸气态物质，因为气体分子的惯性小，在快速抽气情况下，容易随空气一起逃逸。冲击式吸收管的吸收效率是由喷嘴口径的大小和喷嘴距瓶底的距离决定的。

多孔筛板吸收管（瓶）：气体经过多孔筛板吸收管的多孔筛板后，形成很小的气泡，同时气体的阻留时间延长，大大增加了气、液接触面积，从而提高了吸收效果。各种多孔筛板的孔径大小不一，要根据阻力要求进行选择。多孔筛板吸收管（瓶）不仅适用于采集气态和蒸气态物质，也适用于采集气溶胶态物质。

（b）填充柱阻留法。填充柱是用一根长 6～10cm、内径 3～5mm 的玻璃管或塑料管，内装颗粒状填充剂制成。采样时，让气样以一定流速通过填充柱，欲测组分因吸附、溶解或化学反应等作用被阻留在填充剂上，达到浓缩采样的目的。采样后，通过解吸或溶剂洗脱，使被测组分从填充剂上释放出来进行测定。根据填充剂阻留作用原理，填充柱可分为吸附型、分配型和反应型三种类型。

吸附型填充柱：填充剂是固体颗粒状吸附剂，如活性炭、硅胶、分子筛、高分子多孔微球等多孔性物质，具有较大的比表面积，吸附性强，对气体、蒸气分子有较强的吸附性。吸附剂对物质的吸附能力是不同的，一般来说，极性吸附剂对极性物质吸附力强，非极性吸附剂对非极性物质的吸附力强。测定不同物质应选用不同的吸附剂作为填充剂。然而，吸附剂吸附能力越大，被测物质的解吸就越困难，所以选择吸附剂时，应综合考虑吸附剂对被测物质的吸附和解吸两方面的因素。

分配型填充柱：填充剂是表面涂有高沸点有机溶剂（如异十三烷）的惰性多孔颗粒物（如硅藻土），高沸点有机溶剂称为固定液，惰性多孔颗粒物称为固定相。采样时，气样通过填充柱，在有机溶剂中分配系数大的组分保留在填充剂上而被富集。例如，用涂有 5%甘油的硅酸铝载体作固体吸附剂，可以把空气中的六六六、狄氏剂、DDT、多氯联苯（PCB）等污染物阻留富集。富集后，用甲醇溶出吸附物，分析测定。

反应型填充柱：填充剂可以是能与被测物发生反应的纯金属细丝或细粒（如 Al、Au、Ag、Cu、Zn 等），也可以用固体颗粒物（石英砂、玻璃微球等）或纤维状物（滤纸、玻璃棉等）表面涂一层能与被测物发生反应的化学试剂制成。当气体通过反应型填充柱时，被测物质在填充剂表面上发生化学反应而被阻留下来。采样后，将反应产物用适当的溶剂洗脱或加热吹气解吸下来进行分析测试。

（c）滤料采样法。这种方法是将过滤材料（滤纸或滤膜）夹在采样夹上。采样时，用抽气装置抽气。气体中的颗粒物质被阻留在过滤材料上。根据过滤材料采样前后的质量和采样体积，即可计算出空气中颗粒物的浓度。这种方法主要用于大气中的气溶胶、降尘、可吸入颗粒物、烟尘等的测定。

（d）低温冷凝采样法。低温冷凝采样法是将 U 形管或蛇形采样管插入冷阱中，大气流经采样管时，被测组分因冷凝从气态转变为液态凝结于采样管底部，达到分离和富集的目的。常用的制冷剂有水-盐水（–10℃）、干冰-乙醇（–72℃）、液态空气（–190℃）、液氮（–183℃）等。空气中的水蒸气、二氧化硫甚至氧通过冷阱时也会冷凝，对采样造成干扰。因此，应在采样管进气端安装选择性过滤器，消除空气中水蒸气、二氧化硫、氧等物质的干扰。

（e）自然积集法。这种方法是利用物质的自然重力、空气动力和浓差扩散作用采集大气中的被测物质，如自然降尘量、硫酸盐化速率、氟化物等大气样品的采集。这种方法不需要动力设备，简单易行，且采样时间长，测定结果能较好地反映大气污染情况。

降尘样品的采集：

采集大气中降尘的方法有湿法和干法两种，其中湿法应用较广泛。

湿法采样一般使用集尘缸，集尘缸为圆筒形玻璃（或塑料、瓷、不锈钢）缸。采样时在缸中加一定量的水，放置在距地面 5~15m 处，附近无高大建筑物及局部污染源，采样口距基础面 1.5m 以上，以避免扬尘的影响。集尘缸内加水 1500~3000mL，夏季需要加入少量硫酸铜溶液，抑制微生物及藻类的生长，冰冻季节需加入适量的乙醇或乙二醇作为防冻剂。采样时间为（30±2）d，多雨季节注意及时更换集尘缸，防止水满溢出。

干法采样使用标准集尘器，夏季需加除藻剂。

硫酸盐化速率样品的采集：

排放到大气中的二氧化硫、硫化氢等含硫化合物，经过一系列氧化反应，最终形成硫酸雾和硫酸盐雾的过程称为硫酸盐化速率。常用的采样方法有二氧化铅法和碱片法。

二氧化铅采样法是先将二氧化铅糊状物涂在纱布上，然后将纱布绕贴在素瓷管上，制成二氧化铅采样管，将其放置在采样点上，则大气中的二氧化硫、硫酸雾等与二氧化铅反应生成硫酸铅。

碱片法是将用碳酸钾溶液浸渍过的玻璃纤维滤膜置于采样点上，则大气中的二氧化硫、硫酸雾等与碳酸盐反应生成硫酸盐。

4）采样仪器

直接采样法采样时用采气管、塑料袋、真空瓶即可。富集采样法需使用采样仪器。采样仪器主要由收集器、流量计和采样动力三部分组成。大气采样仪器的型号很多，按其用途可分为气态污染物采样器和颗粒物采样器。

（1）气态污染物采样器。

用于采集大气中气态和蒸气态物质，采样流量为 0.5~2.0L/min。可用交、直流两种电源。

（2）颗粒物采样器。

颗粒物采样器有总悬浮颗粒物（TSP）采样器和可吸入颗粒物（PM_{10}）采样器。

（a）总悬浮颗粒物采样器：按其采气流量大小分为大流量采样器和中流量采样器。

大流量采样器滤料夹可安装 20cm×25cm 的玻璃纤维滤膜，以 1.1~1.7m^3/min 流量采样 8~24h。当采气量达 1500~2000m^3 时，样品滤膜可用于测定颗粒物中的金属、无机盐及有机污染物等组分。

中流量采样器的采样夹面积和采样流量比大流量采样器小。我国规定采样夹的有效直径为 80mm 或 100mm。当用有效直径 80mm 滤膜采样时，采气流量控制在 7.2~9.6m^3/h；用 100mm 滤膜采样时，流量控制在 11.3~15m^3/h。

（b）可吸入颗粒物采样器：采集可吸入颗粒物广泛使用大流量采样器。在连续自动监测仪器中，可采用静电捕集法、β 射线法或光散射法直接测定可吸入颗粒物的浓度，但无论哪种采样器都装有分尘器。分尘器有旋风式、向心式、多层薄板式、撞击式等多种。它们又分为二级式和多级式。二级式用于采集 10μm 以下的颗粒物，多级式可分级采集不同粒径的颗粒物，用于测定颗粒物的粒度分布。

采样点应避开污染源及障碍物，测定交通枢纽处可吸入颗粒物，采样点应布置在距人行道边缘 1m 处。测定任何一次浓度，采样时间不得少于 1h。测定日平均浓度，间断采样时间不得少于 4 次，采样口距地面 1.5m，采样不能在雨雪天进行，风速不大于 8m/s。

3. 部分污染物的测定及保存

样品采集后，根据不同的监测要求，结合测定方法选择合适的保存方法。

1) 二氧化硫的测定

（1）四氯汞盐-盐酸副玫瑰苯胺比色法。

采样及样品保存：用一个内装 5mL 0.04mol/L 四氯汞钾（TCM）吸收液的多孔玻板吸收管，以 0.5L/min 流量采气 10～20L。在采样、样品运输及存放过程中应避免阳光直接照射。如果样品不能当天分析，需将样品放在 5℃的冰箱中保存，但存放时间不得超过 7d。

（2）甲醛吸收-副玫瑰苯胺分光光度法。

采样及样品保存：

（a）短时间采样：根据空气中二氧化硫浓度的高低，采用内装 10mL 吸收液的 U 形多孔玻板吸收管，以 0.5L/min 的流量采样。采样时吸收液温度的最佳范围在 23～29℃。

（b）24h 连续采样：用内装 50mL 吸收液的多孔玻板吸收瓶，以 0.2～0.3L/min 的流量连续采样 24L。吸收液温度必须保持在 23～29℃。

样品运输和储存过程中，应避光保存。

2) 二氧化氮的测定

（1）短时间采样（1h 以内）：取一支多孔玻板吸收瓶，装入 10.0mL 吸收液，标记吸收液液面位置以 0.4L/min 流量采气 6～24L。

（2）长时间采样（24h 以内）：用大型多孔玻板吸收瓶，内装 25.0mL 或 50.0mL 吸收液，液柱不低于 80mm，标记吸收液液面位置，使吸收液温度保持在（20±4）℃，从 9：00 到次日 9：00，以 0.2L/min 流量采气 288L。

采样后应尽快测量样品的吸光度，若不能及时分析，应将样品于低温暗处存放。样品于 30℃暗处存放，可稳定 8h；20℃暗处存放，可稳定 24h；于 0～4℃冷藏，至少可稳定 3d。采样、样品运输及存放过程中应避免阳光照射；温度超过 25℃时，长时间运输及存放样品应采取降温措施。

附录 4　室内空气监测布点及样品采集和保存

1. 布点和采样

1) 布点原则

采样点位的数量根据室内面积大小和现场情况而确定，要能正确反映室内空气污染物的污染程度。原则上小于 50m² 的房间应设 1～3 个点；50～100m² 设 3～5 个点；100m² 以上至少设 5 个点。

2）布点方式

多点采样时应按对角线或梅花式均匀布点，应避开通风口，离墙壁距离应大于 0.5m，离门窗距离应大于 1m。

3）采样点的高度

原则上与人的呼吸带高度一致，一般相对高度为 0.5～1.5m。也可根据房间的使用功能、人群的高低，以及在房间立、坐或卧时间的长短来选择采样高度。有特殊要求的可视具体情况而定。

4）采样时间及频次

经装修的室内环境，采样应在装修完成 7d 以后进行。一般建议在使用前采样监测。年平均浓度至少连续或间隔采样 3 个月，日平均浓度至少连续或间隔采样 18h；8h 平均浓度至少连续或间隔采样 6h；1h 平均浓度至少连续或间隔采样 45min。

5）封闭时间

检测应在对外门窗关闭 12h 后进行。对于采用集中空调的室内环境，空调应正常运转。有特殊要求的可根据现场情况及要求而定。

6）采样方法

具体采样方法应按各污染物检验方法中规定的方法和操作步骤进行。要求年平均、日平均、8h 平均值的参数，可以先做筛选采样检验。若检验结果符合标准值要求，为达标；若筛选采样检验结果不符合标准值要求，必须按年平均、日平均、8h 平均值的要求，用累积采样检验结果评价。氡的采样方法参照 GB/T 14582—1993。

（1）筛选法采样。采样时关闭门窗，一般至少采样 45min；采用瞬时采样法时，一般采样间隔时间为 10～15min，每个点位应至少采集 3 次样品，每次的采样量大致相同，其监测结果的平均值作为该点位的小时均值。

（2）累积法采样。按（1）采样达不到标准要求时，必须采用累积法（按年平均值、日平均值、8h 平均值）的要求采样。

7）采样的质量保证

（1）采样仪器。采样仪器应符合国家有关标准和技术要求，并通过计量检定。使用前，应按仪器说明书对仪器进行检验和标定。采样时采样仪器（包括采样管）不能被阳光直接照射。

（2）采样人员。采样人员必须通过岗前培训，切实掌握采样技术，持证上岗。

（3）气密性检查。有动力采样器在采样前应对采样系统气密性进行检查，不得漏气。

（4）流量校准。采样前和采样后要用经检定合格的高一级的流量计（如一级皂膜流量计）在采样负载条件下校准采样系统的采样流量，取两次校准的平均值作为采样流量的实际值。校准时的大气压与温度应和采样时相近。两次校准的误差不得超过 5%。

（5）现场空白检验。在进行现场采样时，一批应至少留有两个采样管不采样，并同其他样品管一样对待，作为采样过程中的现场空白，采样结束后和其他采样吸收管一并送交实验室。样品分析时测定现场空白值，并与校准曲线的零浓度值进行比较。若空白检验超过控制范围，则这批样品作废。

（6）平行样检验。每批采样中平行样数量不得低于 10%。每次平行采样，测定值之差与平均值比较的相对偏差不得超过 20%。

（7）采样体积校正。在计算浓度时应按以下公式将采样体积换算成标准状态下的体积：

$$V_0 = V \cdot \frac{T_0}{T} \cdot \frac{p}{p_0}$$

式中：V_0 为换算成标准状态下的采样体积，L；V 为采样体积，L；T_0 为标准状态的热力学温度，273K；T 为采样时采样点现场的温度（t）与标准状态的热力学温度之和，（$t+273$）K；p_0 为标准状态下的大气压力，101.3kPa；p 为采样时采样点的大气压力，kPa。

8）采样记录

采样时要使用墨水笔或档案用圆珠笔对现场情况、采样日期、时间、地点、数量、布点方式、大气压力、气温、相对湿度、风速及采样人员等做出详细现场记录；每个样品也要贴上标签，标明点位编号、采样日期和时间、测定项目等，字迹应端正、清晰。采样记录随样品一同报到实验室。

9）采样装置

（1）玻璃注射器。使用 100mL 注射器直接采集室内空气样品，注射器要选择气密性好的。选择方法如下：将注射器吸入 100mL 空气，内芯与外筒间滑动自如，用细橡胶管或眼药瓶的小胶帽封好进气口，垂直放置 24h，剩余空气应不少于 60mL。用注射器采样时，注射器内应保持干燥，以减少样品储存过程中的损失。采样时，用现场空气抽洗 3 次后，再抽取一定体积现场空气样品。样品运送和保存时要垂直放置，且应在 12h 内进行分析。

（2）空气采样袋。用空气采样袋也可直接采集现场空气。它适用于采集化学性质稳定、不与采样袋发生化学反应的气态污染物，如一氧化碳。采样时，袋内应该保持干燥，且现场空气充、放 3 次后再正式采样。取样后将进气口密封，袋内空气样品的压力以略呈正压为宜。用带金属衬里的采样袋可以延长样品的保存时间，如聚氯乙烯袋对一氧化碳可保存 10～15h，而铝膜衬里的聚酯袋可保存 100h。

（3）气泡吸收管。适用于采集气态污染物。采样时，吸收管要垂直放置，不能有泡沫溢出。使用前应检查吸收管玻璃磨口的气密性，保证严密不漏气。

（4）U 形多孔玻板吸收管。适用于采集气态或气态与气溶胶共存的污染物。使用前应检查玻璃砂芯的质量，方法如下：将吸收管装 5mL 水，以 0.5L/min 的流量抽气，气泡路径（泡沫高度）为 50mm±5mm，阻力为 4.666kPa±0.6666kPa，气泡均匀，无特大气泡。采样时，吸收管要垂直放置，不能有泡沫溢出。使用后，必须用水抽气筒抽水洗涤砂芯板，单纯用水不能冲洗砂芯板内残留的污染物。一般要用蒸馏水而不用自来水冲洗。

（5）固体吸附管。内径 3.5～4.0mm、长 80～180mm 的玻璃吸附管，或内径 5mm、长 90mm（或 180mm）内壁抛光的不锈钢管，吸附管的采样入口一端有标记。内装 20～60 目的硅胶或活性炭、GDX 担体、Tenax、Porapak 等固体吸附剂颗粒，管的两端用不锈钢网或玻璃纤维堵住。固体吸附剂用量视污染物种类而定。吸附剂的粒度应均匀，在装管前应进行烘干等预处理，以去除其所带的污染物。采样后将两端密封，带回实验室进行分析。样品解吸可以采用溶剂洗脱，使之成为液态样品。也可以采用加热解吸，用惰性气体吹出气态样品进行分析。采样前必须经实验确定最大采样体积和样品的处理条件。

（6）滤膜。滤膜适用于采集挥发性低的气溶胶，如可吸入颗粒物等。常用的滤料有玻璃纤维滤膜、聚氯乙烯纤维滤膜、微孔滤膜等。玻璃纤维滤膜吸湿性小、耐高温、阻力小。但是其机械强度差。除做可吸入颗粒物的质量法分析外，样品可以用酸或有机溶剂提取，适于做不受滤膜组分及所含杂质影响的元素分析及有机污染物分析.聚氯乙烯纤维滤膜吸湿性小、阻力小、有静电现象、采样效率高、不亲水、能溶于乙酸丁酯,适用于质量法分析,消解后可做元素分析.微孔滤膜是由醋酸纤维素或乙酸-硝酸混合纤维素制成的多孔性有机薄膜,用于空气采样的孔径有 0.3μm、0.45μm、0.8μm 等.微孔滤膜阻力大,且随孔径减小而显著增加,吸湿性强、有静电现象、机械强度好,可溶于丙酮等有机溶剂.不适于质量法分析,消解后适于做元素分析;经丙酮蒸气使之透明后,可直接在显微镜下观察颗粒形态.滤膜使用前应该在灯光下检查有无针孔、褶皱等可能影响过滤效率的因素.

（7）不锈钢采样罐.不锈钢采样罐的内壁经过抛光或硅烷化处理.可根据采样要求,选用不同容积的采样罐.使用前采样罐被抽成真空,采样时将采样罐放置现场,采用不同的限流阀可对室内空气进行瞬时采样或编程采样.送回实验室分析.该方法可用于室内空气中总挥发性有机物的采样.

2. 样品的运输与保存

样品由专人运送,按采样记录清点样品,防止错漏,为防止运输中采样管振动破损,装箱时可用泡沫塑料等分隔.样品因物理、化学等因素的影响,组分和含量可能发生变化,应根据不同项目要求,进行有效处理和防护.储存和运输过程中要避开高温、强光.样品运抵后要与接收人员交接并登记.各样品要标注保质期,样品要在保质期前检测.样品要注明保存期限,超过保存期限的样品,要按照相关规定及时处理.

附录5　土壤环境监测布点及样品采集和保存

1. 布点

1）"随机"和"等量"原则

样品是由总体中随机采集的一些个体组成,个体之间存在变异,因此样品与总体之间,既存在同质的"亲缘"关系,样品可作为总体的代表,但同时也存在着一定程度的异质性,差异越小,样品的代表性越好;反之亦然.为了达到采集的监测样品具有好的代表性,必须避免一切主观因素,使组成总体的个体有同样的机会被选入样品,即组成样品的个体应当是随机地取自总体.另一方面,在一组需要相互之间进行比较的样品应当有同样的个体组成,否则样本大的个体所组成的样品,其代表性会大于样本少的个体组成的样品.所以"随机"和"等量"是决定样品具有同等代表性的重要条件.

2）布点方法

（1）简单随机.将监测单元分成网格,每个网格编上号码,决定采样点样品数后,随机抽取规定的样品数的样品,其样本号码对应的网格号即为采样点.随机数的获得可以利用掷骰子、抽签、查随机数表的方法.关于随机数骰子的使用方法可见《随机数的产生及其在产品质量抽样检验中的应用程序》（GB/T 10111—2008）.简单随机布点是一种完全不带主观限制条件的布点方法.

（2）分块随机.根据收集的资料,如果监测区域内的土壤有明显的几种类型,则可将区域分成几块,每块内污染物较均匀,块间的差异较明显.将每块作为一个监测单元,在每个监测单元内再随机布点.在正确分块的前提下,分块布点的代表性比简单随机布点好,如果分块不正确，分块布点的效果可能会适得其反。

（3）系统随机。将监测区域分成面积相等的几部分（网格划分），每网格内布设一采样点，这种布点称为系统随机布点。如果区域内土壤污染物含量变化较大，系统随机布点比简单随机布点所采样品的代表性要好。

3）基础样品数量

（1）由均方差和绝对偏差计算样品数。用下列公式可计算所需的样品数：

$$N=t^2s^2/D^2$$

式中：N 为样品数；t 为选定置信水平（土壤环境监测一般选定为 95%）一定自由度下的 t 值；s^2 为均方差，可从先前的其他研究或从极差 $R[s^2=(R/4)^2]$ 估计；D 为可接受的绝对偏差。

（2）由变异系数和相对偏差计算样品数，式子 $N=t^2s^2/D^2$ 可变为

$$N=t^2C_v^2/m^2$$

式中：C_v 为变异系数，%，可从先前的其他研究资料中估计；m 为可接受的相对偏差，%，土壤环境监测一般限定为 20%～30%。

没有历史资料的地区、土壤变异程度不太大的地区，一般 C_v 可用 10%～30% 粗略估计，有效磷和有效钾变异系数 C_v 可取 50%。

4）布点数量

土壤监测的布点数量要满足样本容量的基本要求，即上述由均方差和绝对偏差、变异系数和相对偏差计算样品数是样品数的下限数值，实际工作中土壤布点数量还要根据调查目的、调查精度和调查区域环境状况等因素确定。

一般要求每个监测单元最少设 3 个点。

区域土壤环境调查按调查的精度不同可从 2.5km、5km、10km、20km、40km 中选择网距网格布点，区域内的网格结点数即为土壤采样点数量。

2. 样品采集

样品采集一般按三个阶段进行。

前期采样：根据背景资料与现场考察结果，采集一定数量的样品分析测定，用于初步验证污染物空间分异性和判断土壤污染程度，为制定监测方案（选择布点方式和确定监测项目及样品数量）提供依据，前期采样可与现场调查同时进行。

正式采样：按照监测方案，实施现场采样。

补充采样：正式采样测试后，发现布设的样点没有满足总体设计需要，则要进行增设采样点补充采样。

面积较小的土壤污染调查和突发性土壤污染事故调查可直接采样。

1）区域环境背景土壤采样

（1）采样单元。采样单元的划分，全国土壤环境背景值监测一般以土类为主，省、自治区、直辖市级的土壤环境背景值监测以土类和成土母质母岩类型为主，省级以下或条件许可或特别工作需要的土壤环境背景值监测可划分到亚类或土属。

（2）样品数量。各采样单元中的样品数量应符合"基础样品数量"要求。

（3）网格布点。网格间距 L 按下式计算：

$$L=(A/N)^{1/2}$$

式中：L 为网格间距；A 为采样单元面积；N 为采样点数。

A 和 L 的量纲要相匹配，如 A 的单位为 km^2，则 L 的单位就为 km。根据实际情况可适当减小网格间距，适当调整网格的起始经纬度，避开过多网格落在道路或河流上，使样品更具代表性。

（4）野外选点。首先采样点的自然景观应符合土壤环境背景值研究的要求。采样点选在被采土壤类型特征明显的地方，地形相对平坦、稳定、植被良好的地点；坡脚、洼地等具有从属景观特征的地点不设采样点；城镇、住宅、道路、沟渠、粪坑、坟墓附近等处人为干扰大，失去土壤的代表性，不宜设采样点，采样点离铁路、公路至少 300m 以上；采样点以剖面发育完整、层次较清楚、无侵入体为准，不在水土流失严重或表土被破坏处设采样点；选择不施或少施化肥、农药的地块作为采样点，以使样品点尽可能少受人为活动的影响；不在多种土类、多种母质母岩交错分布、面积较小的边缘地区布设采样点。

（5）采样。采样时可采表层样或土壤剖面。一般监测采集表层土，采样深度 0～20cm，特殊要求的监测（土壤背景、环评、污染事故等）必要时选择部分采样点采集剖面样品。剖面的规格一般为长 1.5m、宽 0.8m、深 1.2m。挖掘土壤剖面要使观察面向阳，表土和底土分两侧放置。

一般每个剖面采集 A、B、C 三层土样。地下水位较高时，剖面挖至地下水出露时；山地丘陵土层较薄时，剖面挖至风化层。

对 B 层发育不完整（不发育）的山地土壤，只采 A、C 两层。

干旱地区剖面发育不完善的土壤，在表层 5～20cm、心土层 50cm、底土层 100cm 左右采样。

水稻土按照 A 耕作层、P 犁底层、C 母质层（或 G 潜育层、W 潴育层）分层采样，对 P 层太薄的剖面，只采 A、C 两层（或 A、G 层或 A、W 层）。

对 A 层特别深厚、沉积层不甚发育、1m 内见不到母质的土类剖面，按 A 层 5～20cm、A/B 层 60～90cm、B 层 100～200cm 采集土壤。草甸土和潮土一般在 A 层 5～20cm、C_1 层（或 B 层）50cm、C_2 层 100～120cm 处采样。

采样次序自下而上，先采剖面的底层样品，再采中层样品，最后采上层样品。测量重金属的样品尽量用竹片或竹刀去除与金属采样器接触的部分土壤，再用其取样。

剖面每层样品采集 1kg 左右，装入样品袋，样品袋一般由棉布缝制而成，如潮湿样品可内衬塑料袋（供无机化合物测定）或将样品置于玻璃瓶内（供有机化合物测定）。采样的同时，由专人填写样品标签、采样记录；标签一式两份，一份放入袋中，一份系在袋口，标签上标注采样时间、地点、样品编号、监测项目、采样深度和经纬度。采样结束，需逐项检查采样记录、样袋标签和土壤样品，如有缺项和错误，及时补齐更正。将底土和表土按原层回填到采样坑中，方可离开现场，并在采样示意图上标出采样地点，避免下次在相同处采集剖面样。

2）农田土壤采样

（1）监测单元。土壤环境监测单元按土壤主要接纳污染物途径可划分为：①大气污染型土壤监测单元；②灌溉水污染监测单元；③固体废物堆污染型土壤监测单元；④农用固体废物污染型土壤监测单元；⑤农用化学物质污染型土壤监测单元；⑥综合污染型土壤监测单元（污染物主要来自上述两种以上途径）。

监测单元划分要参考土壤类型、农作物种类、耕作制度、商品生产基地、保护区类型、行政区划等要素的差异，同一单元的差别应尽可能地缩小。

（2）布点。根据调查目的、调查精度和调查区域环境状况等因素确定监测单元。部门专项农业产品生产土壤环境监测布点按其专项监测要求进行。

大气污染型土壤监测单元和固体废物堆污染型土壤监测单元以污染源为中心放射状布点，在主导风向和地表水的径流方向适当增加采样点（离污染源的距离远于其他点）；灌溉水污染监测单元、农用固体废物污染型土壤监测单元和农用化学物质污染型土壤监测单元采用均匀布点；灌溉水污染监测单元采用按水流方向带状布点，采样点自纳污口起由密渐疏；综合污染型土壤监测单元布点采用综合放射状、均匀、带状布点法。

（3）样品采集。

（a）剖面样。特定的调查研究监测需了解污染物在土壤中的垂直分布时采集土壤剖面样，采样方法同 1）中第 5 点。

（b）混合样。一般农田土壤环境监测采集耕作层土样，种植一般农作物采 0～20cm，种植果林类农作物采 0～60cm。为了保证样品的代表性，减低监测费用，采取采集混合样的方案。每个土壤单元设 3～7 个采样区，单个采样区可以是自然分割的一个田块，也可以由多个田块所构成，范围以 200m×200m 左右为宜。每个采样区的样品为农田土壤混合样。混合样的采集主要有四种方法。

对角线法：适用于污灌农田土壤，对角线分 5 等份，以等分点为采样分点。

梅花点法：适用于面积较小，地势平坦，土壤组成和受污染程度相对比较均匀的地块，设分点 5 个左右。

棋盘式法：适用于中等面积、地势平坦、土壤不够均匀的地块，设分点 10 个左右；受污泥、垃圾等固体废物污染的土壤，分点应在 20 个以上。

蛇形法：适用于面积较大、土壤不够均匀且地势不平坦的地块，设分点 15 个左右，多用于农业污染型土壤。各分点混匀后用四分法取 1kg 土样装入样品袋，多余部分弃去。

3）建设项目土壤环境评价监测采样

每 100hm² 占地不少于 5 个且总数不少于 5 个采样点，其中小型建设项目设 1 个柱状样采样点，大中型建设项目不少于 3 个柱状样采样点，特大型建设项目或对土壤环境影响敏感的建设项目不少于 5 个柱状样采样点。

（1）非机械干扰土。如果建设工程或生产没有翻动土层，表层土受污染的可能性最大，但不排除对中下层土壤的影响。生产或将要生产导致的污染物，以工艺烟雾（尘）、污水、固体废物等形式污染周围土壤环境，采样点以污染源为中心放射状布设为主，在主导风向和地表水的径流方向适当增加采样点（离污染源的距离远于其他点）；以水污染型为主的土壤按水流方向带状布点，采样点自纳污口起由密渐疏；综合污染型土壤监测布点采用综合放射状、均匀、带状布点法。此类监测不采混合样，混合样虽然能降低监测费用，但损失了污染物空间分布的信息，不利于掌握工程及生产对土壤影响状况。

表层土样采集深度 0～20cm；每个柱状样取样深度都为 100cm，分取三个土样：表层样（0～20cm）、中层样（20～60cm）、深层样（60～100cm）。

（2）机械干扰土。由于建设工程或生产中，土层受到翻动影响，污染物在土壤纵向分布不同于非机械干扰土。采样点布设同非机械干扰土。各点取 1kg 装入样品袋。采样总深度视实际情况而定，一般同剖面样的采样深度，确定采样深度有 3 种方法可供参考。

（a）随机深度采样。本方法适合土壤污染物水平方向变化不大的土壤监测单元，采样深度由下列公式计算：

$$深度 = 剖面土壤总深 \times RN$$

式中：RN = 0～1 的随机数。RN 由随机数骰子法产生，GB/T 10111—2008 推荐的随机数骰子是由均匀材料制成的正二十面体，在 20 个面上，0～9 各数字都出现两次，使用时根据需产生的随机数的位数选取相应的骰子数，并规定好每种颜色的骰子各代表的位数。对于本规范用一个骰子，其出现的数字除以 10 即为 RN，当骰子出现的数为 0 时规定此时的 RN 为 1。

（b）分层随机深度采样。本采样方法适合绝大多数的土壤采样，土壤纵向（深度）分成三层，每层采一样品，每层的采样深度由下列公式计算：

$$深度 = 每层土壤深 \times RN$$

式中：RN = 0～1 的随机数，取值方法同上。

（3）规定深度采样。本采样适合预采样（为初步了解土壤污染随深度的变化，制定土壤采样方案）和挥发性有机物的监测采样，表层多采，中下层等间距采样。

4）城市土壤采样

城市土壤是城市生态的重要组成部分，虽然城市土壤不用于农业生产，但其环境质量对城市生态系统影响极大。城区内大部分土壤被道路和建筑物覆盖，只有小部分土壤栽植草木，本规范中城市土壤主要是指后者，由于其复杂性分两层采样，上层（0～30cm）可能是回填土或受人为影响大的部分，另一层（30～60cm）为人为影响相对较小的部分。两层分别取样监测。城市土壤监测点以网距 2000m 的网格布设为主，功能区布点为辅，每个网格设一个采样点。对于专项研究和调查的采样点可适当加密。

5）污染事故监测土壤采样

污染事故不可预料，接到举报后立即组织采样。现场调查和观察，取证土壤被污染时间。

根据污染物及其对土壤的影响确定监测项目，尤其是污染事故的特征污染物是监测的重点。据污染物的颜色、印渍和气味，以及结合考虑地势、风向等因素初步界定污染事故对土壤的污染范围。

如果是固体污染物抛撒污染型，等打扫后采集表层 5cm 土样，采样点数不少于 3 个。

如果是液体倾翻污染型，污染物向低洼处流动的同时向深度方向渗透并向两侧横向方向扩散，每个点分层采样，事故发生点样品点较密，采样深度较深，离事故发生点相对远处样品点较疏，采样深度较浅。采样点不少于 5 个。

如果是爆炸污染型，以放射性同心圆方式布点，采样点不少于 5 个，爆炸中心采分层样，周围采表层土（0～20cm）。

事故土壤监测要设定两三个背景对照点，各点（层）取 1kg 土样装入样品袋，有腐蚀性或要测定挥发性化合物，改用广口瓶装样。含易分解有机物的待测定样品，采集后置于低温（冰箱）中，直至运送、移交到分析室。

3. 样品保存

（1）新鲜样品的保存。对于易分解或易挥发等不稳定组分的样品要采取低温保存的运输方法，并尽快送到实验室分析测试。测试项目需要新鲜样品的土样，采集后用可密封的聚乙烯或玻璃容器在 4℃以下避光保存，样品要充满容器。避免用含有待测组分或对测试有干扰的材料制成的容器盛装保存样品，测定有机污染物用的土壤样品要选用玻璃容器保存。具体保存条件见附表 5-1。

附表 5-1　新鲜样品的保存条件和保存时间

测试项目	容器材质	温度/℃	可保存时间/d	备注
金属（汞和六价铬除外）	聚乙烯、玻璃	＜4	180	
汞	玻璃	＜4	28	
砷	聚乙烯、玻璃	＜4	180	
六价铬	聚乙烯、玻璃	＜4	1	
氰化物	聚乙烯、玻璃	＜4	2	
挥发性有机物	玻璃（棕色）	＜4	7	采样瓶装满装实并密封
半挥发性有机物	玻璃（棕色）	＜4	10	采样瓶装满装实并密封
难挥发性有机物	玻璃（棕色）	＜4	14	

（2）预留样品。预留样品在样品库造册保存。

（3）分析取用后的剩余样品。分析取用后的剩余样品，待测定全部完成数据报出后，也移交样品库保存。

（4）保存时间。分析取用后的剩余样品一般保留半年，预留样品一般保留两年。特殊、珍稀、仲裁、有争议样品一般要求永久保存。

（5）样品库要求。保持干燥、通风、无阳光直射、无污染；要定期清理样品，防止霉变、鼠害及标签脱落。样品入库、领用和清理均需记录。